天然气绿色开发技术与实践

主　编：赵　松
副主编：朱　愚　刘　洪　冯小波

石油工业出版社

内 容 提 要

　　本书结合国内外天然气绿色开发技术领域形成的新技术、新工艺、高新设备和管理模式等方面的创新成果及应用效果，总结形成天然气钻完井、开采和集输等气田全生命周期绿色开发技术和环境风险管控体系，包括节约集约用地，固体和液体废物治理与资源化利用、气田减排、节能降噪等绿色开发方法、工艺技术、装备和环境风险管控技术等，为天然气开发企业绿色矿山建设提供案例和技术支撑。

　　本书可作为天然气开发技术领域的科研人员、工程技术人员，以及高校师生学习、借鉴和参考用书。

图书在版编目（CIP）数据

　　天然气绿色开发技术与实践 / 赵松主编. —北京：
石油工业出版社，2021.9
　　ISBN 978-7-5183-4885-5

　　Ⅰ.①天… Ⅱ.①赵… Ⅲ.①采气 Ⅳ.①TE37

　　中国版本图书馆CIP数据核字（2021）第186021号

出版发行：石油工业出版社
　　　　（北京安定门外安华里2区1号　100011）
　　　网　　　址：www.petropub.com
　　　编辑部：（010）64523687　图书营销中心：（010）64523633
经　　销：全国新华书店
印　　刷：北京晨旭印刷厂

2021年9月第1版　　2021年9月第1次印刷
787×1092毫米　开本：1/16　印张：16.75
字数：390千字

定　价：80.00元

前　言

保护生态环境，应对气候变化，维护能源资源安全，是全球面临的共同挑战，"绿水青山就是金山银山"的理念成为当今中国的全民共识，成为新发展理念的重要组成部分。因此，建设绿色矿山，提高资源和环境效率，节能减排，保护环境，实现矿山全生命周期的"资源、环境、经济、社会"综合效益最优化，是实现矿业高质量发展的重要途径和必然要求！

绿色矿山建设对促进油气田高质量绿色发展具有重大意义，油气企业需要坚决落实绿色发展理念，创新环境管理制度，将绿色发展贯穿于油气勘探开发全过程，依靠科技创新，多措并举，采用先进的技术和工艺保护生态环境，实现生态和生产良性互动、协调发展。

本书重点结合中国石油天然气股份有限公司西南油气田分公司重庆气矿开展绿色矿山建设的实践，吸收了气田高效开发、清洁生产、节能减排、数字化建设和风险防控等方面的最新研究成果和成功经验，总结形成了天然气钻完井、开采和集输等气田全生命周期绿色开发技术和环境风险管控体系，包括节约集约用地，固体和液体废物治理与资源化利用、气田减排、节能降噪等绿色开发方法、工艺技术、装备和环境风险管控等，为天然气开发企业绿色矿山建设提供了案例和技术支撑。

本书由中国石油天然气股份有限公司西南油气田分公司重庆气矿和重庆科技学院共同编写完成，主编赵松。内容共分为6章，

第 1 章由赵松、徐姁、吴洁、姜艳编写，第 2 章由钟国春、濮强、宋文明、汪洋、官子惠编写，第 3 章由刘洪、杨江海、李博、王珏编写，第 4 章由朱恩、魏伟、刘德华、蒲磊、梁朝阳编写，第 5 章由吴建祥、沈大均、廖剑锋、邓斌、刘丽娟编写，第 6 章由冯小波、李小斌、江瑞、胡祝华编写。

本书编写过程中，参考了大量专家学者在期刊上公开发表的研究成果，同时，还参考了有关单位网上公开的数据资料和个人网上发表的研究成果或论著，在此一并表示感谢！

绿色矿山建设是一项复杂的系统工程，涉及天然气勘探开发、集输和利用全过程，绿色开发技术和环境风险管控体系在不断发展完善，加之编者水平有限，书中难免存在不足和错误之处，敬请专家和读者批评指正，以便不断改进和完善。

目　录

1 节约集约化用地

经济社会发展的需要，土地成为社会需求的紧缺资源，国家通过立法，成立专门机构，加强土地合理、科学的规划，缩小非农建设用地，提高土地利用质量，减少土地利用浪费。土地集约化指在一定面积土地上，集中投入较多的生产资料和劳动、使用先进的技术和管理方法，以求在较小面积土地上获取高额收入的一种经营方式。

天然气田开发钻井数量多、占地面积大，临时和永久占地对生态环境造成严重影响，平台建设完成施工迹地（迹地，林业上指采伐之后还没重新种树的土地）生态恢复需购买土壤，复垦复绿的难度大、成本高，且随着气田规模的扩大，对土地的要求也随之增多，区域可用耕地、林地逐渐减少，人地矛盾日益突出。为实现石油和天然气开采行业绿色矿山建设，改善矿区生态环境，提高土地利用集约化程度成为气田工作的重点。

1.1 气田开发对生态环境的影响

石油和天然气的勘探开发生产属于资源开发型建设，对环境可能造成影响和破坏，在其资源勘探、开发、输运、加工生产过程中，既有含油污水、含油固体物、落地原油等工程污染物排放及事故喷泄对环境的污染，又有勘探、钻井、管线埋设、道路建设及油气田地面工程建设等工程开发活动本身占用土地对土壤和植被的破坏，还有伴随气田开发进行的供水源地建设及水资源开采利用对区域水环境、生态环境的综合性、长期性、系统性的影响。此外，随着气田勘探开发的不断深入，污染物的种类和数量也明显呈逐年上升趋势。大量污染物若不经处理直接外排，会对水体、大气尤其是土壤、植被等生态环境造成严重污染，甚至会影响到周围人民群众的生产和生活。

1.1.1 工程占地的影响

气田开发对生态环境的影响主要表现为临时占地和永久占地。井场、道路、集气站、管线的修建和铺设改变了原有的土地利用方式，改变了土壤的原有理化性质和结构，使原有土壤结构和性状难以恢复；工程占地对植被的影响主要表现为对植被本身和植被生长环境的破坏，导致植被覆盖率下降，生物量下降，生物多样性减少。

工程永久占地的影响从施工期已经开始，主要是井场和道路的修建，对生态环境会造成永久性的、不可逆的破坏和影响。工程临时占地主要包括集气站、生活倒班点、井场、集输管线的铺设以及道路建设临时扰动的土地。工程临时占地施工后虽有一定的恢复措施，但对于生态较脆弱的沙地来说，植被恢复不易，需要一定的时间。无论是临时占地，还是永久占地，都对土壤、植被和土地利用产生了一定影响。

1.1.2　对土壤的影响

气田开发对土壤的影响主要表现在井场、集气站和道路的修建与管线的铺设的占地影响及钻井作业产生的废弃物污染土壤。气田开采本身会占用一定数量的土地，尤其是井场建设和管线的铺设临时或永久占用了大面积的草地和沙地，土壤被大量的扰动破坏。与此同时，气田开发过程中排放的废水、废气和固体废弃物直接或间接进入土壤中，会对土壤生态系统产生影响，引起土壤理化性质改变、肥力降低及盐碱化、沙漠化的加剧。

1.1.2.1　钻井废弃物对土壤的影响

钻井过程产生的主要废弃物有废弃泥浆、钻井岩屑和废钻井液，其含有的对环境造成污染的主要指标有：COD_{cr}、石油类、重金属（Cr、Hg、Pb、Zn、As 等）、硫化物、pH 值、挥发酚、盐（尤其是氯化物）、碱等。钻井液中的总盐含量在土壤中积累到一定程度后，会使土壤盐碱化程度加重，使植被难以生长。此外，钻井废液中含有大量的重金属离子（如Cr、Hg、Pb、As 等）及有机污染物（如多环芳烃、卤代烃、有机硫化物等）都有毒性，能在土壤和动植物体内富集。每个井场设有一定面积的钻井液池，生产过程中产生的钻井岩屑和废液存放在钻井液池内。这些废液如果长期废弃在井场，有可能通过渗漏污染土壤和浅层地下水，影响周围群众的生活用水和农牧业用水，破坏生态环境。

1.1.2.2　修建道路、井场、集气站和埋设管线对土壤的影响

井场、道路、集气站和管线主要影响表现在永久或临时占用土地，尤其是井场和管线占用了大面积的耕地、草地和林地，土壤环境造成局部性破坏和暂时性干扰，不同程度地破坏了区域土壤结构，扰乱地表土壤耕作层，破坏土壤养分，混合土壤层次，改变土壤质地，影响土壤紧实度，加速了土壤侵蚀过程，进一步加剧了土壤沙化。一般除井场、集气管道及道路等本身占地以外，其周围范围内也会因为土地占用使植被遭到破坏。管线施工采用机械施工方式，施工带范围内的耕地、草地和林地的土壤和天然植被直接受到不同程度的扰动和破坏，尤其是在开挖管沟约 4m 的范围内，挖管沟造成的土体扰动，填埋时不能完全恢复原状，将使土壤的结构、组成发生变化，深层土壤微生物群落将明显改变，会引发土壤物理化学性质变化，进而影响土壤侵蚀情况、植被恢复、农作物的生长发育等，将打破深层土壤和地表土壤所有的平衡状态，使土壤肥力减弱、结构恶化。项目施工期间的地表开挖和扰动，致使地表裸露、植被稀疏、土体松散，土壤抗蚀能力降低，在大风季节产生大量以风力侵蚀为主的水土流失，在雨季产生以水力侵蚀为主的水土流失。为减少风蚀沙化和水土流失应尽量避免在春季大风季节及夏季暴雨时节进行作业，管沟回填时尽量保持原来土壤的密实度，恢复原有地表的平整度。

1.1.3　对植被的影响

项目开发建设期间对植被的影响主要表现在修建道路、井场、集气站和铺设管线时的植被破坏与钻井废弃物的污染。随着建设工作的逐步开展，如站场建设以及气田输气管管线建设等人为干扰活动的逐步增加，进一步使沙地中的植被受到扰动，占用土地、地表植被剥离等现象出现，尤其是汽车的碾压和人类活动的影响，群落种类组成发生变化，生物量

明显降低。对自然植被的影响主要表现在气田建设的占地方面，这既减少了植被的覆盖面积，又减少了野生植物资源的数量。

1.1.3.1 钻井废弃物对植被的影响

钻井施工现场征地为暂时用地。钻井时各种重型机械的碾压及推土机推土等会使井场植被遭到严重破坏。钻井过程中产生的污染物对植被影响也比较大，主要有废弃泥浆、钻井岩屑和废钻井液，这些污染物质对植被的影响主要是通过植被根、茎、叶与污染物接触后吸收污染物质从而对植被产生生理危害。一些植物被破坏后虽然能够自我恢复，但这种恢复过程的时间比较漫长。受到钻井废液和钻井岩屑污染的土壤，其植被恢复较为困难，特别是钻井液池上的植被恢复较难。钻井液中的无机盐含量在土壤中积累到一定程度后，会使土壤盐碱化程度加重，使植物难以生长。

1.1.3.2 修建道路、井场、集气站和埋设管线对植被的影响

气田开发过程中必然有大量的车辆通行，无论修建正规公路还是简易公路，都要用推土机推两侧的土来垫路基，会破坏地表植被。有的大型车辆不按规定的线路行驶，随意碾压地表植被，将使植被遭受更严重的破坏。在井场、集气站建设及配套设施修建过程中，占用了大面积的耕地、草地和林地，场地清理会清除地面植被的地上部分，地面挖掘破坏植被的地下部分，材料堆存会影响植被的生长，可能造成植物生长能力下降，植被覆盖率下降，生物多样性减少，从而导致其环境功能的下降，系统的总生物量减少。在铺设输气管线过程中，开挖管沟、施工工作带的平整以及施工人员的活动等，都会破坏自然植被。同时，气田开发会占用少量的农田和林地，在这些地区进行气田开发必然会对其占用的农田生态系统造成一定程度的破坏。在气田开发施工过程中对于植被的影响非常大。虽然开发期对植被影响是暂时的，但施工结束后，施工基地及管线填埋迹地植被破坏较为严重，形成"裸地"，植被自我恢复时间比较长。

1.1.4 对土地利用的影响

土地利用类型包括耕地、林地、草地、水域、建设用地、未利用地6种，由于集气站、井场、集输管线、气田道路等的增加，气田开发区的破碎度增加，土地利用变化主要体现在林地、耕地、草地和建设用地之间的转换上，主要以占用耕地为主。

1.2 节约集约化用地方法

为贯彻落实"十分珍惜、合理利用土地和切实保护耕地"的基本国策，国家出台了一系列严厉的土地管理政策，如《国务院关于促进节约集约用地的通知》（国发〔2008〕3号）、《节约集约利用土地规定》（中华人民共和国国土资源部令 第61号），使得企业使用土地限制更多，程序更严，成本更高。为响应国家用地政策，实现企业持续、快速、健康发展，企业应根据国家现行政策，结合企业发展制定相应的用地管理办法，切实做好项目建设各环节中的节约集约用地工作。

气田开发钻井数量多、占地面积大，气田与耕地、林地及草地等之间的矛盾导致了土

地资源浪费，各油气田通过研究与实践，采用平台集约化利用技术、井场优化布局、采输模式优化工艺、土地复垦技术等，形成了气田土地集约化利用技术，在各大油气田全面推广应用，减小了用地面积，缓解了人地矛盾。

1.2.1 平台节约集约化用地

针对天然气开发特点，通过优化井场面积，在满足钻机、压裂机组等装置摆放以及生产作业安全的前提下，尽可能减少平台用地面积，节约建设及后期退耕成本，实现天然气效益规模开发。坚持少布井、多打井、少占地的原则，通过丛式水平井布井方式和"井工厂"钻井模式优化钻井平台布局修建方案，极大减少钻完井作业场地的修建面积，从根本上解决天然气规模开发面临的征地难题。

1.2.1.1 丛式水平井布局优化

水平井技术投入产出比高，在国内外得到广泛应用。目前，国外水平井钻井成本已降至直井的 1.2 ~ 2 倍，而产量则是直井的 4 ~ 8 倍。同时，一口水平井可以替代多口直井，实现了少井高产，可减少用地和钻进过程中对环境的污染，有利于环境保护。

丛式井是指在一个井场或平台上，钻出若干口甚至上百口井，各井的井口相距不到数米，各井井底则伸向不同方位，即一组定向井（水平井），它们的井口是集中在一个有限范围内。丛式井的广泛应用是由于它与钻单个定向井相比较，大大减少钻井成本，并能满足油气田的整体开发要求。随着环保要求不断提高，征地难度越来越大，根据实际地理环境和作业要求，合理优化井场布置，尽量减小井场尺寸，降低井场建设成本十分重要。丛式井组开发使井网覆盖区域最大化，实现部署多井一体化，通过数学模拟研究优选丛式井布井方式，总结第一口井钻井经验教训后实施第二口井，可优化同井段钻井参数，提前预防复杂情况，大幅提高钻井指标。

决定井场尺寸的影响因素较多，如钻机型号、井槽数、井槽间距、井槽排列形式、施工作业要求等。其中井槽排列形式主要分单排井槽和双排井槽；施工作业要求主要基于作业效率的考虑，包括单钻机作业、双钻机作业、压裂作业时钻机是否需要撤离井场。井场布置及尺寸设计考虑因素主要包含以下几个方面。

（1）钻机型号的选择。钻机的型号决定了钻机的设备配置，钻机的设备配置直接影响井场的布置及尺寸设计。钻机的型号需要根据所在井场所有作业中需要的最大钩载要求确定。钻机的最大钩载应满足：

$$Q \geqslant 1.2F+500 \qquad (1-1)$$

式中　Q——钻机最大钩载，kN；

　　　F——所有作业中需要钻机提升的最大管柱重量，kN。

根据气田气藏靶点和井身结构设计，确定井场的井在所有作业过程中需要钻机提升的最大钩载，根据钩载要求及钻机型号序列选择钻机。

（2）井槽间距及井排间距设计。井槽间距和井排间距是影响井场尺寸设计的重要因素，井槽间距是指单排井槽中相邻两井槽中心的距离；井排间距是指井场中有多排井槽时，相邻井排间最近的两个井槽中心的距离。两部或两部以上钻机同时施工时，井排间距不少于30m；同排井口间距及井槽间距一般取 2.5 ~ 5m。

（3）井槽布置及最小井场尺寸设计。井槽的布置除了需要考虑井槽间距和井排间距外，还需要满足与井场各边线的距离要求。井场边线的定义对应井场方向的定义，即以井口为中点沿井场边线方向作两条相互垂直的基准线，井架大门所在基准线一侧区域为前，站在井架大门前，面对大门，基准线左侧区域为左，基准线右侧区域为右。确定钻机类型，即可设定第一口井距始边端线距离、最后一口井距终边端线距离以及各井口距侧边缘线距离。根据井槽在井场中的位置要求，以及井场中设计井槽的数量、井槽间距、井排间距即可计算出钻井施工作业所需要的最小有效井场尺寸。但在确定实际的最小井场尺寸时，还需要考虑不同型号钻机起放井架等作业对井场尺寸的要求。

（4）与井场尺寸设计相关的其他因素。《石油天然气钻井、开发、储运防火防爆安全生产技术规程》（SY/T 5225—2012）中 3.1.2 节规定，油气井井口距高压线及其他永久性设施不小于 75m；距民宅不小于 100m；距铁路、高速公路不小于 200m；距学校、医院和大型油库等人口密集性、高危性场所应不小于 500m。

在 3.1.3 节中规定：钻井现场设备、设施的布置应保持一定的防火间距。有关安全间距的要求包括但不限于：

①钻井现场的生活区与井口的距离应不小于 100m；
②值班房、发电房、库房、化验室、远控房、录井房等井场工作房、油罐区距井口应不小于 30m；
③发电房与油罐区相距应不小于 20m；
④锅炉房距井口应不小于 50m；
⑤在草原、苇塘、林区钻井时，井场周围应有防火隔离墙或隔离带，宽度应不小于20m。

《石油天然气钻井、开发、储运防火防爆安全生产技术规程》（SY/T 5225—2019）中3.1.4 节还规定：井控装置的远程控制台应安装在井架大门侧前方、距井口不小于 25m 的专用活动房内，并在周围保持 2m 以上的行人通道，放喷管线出口距井口应不小于 75m。

因此，在优化井场设施设备布置的同时，要考虑井场及周围设施设备的安全间距，如井口与高压线、设备设施、燃烧池、民宅、井口之间等的安全距离，燃烧池的尺寸，燃烧池与林业区、高压线、油罐区等的安全距离，对钻井井场设备设施和压裂井场设备设施安全距离进行评估，确定不同钻机机型钻井井场距离优化和压裂井场距离优化。

川东地区构造高陡，丛林坡谷林地较为复杂，为减少耕地占用，合理优化投资，近年来实施的云安 012-X16 井、天东 110-1 井、黄 202 井区页岩气平台井采用了水平井、平台井等定向钻井方式，提高钻井效率，减少钻井废物的产生量，减轻钻井作业对地表的扰动，减少土地面积的使用率。

2021 年 6 月 25 日，亚洲陆上最大的页岩油长水平井平台，百万吨国家级页岩油示范区华 H100 平台，长庆油田部署的 31 口水平井全部完井。这一平台打破了以往一队一机的传统模式，采用一队五机同时施工，设备人员一体化运行，资源保障实施共享，创造了水平井钻井最短周期 7.75 天等 18 项纪录，完成总进尺 15×10^4m，提速达 42%。最大限度节约了土地，实现了平台井数最大化、控制储量最大化、最终产量最大化，实现了效率最大化。长庆油田页岩油这种大平台管理模式，对我们传统理念、技术、劳动组织架构带来革命性的变化，为我国油气田绿色规模效益开发起到了示范引领作用。

1.2.1.2 "井工厂"作业模式

"井工厂"技术起源于北美地区，最早是美国为了降低成本、提高作业效率，将大机器生产的流水线作业方式移植过来用以非常规油气的勘探开发。"井工厂"钻井完井技术指在同一地区集中布置大批相似井，使用大量标准化的装备或服务，以生产或装配流水线作业的方式进行钻井、完井的一种高效低成本作业模式。即采用"群式布井，规模施工，整合资源，统一管理"的方式，把钻井中的钻前施工、材料供应、电力供给等，储层改造中的通井、洗井、试压等，以及工程作业后勤保障和油气井后期操作维护管理等工序，按照工厂化的组织管理模式，形成一条相互衔接和管理集约的"一体化"组织纽带，并按照各工序统一标准的施工要求，以流水线方式，对多口井施工过程中的各个环节，同时利用多机组进行批量化施工作业，从而集约建设开发资源，提高开发效率，降低管理和施工运营成本。

工厂化钻井完井作业模式是井台批量钻井、多井同步压裂等新型钻完井作业模式的统称，是贯穿于钻井完井过程中不断进行总体和局部优化的理念集成，目前仍处于不断发展和改进当中。主要特点可归纳为以下几个方面。

（1）系统化。"井工厂"技术是一项把分散要素整合成整体要素的系统工程，不仅包括技术因素，还包括组织结构、管理方法和手段等。

（2）集成化。"井工厂"的核心是集成运用各种知识、技术、技能、方法与工具，满足或超越对施工和生产作业的要求与期望所开展的一系列作业模式。

（3）流程化。移植工厂流水线作业方式把石油和天然气钻完井过程分解为若干个子过程，前一个子过程为下一个子过程创造条件，每一个过程可以与其他子过程同时进行，实现空间上按顺序依次进行，时间上重叠并行。

（4）批量化。通过技术的高度集成，将人和机器有效组合，实现批量化作业链条上技术要素在各个工序节点上不间断。

（5）标准化。利用成套设施或综合技术使资源共享，如定制标准化专属设备、标准化井身结构、标准化钻完井设备及材料、标准化地面设施、标准化施工流程等。

（6）自动化。综合运用现代高科技、新设备和管理方法而发展起来的一种全面机械化、自动化技术高度密集型生产作业。

（7）效益最大化。工厂化作业的最终目的是大幅度降低工程成本和提高作业效率。

自 2008 年美国将"井工厂"技术应用于北美页岩气开发以来，国外通过关键技术攻关与工艺配套，已经形成了一套较为成熟的"井工厂"作业模式。主要技术体现在以下四个方面。

（1）"井工厂"整体部署与工程优化设计。钻前采用三维地震资料、区域钻井地质环境因素描述技术和压裂模拟成果等对平台数量、布井方式和井眼轨道进行整体优化，达到以最小面积的井场实现开发井网覆盖储层面积。其普遍做法是：采用小间距多口井的井网模式，水平段井眼方位垂直或近似垂直于最大水平主应力方向，水平段间距为 300 ~ 400m，从而为后期进行大型体积压裂提供优质平台。目前主要用于井网部署与工程设计的商业化软件有 Schlumberger 公司的 Petrel 和 Halliburton 公司的 DecisionSpace®Desktop 等。

（2）设备利用最大化和工程作业流水化作业模式。具体做法主要有：一个平台的多口井依次一开，依次固井，依次二开，再依次固井完井（钻井、固井、测井设备无停待）；采用底部能移动的钻机，防喷器挂在井架底座一起移动，移动的动力依靠液压千斤顶，移动方向可以是纵向也可以是横向，钻井泵、钻井液罐、可控硅房无需搬动，节省了钻机搬迁时间；一个平台的多口井各开次钻井液相同，可以重复利用，特别是油基钻井液的重复利用大大降低了钻井液成本。通过上述做法，实现了钻井设备利用的最大化，多个工序并行作业达到无缝衔接，实现了作业工厂化，从而缩短了建井周期并降低了工程成本。

（3）高效配套设备与技术。为了适应"井工厂"钻井作业要求，国外研制开发并采用了移动式模块化钻机。该钻机可以纵向移动也可以横向移动，钻井泵、钻井液罐、可控硅房无需搬动，节省了大量的钻机搬迁、安装时间；形成了井口快速安装技术，井口封井器组作为一个整体安装，每次移动钻机底座只需将连接封井器和套管头的升高短节拆开，然后将封井器和升高短节吊起，挂在底座上一起移至下一井口。围绕"井工厂"水平井井眼轨迹复杂、水平段长、摩阻扭矩大、机械钻速低等问题，BBJ 公司研制开发了液力锤工具以提供轴向冲击力并有效传递钻压，机械钻速提高 30% ~ 50%。NOV 公司研制开发了DAT（Drilling Agitator Tool）工具，以减小静摩擦力，实现钻压有效传递；配套了巨型固定砂罐（单个容积达到 80m³）、连续输砂装置（达到 6750kg/min）、大型密闭罐车（单次运送22.5t 支撑剂，利用风能把支撑剂送到固定砂罐）、水化车（可连续配液）等设备。

（4）多井压裂优化设计技术。开展了"井工厂"水平井组裂缝整体布局、压裂裂缝参数、压裂工艺、压裂顺序、施工参数、作业流程、压后排液管理等多方面的优化研究，核心在于把井组作为整体单元来进行优化，统筹考虑使井组控制储量最大、采出程度最高，提高压裂施工时效与生产效果，降低压裂成本，提高综合开发效益。美国致密砂岩气和页岩气开发、加拿大致密油气田、英国北海油田、墨西哥湾和巴西深海油田都采用了"井工厂"技术。其中，美国 Piceance 地区井深 1500m 左右的井采用"井工厂"钻井技术后，单井平均钻井周期仅为 2.9d；Marcellus 地区垂深 2500m 左右、水平段长 1300m 的页岩气水平井平均钻井周期为 27d，2011 年该地区超过 83% 的井采用"井工厂"钻井技术。随着该技术的推广，美国页岩区钻井数量快速上升，产量也急速攀高。仅 2011 年，在 Barnett 页岩气产区就钻成水平井近 1 万口，Fayetteville 页岩气产区共钻成水平井 650 口。

传统的石油勘探开发作业是分散作业模式，单兵作战，效率较低。"井工厂"作业模式，是对分散作业模式最大限度的集约。我国自 2010 年以来开始探索应用"井工厂"技术，主要用于低渗透天然气和页岩气等非常规油气的开发。截至目前，在国内非常规油气领域，中国石油天然气集团有限公司（简称"中国石油"）和中国石油化工集团有限公司（简称"中国石化"）做了较多的工作，并取得了一些探索成果。

2012 年以来，中国石油先后在苏里格南合作区、苏里格气田苏 53 区块以及威远—长宁页岩气示范区等进行了"井工厂"钻井作业模式探索与实践。其中，苏里格南合作区"井工厂"作业模式的探索和应用最为成熟，实现了"三低"气田的规模效益开发。该合作区的井型选择以大位移定向井为主，水平井为辅，每座井场布置 9 口井，其中中心直井 1 口，水平位移 1000m 的定向井 4 口，水平位移 1400m 的定向井 4 口。目前采用的井场面积为 19125m² (255m×75m)，9 口井呈单行布置（图 1-1），1 ~ 4 号井口间距为 15m，4 ~ 5 号井口间距为 30m，5 ~ 9 号井口间距为 15m。井场布局适合任何型号的 2 台 50 型钻机同时作业。

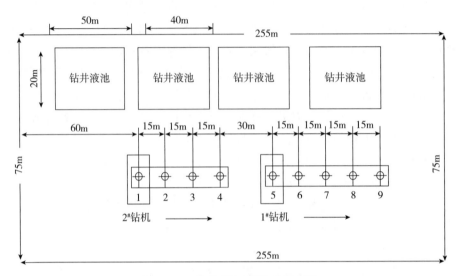

图 1-1　9 井式"井工厂"井场布置

图 1-1 中，整个井场 9 口井的上部 800m 表层，由一台 30 型小钻机完成，只需使用一个钻井液池，并在一个月左右时间内就可以完成，平均单井施工时间只有 3d，大大降低了施工成本。下部地层采用 50 型双钻机联合作业，即一台钻机施工 1 ~ 4 号井，另一台钻机施工 5 ~ 9 号井。通过应用钻机平移滑轨系统实现了钻机的快速平移，15m 井口距离 2h 内可平移到位，实现了当天搬家当天开钻，与 2011 年的情况相比搬迁安装周期缩短了 3d。全年完钻直井 10 口，建井周期最短 20.74d；完钻水平位移 1000m 的大位移定向井 56 口、水平位移 1400m 的大位移定向井 52 口，9 轮"井工厂"钻井作业后，平均建井周期分别缩短至 32.5d 和 33.7d，分别缩短了 10.1d 和 10.3d；完钻水平井 3 口，平均建井周期 65d，较 2011 年的 108d 缩短了 43d。压裂采用流水线作业，以 3 口井为一个单元，一个单元压裂完毕后马上开始下一个单元的压裂作业，取得了显著的压裂效果。2012 年，平均井丛压裂入井液量为 5000 ~ 7000m²，压裂施工周期为 6 ~ 8d。井丛压裂试气作业周期从初期的 50d 缩短至目前的 35d 左右。

自 2011 以来，中国石化分别在鄂尔多斯盆地大牛地和胜利油田非常规区块开展了"井工厂"作业模式探索与研究，初步形成了适合其地区特点的"井工厂"作业模式，为其他地区"井工厂"作业模式的探索和实施积累了经验。

大牛地气田属于典型的致密低渗透气藏，为了利用"井工厂"技术实现经济有效的开发，2011 年 6 月，中国石化在大牛地气田部署了 DP43-H 丛式水平井组，进行了"井工厂"技术应用试验。该水平井组由 6 口井组成，均为双靶点水平井，采用"二维放射形"布置井眼轨道，中间井眼轨道与最小水平主应力方向一致，两侧井眼轨道与最小水平主应力夹角为 26.56°。6 口井分为 3 个小组，每组 2 口井之间距离仅 5m，井组之间相距 70m。该井组平均设计井深 3751.93m，水平段长 1000m。该井组井眼轨道如图 1-2 所示。

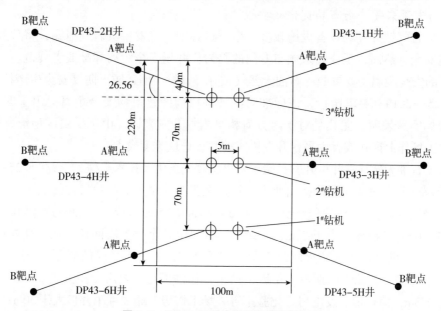

图 1-2　DP43-H 丛式水平井组井眼轨道

6 口井分成 3 组进行钻进：DP43-1H 井与 DP43-2H 井一组，DP43-3H 井与 DP43-4H 井一组，DP43-5H 井与 DP43-6H 井一组，每两口井共用一台钻机，当一口井钻完后采用轨道式整体运移方式将钻机运移至另一口井，大大节省了钻机拆卸搬运时间，丛式水平井组在大牛地气田的试验取得了成功。DP43-H 水平井组实钻平均井深 3710.64m，平均水平段长 991.00m，单井平均钻井周期为 47.02d，建井周期为 55.10d，平均机械钻速 8.28m/h。与常规单井相比，钻井周期缩短 16.3%，建井周期缩短 26.9%，机械钻速提高 12.8%。DP43-H 水平井组井场面积为 22000m²，而一口常规井面积为 12000m²。不考虑生活区和重复挖钻井液池的工作量，相当于 6 口井征用了 2 口井的井场，大大节约了征地面积。通过"井工厂"作业模式的实施，有效缩短了压裂周期，丛式水平井组 6 口井压裂施工共用时 13d，与 6 口水平井单压累计 30d 相比，节约了超过一半的时间。其中备液时间比常规单口水平井缩短 1.5d，累计节约 9d。通过整体压裂，平均单井无阻流量达 12.94×10⁴m³/d，几乎是 2012 年之前水平井无阻流量（6.95×10⁴m³/d）的 2 倍，压裂效果显著。同时，6 口井统一入网，不但节省了入网管线，更便于后期集中管理。

1.2.2　页岩气井场布局优化

页岩气作为独立矿种，属于非常规天然气，不含硫化氢，气藏的储层一般呈低孔隙度、低渗透率的物性特征，气流阻力比常规天然气大，需要实施储层压裂改造才能开采出来，所以在钻井过程中几乎没有页岩气产出。在钻井过程中，主要存在岩屑气侵，发生井喷事故可能性极小，所以其危险性远远小于常规天然气井场。因此，针对页岩气开发特点，通过优化页岩气井场面积，在满足钻机、压裂机组摆放以及生产作业安全的前提下，可优化井场设施布局，尽可能减少平台占地面积，节约建设及后期退耕成本，实现页岩气安全环保和效益规模开发。

1.2.2.1　页岩气井场布局优化必要性

由于页岩气钻井井场设备设施较多，生产过程中一旦发生页岩气泄漏，将危及井场和周边设施安全，然而，至今尚未颁布专门的页岩气井场安全距离标准或者规范。目前对页岩气井场的安全距离主要参照《石油天然气钻井、开发、储运防火防爆安全生产技术规程》（SY/T 5225—2019）要求执行，该标准对油气井口周围建筑物安全距离提出了明确要求。然而，现场实践表明，尤其是对于南方海相页岩气开发来讲，由于受山区地形条件限制，页岩气井工场作业模式或者大平台开发模式的井场选址难度较大。

按照《石油天然气钻井、开发、储运防火防爆安全生产技术规程》（SY/T 5225—2019），井场布局应充分考虑放喷管线接出所需通道，至少在一个主放喷口修建燃烧池，其中一级风险井燃烧池露面长、宽、高外边尺寸为13m×7m×3.5m，正对燃烧筒的墙厚0.5m，燃烧池周围防火隔离带距离不小于50m；二级、三级风险井燃烧池露面长、宽、高外边尺寸为6m×3m×3m，燃烧池周围防火隔离带距不小于25m，正对燃烧筒的墙厚0.25m。发电房、值班房、录井房、储油罐的摆放满足以下要求：储油罐与发电房相距大于20m；油罐距放喷管线大于3m；值班房、发电房、化验室等井场工作房、储油罐距井口大于30m；地质房、录井仪器房距井口大于30m；生活区距离井口不小于300m（煤层气井钻井现场的生活区与井口应不小于30m），值班房、库房等井场工作房距井口应不小于20m。

此外，根据《石油天然气工程设计防火规范》（GB 50183—2015），火炬和放空管宜位于石油天然气站场生产区最小频率风向的上风侧，且宜布置在站场外地势较高处。放空管放空量不大于$1.2 \times 10^4 m^3/h$时，与井场距离不应小于10m；放空量大于$1.2 \times 10^4 m^3/h$且不大于$4 \times 10^4 m^3/h$时，与井场距离不应小于40m。燃烧池和放喷池的池体高度应在2m以上，池体边缘距井口应在75m以上。

调研表明，页岩气开发地形条件限制和经济效益开发要求，按照《石油天然气钻井、开发、储运防火防爆安全生产技术规程》（SY/T 5225—2019），部分页岩气开发井场设备设施布局没有完全满足标准规定安全距离要求。因此，可以针对页岩气开发的特点，评价页岩气井场发生页岩气泄漏事故后果评价，科学优化页岩气井场安全距离，以优化井场设施和设备部署方案，既保障页岩气安全开发，也实现经济效益和环保效益双丰收。

1.2.2.2　页岩气泄漏后果模拟

依据《石油天然气钻井、开发、储运防火防爆安全生产技术规程》（SY/T 5225—2019）按照不同的泄漏源，井场安全距离要求大致可以分为三种：井口泄漏、燃烧池放喷、油罐区泄漏。页岩气井发生泄漏事故时，富含甲烷的天然气从井口喷出，如遇点火源则形成喷射火；如未遇点火源，喷出后的气体与空气混合，在大气中扩散，形成页岩气蒸气云团；如在爆炸极限内（5%～15%），遇到点火源，则会形成蒸气云爆炸。在放喷过程中燃烧产生的喷射火会对周围林业区产生影响，容易引发森林火灾，同时还应考虑油罐区与发电房等设施设备的安全距离。综合考虑泄漏事故的影响因素，中国石油浙江油田公司采用了挪威船级社 DNV GL 风险评估软件 PHAST8.22 研究页岩气井口泄漏、燃烧池放喷、油罐区泄漏后发生火灾时气体燃烧产生的热辐射通量或爆炸产生的冲击波对人和设备的危害程度，通过计算伤害范围来优化现有的井场布局。

（1）井口泄漏燃烧、爆炸模型。

气体一旦发生燃烧爆炸，其主要有两个危害：一是气体燃烧产生的热辐射通量；二是爆炸产生的冲击波对人和设备的危害。根据模拟方案表，参考《危险化学品生产装置和储存设施外部安全防护距离确定方法》（GB/T 37243—2019），利用 PHAST8.22 对页岩气井口泄漏后发生火灾、爆炸范围计算。

以浙江油田公司海坝页岩气井场 YS153H1 井为例，井深为 2550m，垂深为 1000 ~ 1500m，水平段为 1000m，产量为 $6.33 \times 10^4 \mathrm{m}^3/\mathrm{d}$，井口压力为 2.5MPa。

叙永县全年平均温度为 17.9℃，年平均风速为 1.61m/s，风向西北风 WN，基本风压值为 0.35kN/m，风速常年小于三级风，故选取 1m/s、1.61m/s 和 3.4m/s 三个特征风速，大气稳定度设置为 B（白天晴朗微风）。

（2）页岩气井井口泄漏数值模拟方案设计。

井场页岩气泄漏事故的影响因素众多，包括气量、泄漏孔径、井口压力、泄漏口大小和气象条件等。根据调研结果，从不同井型分别设置模拟方案，主要考虑气量、风速、风向井口压力、大气稳定度。

①气量。不同产气量条件下，气体从井口泄漏出来的气量不同。已投产 YS153H1 平台，YS153H1-1 井 $6.05 \times 10^4 \mathrm{m}^3/\mathrm{d}$，YS153H1-3 井 $5.04 \times 10^4 \mathrm{m}^3/\mathrm{d}$，YS153H1-5 井 $6.33 \times 10^4 \mathrm{m}^3/\mathrm{d}$，YS153H1-7 井（0.3 ~ 0.5）$\times 10^4 \mathrm{m}^3/\mathrm{d}$、YS159H 井 $0.96 \times 10^4 \mathrm{m}^3/\mathrm{d}$；此外昭通页岩气 YS137 直井 $4.4 \times 10^4 \mathrm{m}^3/\mathrm{d}$，YS139 直井 $1.8 \times 10^4 \mathrm{m}^3/\mathrm{d}$。该区页岩气为高纯度甲烷气体，甲烷气体的质量约为 0.71kg/m³，页岩气产量为 $6.05 \times 10^4 \mathrm{m}^3/\mathrm{d}$ 的泄漏质量流量为 0.497kg/s、页岩气产量为 $5.04 \times 10^4 \mathrm{m}^3/\mathrm{d}$ 的泄漏质量流量为 0.414kg/s、页岩气产量为 $6.33 \times 10^4 \mathrm{m}^3/\mathrm{d}$ 的泄漏质量流量为 0.520kg/s，质量流量计算见式（1-2）。以 YS153H1-5 井为例，选取井口为 $6.33 \times 10^4 \mathrm{m}^3/\mathrm{d}$，泄漏质量流量为 0.520kg/s。

$$q_\mathrm{v} = \frac{\rho V}{t} \qquad (1-2)$$

式中　q_v——泄漏质量流量，kg/s；

　　　ρ——介质密度，kg/m³；

　　　V——某段时间内通过该横截面的体积，m³；

　　　t——时间，s。

②井口压力。目前 YS153H1-1 井口压力为 1.9MPa，YS153H1-3 井口压力为 1.8MPa，YS153H1-5 井口压力为 2.5MPa，YS137 直井压力为 2.9MPa，YS139 直井压力为 2.8MPa。

③风向。叙永县地表以云贵高原山地—丘陵地貌为特征，山高谷深、平坝少，地面海拔范围为 570 ~ 1450m，属亚热带湿润性季风气候，全年主导风向西北风 WN，全年平均

温度为 17.9℃。

④风速。叙永县年平均风速为 1.61m/s，基本风压值为 0.35kN/m，风速常年小于 3.4m/s，故选取 1m/s、1.61m/s 和 3.4m/s 三个特征风速。

⑤大气稳定度。地区全年平均温度 17.9℃，选定大气稳定度等级为 B（白天）和 F（夜晚）。

⑥持续泄漏时间。泄漏时间选取 30min。

选取井口为 $6.33 \times 10^4 m^3/d$，压力 2.9MPa，通过泄漏质量流量、井口压力、风速和风向等工况组合，设计 6 种泄漏事故场景，详见表 1-1。

表 1-1　页岩气井口泄漏事故场景

模拟场景	产量（$10^4 m^3/d$）	质量流量（kg/s）	压力（MPa）	风向	大气稳定度	风速（m/s）
场景1	6.33	0.520	2.9	西北风	B	1
场景2	6.33	0.520	2.9	西北风	B	1.61
场景3	6.33	0.520	2.9	西北风	B	3.4
场景4	6.33	0.520	2.9	西北风	F	1
场景5	6.33	0.520	2.9	西北风	F	1.61
场景6	6.33	0.520	2.9	西北风	F	3.4

（3）页岩气井口泄漏数值模拟结果。

根据《热辐射的破坏准则和池火灾的破坏半径》一文，可以得到热辐射强度与破坏和伤害作用距离，见表 1-2。

表 1-2　页岩气井口泄漏燃烧、爆炸伤害距离

场景	不同热辐射伤害距离（m）				不同冲击波超压伤害距离（m）			
	1.60 kW/m²	4.00 kW/m²	12.50 kW/m²	37.50 kW/m²	9.00 kPa	17.00 kPa	25.00 kPa	44.00 kPa
场景1	63.7m	33.7m	4.4m	—	23.5m	14.8m	11.7m	8.5m
场景2	65.5m	37.3m	9.6m	—	23.4m	14.7m	11.6m	8.3m
场景3	67.7m	42.0m	19.3m	3.9m	23.1m	14.5m	11.5m	8.1m
场景4	63.7m	33.7m	4.4m	—	23.7m	15.0m	11.7m	8.5m
场景5	65.5m	37.3m	9.6m	—	23.7m	15.0m	11.7m	8.5m
场景6	67.7m	42.0m	19.3m	3.9m	23.9m	14.9m	11.6m	8.5m

同理，可以得到井场燃烧池与林业区安全距离、油罐与设施设备等泄漏气体燃烧、爆炸伤害距离。

1.2.2.3　页岩气井场安全距离之布局优化

根据表 1-2 的泄漏气体燃烧、爆炸伤害距离，得到区块最高页岩气井产量为 $6.33 \times 10^4 m^3/d$，最大井口压力为 2.9MPa 时，区块页岩气井钻井和压裂的安全距离见表 1-3。

表 1-3　页岩气井场钻井和压裂的安全距离

序号	项目	参考标准	规定值	优化值
1	井口与高压线距离（m）	SY/T 5225—2019	不小于75	不小于23.9
2	井口与设施设备距离（m）	SY/T 5225—2019	不小于30	不小于19.3
3	井口与民宅距离（m）	SY/T 5225—2019	不小于100	不小于67.7
4	油罐与设施设备距离（m）	SY/T 5225—2019	不小于20	不小于12.0
5	燃烧池与设施设备距离（m）	《浙江油田井控实施细则》（第五版）	不小于20	不小于12.0
6	燃烧池与林业区距离（m）	《浙江油田井控实施细则》（第五版）	不小于25	不小于12.0
7	ZJ20钻机井场面积（m²）	SY/T 5974—2020	不小于3900	不小于3150

根据安全距离研究结果，优化现有的 ZJ20 单机钻井井场、压裂井场布局，如图 1-3、图 1-4 所示。

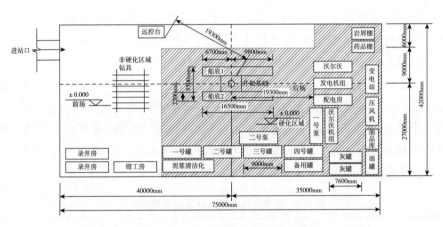

图 1-3　ZJ20 单钻机井场平面布置图

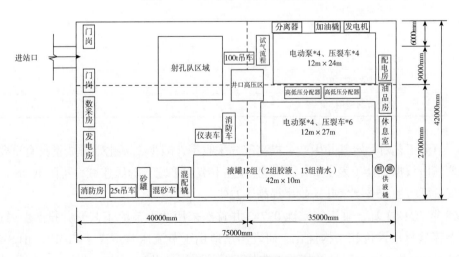

图 1-4　ZJ20 单钻机压裂平面布置图

根据图 1-3 和图 1-4，针对研究区块最高页岩气井产量为 $6.33 \times 10^4 m^3/d$，最大井口压力为 2.9MPa 时，根据安全距离模拟结果，可以优化井场布局，减少井场使用面积，以实现经济效益和环保效益双丰收。

1.2.3　井下节流工艺

水合物防治主要采用水套炉加热物理防治和注甲醇化学防冻两种工艺，存在的主要问题有四个方面：（1）无法利用水套炉加热靠近井口的油管和水套炉前的采气管线，从而造成井下油管或地面采气管网水合物堵塞；（2）气田水套炉未安装自动点火和熄火保护装置，水套炉因燃气管线出水熄灭后仍有天然气汇集在炉膛中，现场操作人员在未排空条件下点火会发生爆炸；（3）水套炉加热防冻将耗费大量天然气，同时不完全燃烧产生的尾气造成环境污染；（4）对下有封隔器的气井，无法从油套环空加注甲醇防冻，因此极易形成水合物堵塞井筒油管。

井下节流技术是将井下节流装置置于井下油管某个位置，实现井下节流降压，防止水合物生成的一种工艺技术。井下节流工艺替代了地面水套炉等装置，能够大幅降低站场建设面积，节约站场建设成本，减少温室气体排放，经济效益和环境效益显著。

建南气田位于湖北省与重庆市交界处，气田产出的天然气中含有 H_2S 和 CO_2 产出天然气在井口附近易形成水合物，堵塞井下油管或地面采气管网，气田曾多次因水合物堵塞造成停产。建 15 井使用井下节流工艺代替水套炉加热和注醇防冻工艺，减小了现场值班人员劳动强度，大大减小和节约了生产成本，消除了水套炉和注醇工艺防冻存在的安全隐患。

川西气田地处成都平原人口密集区，土地资源紧缺，站场建设征地费用高，导致气井站场建设费用居高不下。采用井下节流工艺及其配套技术后大幅降低了建设站场成本，以一个井下节流 3 单井的井组为例，可节约 120 万元建站成本，见表 1-4。

表 1-4　井下节流井组站场建设费用统计表

项目	费用（万元）
节约征地费用	75
节约水套炉成本	45
节约安装、材料费	30
节流器维护费支出	-30
合计节约费用	120

井下节流工艺对稳定气井生产、提高气井采收率，减少二氧化碳排放量具有重要作用。根据川西气田数据统计（表 1-5），气井实施井下节流工艺，套压递减率可降低 46%，单位压降产气量可增加 65%，气井采收率提高 5.22%。

2008 年 7 月 31 日，重庆气矿池 037-3 井首次采用井下节流工艺开井投产。通过不断对井下节流器材质评价和结构优化，研发出了适用于节流压差不高于 70MPa、H_2S 含量不超过 $225g/m^3$ 的井下节流工具及相关工艺技术，解决了气井地面建设投资大、管线压力高、投产周期长等难题，2013 年 7 月 11 日首先在云安 012-6 井（H_2S 含量 94.26g/m^3）下入节流器（下入深度 2503.84m）开井生产。截止到 2020 年 3 月，通过井下节流工艺在重庆气矿大猫坪云安 012-6 井、五百梯天东 007-X3 等气井应用 36 口井应用，累计发挥产能超过 $18.3 \times 10^8 m^3$，节约建设投资超过 1 亿元。

表 1-5 井下节流前后生产状况统计表

指标	节流前	节流后	变化
套压递减率（MPa/月）	0.89	0.48	-0.41
单位压降累计产气（$10^4 m^3$/月）	213	351	138
采收率	0.843	0.887	0.044

1.2.4　地面集输站场和管网布局优化

优化集气站选址与采气集气管线路由，扩大集气半径，可增加纳入井数和集气规模，简化集气站工艺流程。采气集气管线采用枝上枝、井间串接等方式，可减少集气管线工程量，集气站标准化模块化设计和橇装式集气站的应用能大大减少设计、采购和施工工作量，缩短了建设周期，减少用地面积，降低运行费用。

合理利用天然气，要对天然气的集输过程做到有效控制并消除安全环保隐患。第一，在制定相关方案时，应详细了解该地区天然气的基本物理及化学性质，避免由于不遵守安全操作规程，违章甚至是野蛮操作，而造成设备的泄漏。第二，适时地调节集输过程中天然气的速率和压力，达到输送设备额定工作效率并保证在管道的额定压力内运行，在保证最低能源浪费的前提下，达到合适的传输量，满足生产和生活需要。第三，天然气管道通常跨越不同的地区，因此这些不同地区的特征需要调查清楚，充分考虑环境变化因素，制定合理的天然气集输方案，优化集输方式，提高集输效率，降低其中的能量消耗，节约土地占用，节省建设经费。

1.2.4.1　井组划分

气田内部的集输流程根据气田的地质、地理条件及气田开发阶段的不同可分为单井集输流程和多井集输流程。对于面积较大和井数较多的气田，为了生产和管理上的方便，通常将气井划分为若干组，每一组气井的天然气都在各自的集气站进行汇集处理后，然后外输。其各组所含的气井数取决于地理条件、气井和集气站的生产规模、井位分布等。气田集输系统井组最优划分解决的问题就是如何最优划分井组以使建设使用面积最小，建设投资费用最省。

1.2.4.2　站址优化

气田集输系统工程中，首先遇到的问题是如何确定集气站的数目和站位。集气站的数目与投资直接相关，而且站位的确定也直接影响整个气田集输管网的结构形式（网络布局），而用于集输的管线投资也高达每千米数万元，管线总的投资一般要占气田集输系统投资的 60% ~ 70%，因此，研究最优化集气站位问题具有十分重要的实际意义。气田地面集输系统是由气井、集气站、压缩机站等部分组成。一般而言，气井和井位是根据已探明的地层构造，在油藏工程设计中确定；集气站位置一般是建在所辖一组生产井的中间。

1.2.4.3 干支管网布局优化

气田地面集输管网形态在气田的实际生产建设过程中，通常根据气田的气井分布、地理环境、产气量等因素选择不同的集输管网形态。气田常用的集输管网包括辐射状、枝状、辐射—枝状、辐射—环状、环状等管网形态。每种管网形态适用于不同的气田集输模式。对于天然气储量狭长分布的气田，通常采用枝状管网，即通过修建一条集气干线，周围的气井通过集气管道连接到集气干线上；辐射状管网一般应用在天然气储量分布均匀、气井间距小、气井数量多的气田；辐射—枝状管网多适用于气田内部集输流程，采用此种集输管网可以方便集中控制和管理，同时将多井来气集中处理，可以有效降低系统投资。

辐射—枝状管网在气田集输中应用最为广泛。辐射—枝状集输管网由辐射状管网和枝状管网两部分组成，两部分管网之间通过管道连接，气井与集气站之间连接形状为辐射状，集气站（集气总站）之间与外输站的连接形状为枝状。辐射—枝状管网的拓扑结构示意图如图1-5所示。

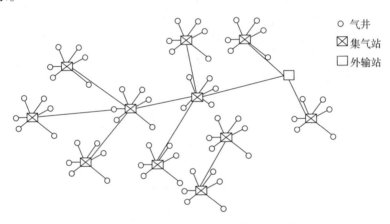

○ 气井
⊠ 集气站
□ 外输站

图1-5 辐射—枝状集输管网拓扑示意图

要使天然气实现正常输送，就要保证集气管网的压力、气田压力和外输天然气压力带下合适，其中天然气压缩机在管网压力中起到重要作用，通过将其加压到设计的数值，再通过管道系统，将经过分离达到合格标准的天然气分输。要根据集气工艺特点、气田地形等因素，实现便于管理的原则，合理确定天然气输送管网类型，合理布局集气管道。无论采用什么样的采输模式，集气站都要满足气田生产实际要求，提高其集输效率，降低其中的能量消耗，节约土地占用，节省建设经费。

重庆地区的东溪区块净化能力不足，使得气田只能根据脱硫装置的处理能力限制生产，达不到其应有的产能规模，更不能适应气田的进一步开发。2006年对当时的东溪脱硫车间进行改造，充分利用原有工厂的自然条件，因地制宜进行总图布置。对东溪区块进行开发建设的同时，也对区块实施"局部增压开采"，即：东溪区块南端的东浅1井、东浅2井、东16井、东4井、东4-1井及以后的新钻井所采出的原料天然气通过新建集气干线输至东7井站，再经新建脱硫厂净化处理后进入新东石线外输。北端低压井采出的原料天然气利用原有集气干线输至东7井站后，进入新建增压站增压，再经新建脱硫厂净化处理后进入新东石线外输。因为东溪气田所有原料天然气都将输到东 7 井后再进行脱硫，所以增压站址选在新建脱硫厂附近征地建设，且增压配套水电讯设施依托于拟建脱硫厂和附近东 7 井站。优化后管网布局，能充分利用已建集输设施，减少投资。

五宝场气田由于气田井数多、井距小，单井产量低，为简化采气系统，采用井间串接管网，通过采气管线把相邻的几口气井串接到采气干管，几口井来气在采气干管中汇合后进入集气站，一般串接的气井井数为 6 ~ 8 口，集气站辖井数量为 50 ~ 70 口。因此，优化管网布置，缩短了采气管线长度，增加了集气站辖井数量，降低了管网投资。在五宝浅19 井无人值守站采用井口采气管线串接，"T"接在五宝浅 13 至浅 5 井站采气干管上（图1-6），大大降低了采气管线建设成本，详见表 1-6。

表 1-6　地面建设成本对比表

名称	线路成本（万元）	站场成本（万元）
五宝浅9井	70	120
五宝浅19井	3.6	90
节约投资	66.4	30

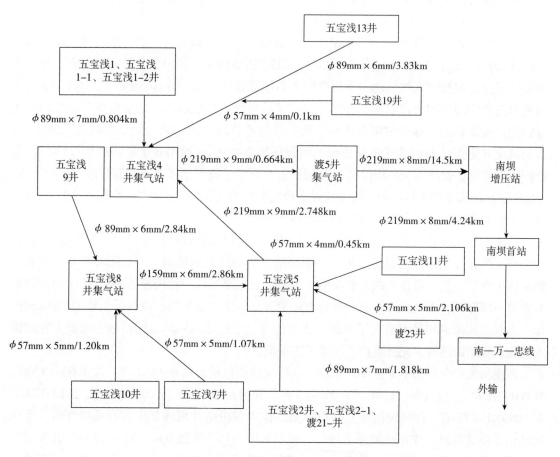

图 1-6　五宝场地面集输站场示意图

1.2.5 实施土地复垦

土地复垦指受到生产建设活动或自然灾害损毁的土地，通过采取工程技术措施，使损毁土地达到可以耕作的活动。广义定义指对退化或被损毁的土地循环利用及生态系统恢复的综合性技术过程；狭义定义指采矿、工业用地的再利用和生态系统的恢复。

石油和天然气开发不可避免地会造成土地资源的损毁。对损毁土地进行土地复垦，提高土地利用率，是石油和天然气开采行业绿色矿山建设中的重要内容，是改善矿区生态环境的重要手段。土地复垦方案应做到客观性、科学性和实用性，结合项目自身特点，因地制宜，依据当地土地利用总体规划，充分听取公众意见，合理确定土地复垦方向，实现土地资源可持续利用。

1.2.5.1 土地复垦的目标任务

根据石油和天然气开采行业绿色矿山建设要求，目前土地复垦方案的目标任务均要求复垦率达到100%，在生产任务结束后拆除附属构筑物，所有占地全部复垦。

中国石油西南油气田分公司在2009年提出"先临时后征地"节约集约用地观念，要求对不征收土地全面实施土地复垦，并100%退耕。加快由"全征"向"先临时后征地"用地方式的转变，统筹考虑钻井工程和地面工程用地是节约集约用地的核心，具体做法是：在钻井工程阶段采取先临时用地方式，待钻井工程结束后，再根据地下资源情况，确定井场是否征用，征用规模根据产能建设需要确定。

2010年，西南油气田分公司确定"一年试点、三年全面推行"的工作目标，即：2010年试点，2011年推行30%，2012年推行70%，2013年全面推行。2010年，公司制定并下发《西南油气田分公司石油天然气建设工程节约集约用地管理办法》（西南司生〔2010〕487号），明确节约集约用地的管理职责、管理方式、管理程序，特别强调土地复垦在节约集约用地过程中的重要作用，这是中国石油在节约集约用地管理方面的第一个专项制度。2011年，公司制定并下发《西南油气田分公司土地管理实施办法》（西南司生〔2011〕425号），专章阐述土地复垦管理要求。2012年，公司制定并下发《关于加强土地复垦管理工作的通知》（西南司生〔2012〕28号）和《关于加强土地复垦管理工作的补充通知》（西南司生〔2012〕116号），详细规定土地复垦工作内容、管理程序及要求。

西南油气田分公司通过对石油天然气钻井及配套设施建设项目采取少征收多复垦方式，一方面节约建设用地效果显著，另一方面用地成本得到有效控制。今后随着钻井及配套设施主体工程新工艺、新技术的不断应用（主要是土地复垦适应性措施的完善），土地复垦成本将进一步降低，用地成本控制效果将更加显著。实施土地复垦，改良了土地的耕作条件，如：将荒地或未利用地复垦为了耕地，将坡地变为了平地，同时还在耕地上增设了专用排水设施和耕作便道等，充分维护了区域生态平衡。

西南油气田分公司土地复垦工作取得良好成效的包括天东004-X1井、天东004-X3井、复001-X1井、门西005-H2井、明001-X3井、邛西012-1井、龙002-6井等。2010年，《天东004-X1井钻前工程建设用地复垦报告书》作为首份钻井用地复垦方案通过评审，重庆地区钻井用地复垦工作正式掀开了序幕。试点的第一口井天东004—X1井是一口开发川东石炭系气藏低渗透难采储量的大斜度井，满足特殊的钻井工艺，井场面积较大。西南油气田分公司在勘定建新井场时避让良田沃土，并利用地形地貌布局钻井和采输气等生产装置，租用土地 16.85 亩，仅征地 1.18 亩，实现复垦土地 15.67 亩，天东 004-X1 井土地复垦取得的最终效果良好。

2021 年 4 月，西南油气田分公司重庆气矿梁平作业区天东 110-1 井、天东 110 井等 2 口新井，通过应用井下节流技术，优化简化井站地面工艺系统，利用多级远程控制等自控措施，一举为公司实施土地复垦工作省出了 39.6 亩耕地。

期间，重庆气矿充分吸纳地方村社意见，形成气矿、油气田公司、国土部门三步审查机制，严把设计思路、方案编制、项目立项、费用预测、计划申报等关键环节质量关，从耕植土保护一直到交地还地，落实专人"一竿子插到底"负责制，避免人员调整导致的信息不对称，确保遗留问题处置干净。将生态环境保护纳入气矿重点工作统筹推进，以土壤保护、地貌恢复、耕地质量、环境治理等为切入点，组织规划、地质等部门集中探讨，综合分析区块开发、井口运维等因素，因地制宜最大限度集约节约土地资源。

随着重庆气矿气田数字化管理模式的全面推广，运用 SCADA 系统、视频监控系统和数字化信息管理系统，实现了生产场站全方位、全时段监控，确保气田数据动态监控和分析，先后实现了 456 座井站的无人值守，大大节约了井站建设用地。

在天东 110 井、天东 110-1 井，气矿结合井场原地貌为梯田的特点，积极应对井场所处地区地企关系复杂的难点，提出"水还水，田还田"实施方案，避免"水变旱、田变土"现象发生，摸索复垦"新模式"，高标准开展复垦工作，提高复垦耕地质量和综合生产能力。天东 110-1 井所在的梁平区坪山镇坪山村，是衔接主城都市圈与渝东北三峡库区城镇群的重要节点，是"大三峡"发展的纵深地带，梁平作业区地形地貌超预期恢复，井场临时用地的工地大面积变肥沃梯田、耕地，复垦的土地比临时用地前耕植条件更好，水田还多了近 1 亩，可以促进收成。

截至 2021 年 6 月，重庆气矿已有 43 口气井完井后成功实现复垦，节约耕地 500 余亩，相当于 48 个足球场，而全新的复垦模式，不仅提高了复垦耕地质量和综合生产能力，也为后续开展地企工作、地方协调构建了良好氛围。

因为有土地复垦工作的推动，促进着主体工程方案的优化。

（1）优化项目选址：主要是尽量避让良田沃土、大型水利设施等，最大限度减少工程对环境的影响。

（2）优化项目布局：主要是尽量利用自然地形地貌布局生产装置，减少土地破坏程度。

（3）优化工艺技术：主要是针对井场场面及基础探索有利于复垦、可重复利用的连砂石层、水稳层、复合土工膜技术等，降低土地复垦难度。其中采用复合土工膜技术对井场地面进行处理的方法比直接进行水泥硬化更保护表层土，但钻前工程工作量仍然很大，成本也高，后期复垦时如何处置这些废渣也是一个难题，复垦成本很高，需要继续探索新方法新技术。

（4）优化工艺措施：主要是充分采用下挖式废水池设计，积极探索活动扣件式排污沟槽设计，增加表层土保护设计，对工程挡土墙、边坡等尽量因势而建，便于复垦。

土地复垦工作是气田开发企业转变传统用地方式，开展节约集约用地管理的重要环节，是一项全新的、系统性的，面临着诸多内外压力与挑战的工作，对此，企业全体上下都需要高度重视，要在工作中不断总结经验，探索工作方法，吸取工作教训，完善工作机制，以切实提高土地复垦管理水平，有效推动土地复垦工作进程。

1.2.5.2 土地复垦的工作程序

国家和地方政府出台了一系列加强土地监管的政策，尤其是对耕地保护、临时用地审批和土地复垦工作提出了更加严格的要求；各石油与天然气公司也下发了相关工作的指导意见，强调要依法依规开展临时用地及土地复垦工作。

企业在保持钻井项目"先临时后征地"的用地模式全面持续推行的基础上，应做到高度重视临时用地工作，切实做到依法依规用地，严禁项目建设单位或施工单位未经批准，私自与被用地单位或个人协商并临时使用土地；统一公司为法律主体，各建设单位按照气矿所辖区域划分进行分片区集中管理，由项目所在片区气矿开展用地报批、补偿、复垦等手续；规范临时用地行为，及时申办用地手续；加强临时用地使用过程的监督检查，要与施工单位签订施工用地合同，要求施工单位严格按照批准的范围、用途和时限使用土地，不得随意调整用地位置或扩大用地规模，做到规范、文明使用土地。

为保证钻井项目及时取得合法用地手续，进一步提升土地复垦质量，满足地方对土地复垦验收和移交的要求，参考西南油气田分公司《关于进一步加强钻井项目临时用地及土地复垦管理的通知》（西南司生〔2017〕53号）的规定，公司土地复垦工作可按以下程序及要求开展。

（1）编制土地复垦方案。

在钻前工程初步设计阶段，项目建设单位按照公司招标及市场管理有关规定选择有实力、有经验的单位依据相关的《土地复垦方案编制规程》编制土地复垦方案，并报有审批权的地方国土部门审查备案，取得项目临时用地手续办理所需的土地复垦方案审查意见书。项目建设单位要积极配合土地复垦方案编制单位开展方案编制前期的现场踏查，及时提供方案编制所需的资料，并督促其加紧开展方案编制、送审及备案工作，原则上方案编制和送审工作必须在40个日历日内完成。

（2）预存土地复垦费用。

土地复垦方案评审备案后，公司概预算业务管理部门依据土地复垦方案确定的复垦金额批复土地复垦费用，其中：勘探事业部、非常规油气开发事业部实施建设的钻井项目，其土地复垦费用单独批复给项目属地油气矿；由各油气矿实施建设的钻井项目，其土地复垦费用也进行单独批复，费用均列入钻井项目投资。复垦实施单位要及时与地方国土部门签订土地复垦监管协议，建立土地复垦资金共同监管账户，并按照土地复垦监管协议的要求在共同监管账户中足额预存土地复垦费用，取得项目临时用地手续办理所需的预存土地复垦费用凭据。

（3）开展土地复垦设计。

钻井项目的土地复垦设计不在钻前阶段开展，调整到用地结束后实施，具体根据钻探成果按以下两种方式开展设计：一是对于已获工业油气流并需立即实施产能建设的井，根据产能建设的需要确定征收土地面积后，对其余不需征收的临时用地，依据前期编制的土地复垦方案在产能建设设计中开展土地复垦专篇设计，随产能建设项目设计一并审批。二是对于确认无使用价值的干井或需缓建的获工业油气流井，由建设单位根据前期编制的土地复垦方案结合拟征地面积和实际土地损毁情况，单独组织开展土地复垦设计，报公司审批。土地复垦施工预算费用应控制在概算批复金额范围内，确因特殊情况需调整概算的，按公司概预算管理规定申请调整。

（4）组织土地复垦施工。

用地结束后（含产能建设用地），复垦实施单位按照公司招标及市场管理有关规定选择有资质的承包商单独开展土地复垦施工。土地复垦施工管理要参照工程建设项目管理有关规定，复垦实施单位要加强施工过程监管，做好施工安全、工期和质量管控，土地复垦施工工期原则上应控制在 30 个日历日内。复垦实施单位原则上不得委托地方政府实施土地复垦工作。因特殊情况确需委托地方政府实施土地复垦工作的，应填报相应的土地复垦施工委托报批表，经公司批准后实施。

复垦实施单位应要求承包商严格履行开完工书面报告制度，并在收到书面报告后 5 个工作日内将开完工报告单的电子扫描件报公司备案。同时，复垦实施单位要重点加强井场场面基础剥离、建渣清理及处理情况的监督检查，并做好相关影像资料的录取和保存。

（5）开展复垦验收和移交。

土地复垦验收包括公司内部组织的完工验收和地方国土部门组织的地方验收，待取得国土部门出具的验收合格确认书后，用地经办单位及时将土地交还原土地权利人。

完工验收程序和要求：一是收集整理完工验收资料。土地复垦施工结束后，复垦实施单位应督促施工承包商抓紧收集、整理完工验收资料，并在完工后 5 个工作日内提交完工验收申请。验收资料主要包括：完工验收申请、设计文件、施工组织方案、安全技术交底记录、开工报告、进场通知单、完工报告、施工日志、特殊作业相关票据、施工过程及复垦前后对比照片、相关补赔偿协议等。二是填报完工验收申请表。复垦实施单位收到承包商呈报的完工验收申请后，应及时向公司填报土地复垦竣工验收申请表，向公司申请完工验收。三是组织完工验收。公司收到复垦实施单位上报的完工验收申请后，公司土地业务管理部门组织规划计划、基建等部门以及复垦实施单位开展完工验收，出具完工验收意见，需整改的由复垦实施单位督促承包商完成。完工验收内容包括：设计内容完成情况、补赔偿执行情况以及竣工资料规整情况等。

地方验收、土地移交程序及要求：完工验收通过后或整改完成后，由公司土地业务管理部门代表公司向县级地方国土部门出具土地复垦验收申请文件，由复垦实施单位持土地复垦验收申请文件及相关资料向地方国土部门申请地方验收。对依标准验收不合格的土地复垦项目，应持续整改，直至合格。验收合格的，复垦实施单位应取得地方国土部门出具的验收合格确认书，并及时退还土地，依法取得书面交接手续。验收合格确认书和土地移交手续作为支付土地复垦费用的条件之一。土地复垦验收合格确认书原则上应自提交验收申请文件之日起 60 个工作日内取得；土地移交手续原则上应在验收合格手续取得之日起 10 个日历日内取得。土地复垦验收和移交工作完成后，复垦实施单位要将土地复垦验收合格确认书、土地交接手续的电子扫描件以及复垦前后的对比照片报公司备案；项目建设单位要及时向政府有关部门申请返还已缴纳的临时用地耕地占用税。

1.2.5.3 土地复垦适宜性评价

土地复垦适宜性评价是一种预测性的评价分析过程，评价的过程是依据土地利用总体规划、其他相关规划及因地制宜的原则，在充分尊重土地使用人意愿的前提下，按照原土地利用类型、土地破坏程度、公众参与意见等，在经济技术可行的前提条件下，确定待复垦土地最佳的利用方向，同时，划分土地复垦单元的分析论证过程。土地复垦适宜性评价在复垦工作中起着承上启下的作用，不仅是确定复垦方向的依据，也是后续复垦技术选择及复垦标准制定的依据。

土地适宜性评价主要遵循以下原则：

（1）做到与周边土地利用类型相互协调原则；

（2）简约的原则；

（3）主导因素为主的原则；

（4）因地制宜，农业用地优先原则；

（5）符合土地利用的总体规划，并与其他规划统一协调原则。

土地复垦适宜性评价的依据主要有以下三个方面。

（1）区域内土地被破坏前的现状：主要包括复垦区域内土地被破坏之前的土地类型、数量、质量、权属等情况，重点包括耕地、园地、林地、草地的数量和质量，以及主要农作物的生产经营情况等。

（2）区域内土地被损毁后的状况：一方面是复垦区域内已被损毁土地的类型及其损毁程度，包括因被占用、挖损、压占、污染等原因造成的土地被损毁的范围、面积、地类和损毁程度等情况。另一方面是主体工程设计中已有的土地复垦措施和工程技术等。

（3）区域内的基础条件：包括复垦区域内的自然环境和社会经济概况以及主体工程施工工艺等，主要是为土地复垦顺利开展提供基础资料。自然概况信息一般包括地理位置、气候、土壤、生物、水文、地貌、地质等条件，社会经济状况一般包括项目区近三年乡人口数、农业人口数、人均耕地、财政收入、人均纯收入、农业总产值、农业生产状况等，以及建设过程中可能导致土地损毁的生产建设工艺及流程等。

土地复垦适宜性评价包括定性分析和定量评价，石油天然气项目一般只需进行定性评价。随着绿色矿山建设的推进，企业需按规划要求对油气开采过程中建设的场站、管线及道路及时复垦。石油天然气项目常见的土地损毁类型为井场、管线及道路，根据用地性质和土地损毁程度可划分为井场永久用地、井场临时用地、道路永久用地、道路临时用地和管线临时用地五个评价单元。评价体系采用二级体系，分为土地适宜类和土地质量两个序列，详见表1-7。

表1-7　土地复垦适宜性评价二级体系

土地适宜类	土地质量等级
适宜	一等地
	二等地
	三等地
不适宜	不续分

评价方法采用极限条件法，即评价单元的适宜性及其等级取决于诸多选定因子中条件最差的因子。其中评价因子的选择考虑对土地利用影响明显且相对稳定的因素，以便能够通过因素指标值的变动决定土地的适宜状况。最后依据《土地复垦质量控制标准》（TD/T 1036—2013），并结合当地实际，确定待复垦土地复垦适宜性评价的等级标准。

以某石油天然气项目为例建立评价标准。该项目区以耕地、林地为主，草地为辅，土壤类型主要为黄壤、红壤、砖红壤及紫色土。综合考虑项目区实际情况和损毁土地预测结果，确定各评价单元限制因素为损毁程度、土壤有机质含量和土壤容重，主要限制因素等级标准详见表1-8。

表1-8 复垦区主要限制因素等级标准

限制因素及分级指标		耕地评价	林地评价	草地评价
损毁程度	轻度	1或2	1	1
	中度	2或3	2	1或2
	重度	3	2或3	2
土壤有机质含量（g/kg）	>25	1	1	1
	>15 ~ ≤25	2	1或2	1
	≥10 ~ ≤15	3	2或3	2
土壤容量（g/cm³）	>1.24 ~ ≤1.45	1	1	1
	≥1.00 ~ ≤1.24 >1.45 ~ ≤4.74	2或3	2	1或2
	<1.00, >4.74	3或N	3	2或3

注：1表示一等地，2表示二等地，3表示三等地，N表示不适宜。

根据实地踏勘及相关土壤资料，结合各评价单元实际情况，分别对各评价单元的参评因子赋值，确定评价单元土地质量状况，详见表1-9。

表1-9 评价单元土地质量状况

评价单元	损毁程度	土壤有机质含量（g/kg）	土壤容量（g/cm³）
井场永久用地	重度	17 ~ 20	1.65
井场临时用地	中度	16 ~ 23	1.47
道路永久用地	重度	11 ~ 15	1.66
道路临时用地	中度	16 ~ 21	1.46
管线临时用地	中度	18 ~ 25	1.39

将参评单元的土地质量分别与复垦土地主要限制因素的耕地、林地和草地评价等级标准对比，以限制最大、适宜性等级最低的土地质量参评项目决定该单元的土地适宜性等级。评定结果详见表1-10，由此可以看出，同一评价单元往往具有多宜性，宜耕、宜林、宜草适宜性等级相同时，需要综合考虑自然环境、复垦经验、公众参与意见等因素进行方案的

比选，以最终确定复垦方向。

表 1-10　各单元土地复垦适宜性等级评定结果

评价单元	宜耕		宜林		宜草	
	等级	限制因素	等级	限制因素	等级	限制因素
井场永久用地	3	损毁程度	2或3	损毁程度	2	损毁程度
井场临时用地	2或3	损毁程度、土壤容重	2	损毁程度、土壤容重	1或2	损毁程度、土壤容重
道路永久用地	3	损毁程度、土壤有机质含量	2或3	损毁程度、土壤有机质含量	2	损毁程度、土壤有机质含量
道路临时用地	2或3	损毁程度、土壤容重	2	损毁程度、土壤容重	1或2	损毁程度、土壤容重
管线临时用地	2或3	损毁程度	2	损毁程度	1或2	损毁程度

1.2.5.4　土地复垦及监测管护

由于站场永久用地和道路永久用地生产结束后可以继续留续使用，故土地复垦的责任范围为井场永久用地以及站场、井场、道路、管线的临时用地。

土地复垦工程技术措施主要包含以下内容。

（1）表土剥离。表层土壤是经过多年植物作用而形成的熟化土壤，是深层生土所不能替代的，对于植物种子的萌发和幼苗的生长有着重要作用。首先要把表层的熟化土壤尽可能地剥离后在合适的地方储存并加以养护和妥善管理以保持其肥力；待土地平整结束后，再平铺于其表面，使其得到充分、有效、科学的利用。

（2）清基工程。在井场使用结束后清理表面硬化设施井座砌体、其他砌体以及地面碎石等。由于道路永久用地将留续使用的，清基工程主要实施区域为井场永久用地。

（3）土地翻耕。由于施工中使用推土机等重型机械，使土壤存在不同程度的压实，对复垦方向为耕地、林地、园地的地类进行翻耕，翻耕厚度根据地类确定，土地翻耕主要是采用拖拉机和三铧犁翻耕，改变表层土壤通透性，增加土壤的保水、保墒、保肥能力，为植被生长创造良好的环境。

（4）表土覆盖。待施工结束后，及时进行土方回填，在生土层之上回填表层土壤。井场区域地形一般较为平坦，机械施工可以加快施工速度，减少土壤裸露时间，防止在此期间的表土流失，所以井场表土回填采用机械施工。

（5）土地平整。土地平整工程通常采用"倒行子法""抽槽法"和"全铲法"等方法，每种方法都有各自的优缺点，采用何种土地平整方法，应根据地块的地形地貌状况、土地平整方式等具体情况确定。

（6）田坎修筑。结合耕地结构，在土地复垦时，管线经过坡度较陡地段需修建梯田田坎。

（7）修筑临时排水沟。表土堆场周围要设置临时排水沟进行排涝，防止水土流失的同时保证土壤肥力。

（8）道路工程。根据实际情况修建田间道和生产路。可在复垦为耕地的井场永久用地内修建生产路。

土地复垦生物化学措施主要包含以下内容。

（1）林草恢复。复垦区域植被选择应遵循乡土植物优先的原则。可在复垦为林地的地区栽植乔木，井场复垦区树种选用女贞，管线复垦区、道路复垦区选用侧柏等。为防止生产期内深根植物损坏管道，对复垦为园地、林地的管线临时用地，在管道修筑完成后首先复垦为草地，先撒播草籽，在生产结束后再补种树种。为了保持剥离表土的肥力，需对表土堆场进行植草，草籽可选用沿阶草和三白草等。

（2）土壤培肥。主要方法有人工施肥法和绿肥法。人工施肥法对复垦后的土地施用适量的有机肥或无机肥以提高土壤中有机质的含量，改良土壤结构，消除不良理化性质，并作为复合肥的底肥，为进一步改良打下基础。绿肥法是改良土壤中有机质含量和增加氮磷钾等营养元素含量最有效的方法。根据绿肥各种类的分类原则不同，选择在适宜当地广泛种植历史、适生能力强、能够有效改善土壤环境的植被作为绿肥种植作物。

土地复垦监测与管护主要包含以下内容。

（1）土地损毁监测主要针对5个用地种类采取人工巡查的方式进行，包括井场永久用地、井场临时用地、管线临时用地、道路临时用地及表土堆场永久用地；土地损毁监测周期从井区建设期开始一直持续到恢复治理期结束；监测过程要求记录准确可靠，及时整理、提交并与预测结果对比。

（2）土壤质量监测主要针对复垦为耕地、林地、草地的土地，内容是监测复垦地土壤的有效土层厚度、土壤有效水分、土壤容重、pH值、有机质含量、有效磷含量、全氮含量、土壤侵蚀模数等。

土地复垦质量控制标准可参照重庆市国土资源和房屋管理局发布《重庆市国土房管局关于规范土地复垦相关报告编制及竣工验收有关事项通知》（渝国土房管规发〔2016〕8号）相关规定，详见表1-11。

表1-11　土地复垦质量控制标准

复垦方向		指标类型	基本指标	控制标准
耕地	旱地	地形	地面坡度（°）	≤25
		土壤质量	有效土层厚度（cm）	≥40
			土壤质地	砂质壤土至壤质黏土
			砾石含量（%）	≤15
	水田	地形	地面坡度（°）	≤15
			平整度	田面高差±3cm之内
		土壤质量	有效土层厚度（cm）	≥50
			土壤质地	砂质壤土至壤质黏土
			砾石含量（%）	≤10

复垦方向		指标类型	基本指标	控制标准
园地	园地	地形	地面坡度（°）	≤25
		土壤质量	有效土层厚度（cm）	≥50
			土壤质地	砂质壤土至壤质黏土
			砾石含量（%）	≤30
林地	有林地	土壤质量	有效土层厚度（cm）	≥30
			土壤质地	砂土至壤质黏土
			砾石含量（%）	≤50
	灌木林地	土壤质量	有效土层厚度（cm）	≥20
			土壤质地	砂土至壤质黏土
			砾石含量（%）	≤50
	其他林地	土壤质量	有效土层厚度（cm）	≥20
			土壤质地	砂土至壤质黏土
			砾石含量（%）	≤50
草地	人工牧草地	地形	地面坡度（°）	≤25
		土壤质量	有效土层厚度（cm）	≥20
			土壤质地	砂质壤土至砂质黏土
			砾石含量（%）	≤30
	其他草地	土壤质量	有效土层厚度（cm）	≥10
			土壤质地	砂质壤土至壤质黏土
			砾石含量（%）	≤50
配套设施				达到规划设计要求

（3）复垦植被监测对复垦土地的植被进行监测，保证天然气开采完毕后，生态系统可以长久、可持续地维持下去，建立监测点，对种植草地的生长势、高度、覆盖度、种植密度、成活率等指标进行监测，对未达标区域进行补种。

1.3　节约集约用地建议

为落实创新、协调、绿色、开放、共享的发展理念，结合《国务院关于促进节约集约用地的通知》（国发〔2008〕3号）、《节约集约利用土地规定》（中华人民共和国国土资源部令 第61号）等法律法规，应加强和规范土地利用总体规划管理，严格保护耕地，促进节约集约用地，运用先进科技，简化并优化管理措施，完善用地、征地、土地复垦组织制度保障，不断提升土地配置和利用效率。

1.3.1 提高土地配置和利用效率

天然气田规模的扩大，对土地的要求也随之增多，加强气田用地管理工作，加大土地管理的资金投入，提高土地管理人员素质，提升地籍管理工作水平，不断研发和推广新技术、新工艺等对提高土地配置和利用效率，提高土地利用集约化程度有极大的促进作用。

（1）加强用地管理。

气田用地管理工作要从规范方案开始抓起，与地方政府、环保部门、土地规划部门等相关职能部门进行协商，做好农场、林场以及村落等占地单位的统筹协调管理工作。在与村落农民进行交谈的过程中，需要谨慎处理好气田用地与农村居民用地之间的矛盾，积极主动地配合城乡规划，以合作共赢、互惠互利、共同发展为原则，双方在达成共识的基础上，向政府部门争取优惠政策，从而改善气田以及耕地的用地条件，以政府为依托，建立协助与依托关系，切实保护耕地，保证气田的建设与发展。

在施工用地管理上，要以节约、保护耕地为原则，严格按照规划设计要求进行用地建设，做到规范用地、文明施工，严令禁止滥挖滥占以及随意用地的行为。为了保证用地管理的顺利进行，气田企业应专门设置用地管理机构，由专人进行管理，代表企业对气田的合理用地进行统一管理。在气田的建设与开发过程中，应引进最新科学技术，简化并优化用地面积，做到科学合理布局，从而保护耕地，实现气田与耕地的可持续发展。

企业应编制土地复垦宣传册和文件汇编，并及时下发到各单位认真组织好内外宣传与学习，全面提高节约集约用地意识，积极推进土地复垦工作。充分利用电视、网络、报纸等媒体开展内外宣传，突出宣讲土地复垦政策，跟踪报道土地复垦工作先进事迹，特别是土地复垦工作所取得的经济效益和社会效益，以坚定员工信心，争取各方支持。

企业与政府部门要加大对土地管理的资金投入，从根本上解决气田土地被侵蚀的问题。在规划耕地与气田用地的过程中，要合理并妥善的解决村落与用地征收之间的矛盾，不可采用强硬措施，应提前做好规划处理。对于广大气田职工而言，气田的可持续发展才是工作中的关键，广大职工需要熟悉土地管理法律与法规，为做好每一寸土地管理作出贡献。充分利用网络信息技术，建立并覆盖整个气田用地的网络系统，使得土地管理能够快速、准确地获得第一手信息。

（2）提高土地管理人员素质。

企业应系统开设土地管理培训学习班，重点对土地复垦知识进行培训；同时根据土地复垦开展实际，不定期召开土地复垦工作讨论会，相互交流工作经验，共同探讨工作方法，及时解决存在的问题。为土地管理人员创造提升的条件，提高其专业素质，更好地胜任本职工作。同时企业应与地方主管部门主动联系，采取请进来，走出去的方式，加强土地法律法规的学习，必要时可进行现场观摩等，做到熟悉法规，掌握政策，依法用地。

（3）提升地籍管理工作水平。

针对气田建设用地点多、线长、面广、占地数量多、面积大、情况复杂的现实特点，要求土地管理人员必须对土地征借、资料收集、归档整理实行精细化管理，坚持把每年的征地资料收集汇编成册，并将电子文本资料再汇集一份，做到每宗用地的用途、地理位置、地类、用地面积及当年发生的各项费用随用随看，随调随查。

（4）推广新技术、新工艺。

随着气田的快速发展，新技术、新工艺不断地推广应用，斜井技术、水平井技术、井工厂和大平台开发模式的有效实施，采取管线并沟、场站合并等措施，为气田建设集约节约用地创造了条件。如：丛式井场，即一个井场有数口油井和注水井；母子井场，即由一个井场派生出两个以上的井场；姊妹井场，即第一个井场为依托，实施第二个、第三个井场；井站合并，将井场、站点合并建在一起，一方面节约利用了土地，另一方面可以减员增效；场站合并，接转站、计量站、队部、前指等合并建设；多用途合并，多个站点、场所合建等。

1.3.2 土地复垦保障措施

为积极响应国家政策，履行企业社会责任，油气田企业近年来不断加大节约集约用地管理，强化土地复垦工作，在优化生产建设技术的基础上，逐步转变传统用地观念，积极推行"先临时后征地"节约集约用地模式，对不征收的土地全面实施了复垦，土地复垦工作取得了相应的成效。但在实施过程中也存在一些问题，主要包含国家政策和企业制度方面的不足，地方协调阻力较大，项目管理不够规范，复垦项目推进缓慢等问题。为积极开展土地复垦工作，有效提高天然气田企业节约集约用地水平，要不断强化组织制度保障。

1.3.2.1 完善制度

完善企业内部制度，企业应进一步出台相应的管理实施细则，明确土地复垦的方案编制、设计、施工、验收及移交各环节的工作职责、工作内容、工作方式、工作程序及要求，如建立临时用地土地复垦台账，进行土地复垦验收备案，以进一步规范土地复垦管理，确保土地复垦工程优质高效。同时修订完善相关制度，主要是修订完善钻前、钻井、地面建设及钻井废弃物无害化治理等环节的相关管理制度，明确各环节为适应土地复垦采取的优化措施和方案。

针对国家土地复垦相关政策不够完善的问题，向地方政府建议出台土地复垦的方案编制、施工监管、验收及移交等环节的技术规范、管理程序、收费项目及标准等的配套政策，以实现统一规划管理，并结合石油天然气项目用地点多、面广、线长、宗地位置唯一、单宗面积小、地处偏远、用地急迫的特点，调整土地复垦各环节报批内容及程序，完善土地复垦激励机制相关内容等。

1.3.2.2 强化组织

做好计划安排，掌握工作节奏。结合公司复垦项目具体情况，以加快土地复垦工作进程为目标，规定土地复垦方案编制、土地复垦施工、土地复垦验收及移交等工作的完成期限，各单位落实进度安排，详细排出土地复垦工作运行大表，制定出各阶段的工作任务和时间节点。

改进工艺技术，提高复垦质量。加快钻井及配套设施建设项目土地复垦适应性措施的研究，强化主体工程橇装基础、活动扣件式设施等先进工艺技术的推广与应用；改进钻井废弃物无害化处理方式，尽量减少池类砌筑工程量，降低复垦难度。

　　加强沟通协调，争取支持与配合。企业内部上下各部门间，建设单位与施工单位间，钻前、钻井、地面建设的主体工程及无害化治理工程等环节的施工单位与土地复垦施工单位间，要密切配合，相互协作，及时解决各环节中的矛盾与问题，以降低土地复垦难度，提高土地复垦质量及效果；公司上下要充分整合和利用天然气供应、各类社会捐赠、与地方建立的沟通协调机制等各方资源，采取召开会议、现场办公等多种形式，加强与地方政府、村民间的沟通协调，争取有力支持与配合，确保土地复垦工作顺利推进。

　　抓好过程监管，落实考核机制。公司应采取"每天跟踪、每周周报、每季通报"方式加强土地复垦工作监管，及时掌握动态信息，分析解决存在的问题，纠正不当作法。强化过程监管，进一步抓好土地复垦动态管理、施工安全、工程质量及进度，及时完善土地复垦各阶段的内外审批手续，全面收集整理归档各环节资料，尤其是相应的影像图件资料，确保土地复垦程序合法、过程受控。各单位应为土地管理部门配置符合要求的影像设备，如：摄像机，照相机，必要时可配备航拍设备等。狠抓业绩考核，将节约集约用地效率作为企业内部各单位营运能力的重要评价指标，每年进行专项评价，并与各单位绩效考核挂钩；加强对土地复垦承包商的管理和业绩考核，公司每年年底对土地复垦承包商进行业绩考核，对考核不合格单位将予以通报批评、警告、暂停业务或取消备案等处理。切实加强土地复垦承包商监管，及时制止和纠正承包商的违法违规行为，并在标的任务完成后，对承包商的服务质量、服务水平、服务态度、人员素质、技术装备、工期保证、安全、环保等方面进行考核，将考核结果记录在案，作为年度综合业绩考核的依据。

参考文献

[1]　王成燕 . 气田开发的生态环境影响及生态恢复措施研究 [D]. 呼和浩特：内蒙古大学，2011.

[2]　梅绪东，金吉中，王朝强，等 . 涪陵页岩气田绿色开发的实践与探索 [J]. 西南石油大学学报（社会科学版），2017，19（6）：9-14.

[3]　赵文彬 . 大牛地气田 DP43 水平井组的井工厂钻井实践 [J]. 天然气工业，2013，33（6）：60-65.

[4]　郑清华，郑健，杨向前，等 . 临兴地区非常规气田井场尺寸设计研究 [J]. 非常规油气，2019，6（3）：91-95，105.

[5]　GB/T 23505—2017　钻机和修井机 [S].

[6]　SY/T 5974—2020　钻井井场设备作业安全技术规程 [S].

[7]　SY/T 5505—2006　丛式井平台布置 [S].

[8]　SY/T 5466—2013　钻前工程及井场布置技术要求 [S].

[9]　SY/T 5225—2012　石油天然气钻井、开发、储运防火防爆安全生产技术规程 [S].

[10]　张金成，孙连忠，王甲昌，等 ."井工厂"技术在我国非常规油气开发中的应用 [J]. 石油钻探技术，2014，42（1）：20-25.

[11]　GB 50183—2004　石油天然气工程设计防火规范 [S].

[12]　GB/T 37243—2019　危险化学品生产装置和储存设施外部安全防护距离确定方法 [S].

[13] 刘乔平，廖志刚，沈金才.井下节流技术在建南气田的应用 [J]. 天然气勘探与开发，2009，32（4）：57–59，87.

[14] 许剑，赵哲军.川西气田井下节流推广技术瓶颈及解决方案 [J]. 中外能源，2017（4）：43–46.

[15] 葛翠翠.天然气集输管网优化 [D]. 大庆：大庆石油学院，2007.

[16] 刘慕毅.气田地面集输管网布局优化及软件开发 [D]. 大庆：东北石油大学，2018.

[17] 赵天琪.土地复垦适宜性评价实证研究 [D]. 乌鲁木齐：新疆农业大学，2014.

[18] TD/T 1036–2013 土地复垦质量控制标准 [S].

[19] 刘源，王红娟，李斌.石油天然气项目土地复垦方案相关问题探讨 [J]. 油气田环境保护，2019，29（5）：59–61，78.

[20] 董羽.合理利用油田土地与保护耕地 [J]. 现代经济信息，2020（5）：42–43.

[21] 李占柱.对实现土地集约节约目标的思考 [J]. 合作经济与科技，2014（18）：35–36.

[22] 冯军.油气田企业土地复垦存在的问题及对策 [J]. 低碳世界，2015，000（13）：179–180.

2 固体废物治理与循环利用技术

天然气（包括常规天然气、致密气、页岩气、煤层气）是一种优质、高效、清洁的低碳能源，天然气的开采为我国经济社会发展、能源格局优化调整和国家安全保障作出了重要贡献。但是，在天然气开采过程中也伴随着大量难以有效处理的钻井岩屑及废钻井液、含油污泥、压缩机运行产生的废机油等废弃物的产生，环境污染问题也逐渐突显。其中，钻井岩屑及废钻井液通常称为钻井固体废物，主要包括钻井过程中经振动筛分离出的钻井岩屑和钻井、完井及清罐阶段产生的废钻井液等。这些固体废物又分为普通钻井固体废物和含油钻井固体废物，分别包含了普通钻井液和油基钻井液中的各种钻井液处理剂成分，具有组分复杂、有机污染物浓度高、pH 值高、含固率高、黏度高、色度高等特点，若不经处理或处理不当就排入农田、河流、海底，或渗入地层，都会对环境产生严重污染，影响饮水水源、影响土壤及动植物生长，甚至直接危及人类健康与生命安全，尤其是其中的重金属及其化合物，可以长期积累于水环境或生物中，对当地环境造成严重影响，形成环境污染隐患。因此，钻井固体废物的高效无害化处理与资源化利用已成为油气开采行业环境污染防治领域的研究热点。

2.1 钻井固体废物类型

天然气开发过程产生固废的主要环节在钻井阶段，因钻井每个开次采用不同的钻井液体系，产生的钻屑固废性质不同，采用的处理工艺也不相同。

2.1.1 水基钻屑

在所有钻井液体系中，水基钻井液由于价格低廉、性能易控、工艺简单、种类多样，在我国油气行业中使用极为广泛，如页岩气开采到二开斜井段，通常采用水基钻井液。钻机的钻头会将页岩破碎，这些碎岩石会随着水基钻井液携带到地面，形成水基钻屑，水基钻屑为一般工业固废（Ⅱ类）。

据涪陵地区页岩气生产报告显示，开采一口页岩气井，会产生 800 ~ 1000m³ 的水基钻屑。这些钻屑在堆放前，会进行预处理，使固液相分离，具体工艺如图 2-1 所示。经离心机分离后的水基钻井液进入循环罐重复使用，压滤后的水基钻屑按规定存放，以便后续深度处理或资源化利用。

2.1.2 油基钻屑

在钻井过程中，由油基钻井液携带至地面的岩石碎片被称为油基钻屑，如页岩气钻井

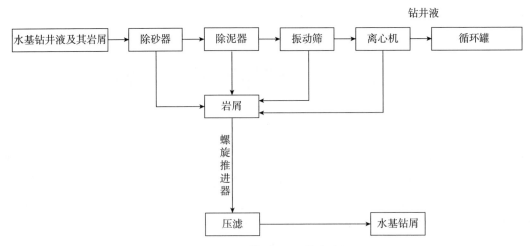

图 2-1 水基钻屑预处理技术流程

三开使用柴油配制的油基钻井液实施钻井，油基钻井液不断地通过中空钻柱泵注入井中，并通过井筒携带从井中提取的岩屑返回。岩屑与钻井液的混合物返回地面后，必须经过固体控制系统，因为它直接关系到钻井效率，并为减少整体钻井成本提供了机会。固体控制系统通常由一组固液分离设备形成，例如钻井液振动筛、旋液分离器和离心沉降分离器，每个固液分离设备负责分离钻屑的颗粒尺寸范围不同。分离的第一步为钻井液与油基钻屑的混合物在振动筛（钻井液振动筛）上循环，液体流体通过筛网再循环回罐，而钻屑被收集并储存在油罐或坑中以供进一步处理或管理。其他机械工艺如水力旋流、离心和重力沉降常常被用来进一步去除尽可能多的细固体，因为这些颗粒会干扰钻井液性能。分离出来的细小固体与由钻井液振动筛除去的较大钻屑混合在一起。在这些分离步骤结束时，形成固液两种产物：第一种是钻井液，将所有回收的钻井液重新注入井中，以便连续进行钻井作业；第二种是由所有来自矿井的岩屑组成，但由于分离处理技术的局限性通常会导致许多基础流体，钻井液成分和原油可能无法从钻屑中去除，最后成为固体废物流中的残留物。因此，最后排放的油基钻屑，包括岩屑、钻井液、水泥浆和黏附在岩屑上的油，含油钻屑为 HW08 危险废物。

2.1.3 废弃钻井液

钻井作业过程中需要使用钻井液，其主要作用是用于稳定井壁、冷却钻头、平衡地层压力、携带岩屑，在石油工业中称其为钻井工程的血液。

在油气田开采工程中，钻井液像不断循环的液体一样，不断地从井底实时地把岩屑运送到地面。在携带岩屑的同时，它还是钻井工程能否安全、优质、快速进行的制约条件，具有冷却润滑钻头与钻具，保护井壁，平衡井下气压，防止井喷，驱动动力钻具，利用高压喷射破碎岩石等作用。在钻井作业中钻井液处于一个不可或缺的地位，其投加量将直接决定钻井的工作效率。为了增强钻井液的基本性能，在钻井液中加入各种不同比例的化学试剂，如淀粉类、烧碱、石灰、降失水剂等，使钻井液具备满足不同地理条件下的油气井作业。但是，由于这些化学试剂的使用，钻井液不再是黏土与水的二元混合物，而是一种富含地层污染物的多态混合物。因此，这些钻井液一旦失去作用变成废弃物，其中的添加剂就必然成为环境中的污染源之一。

钻井液的组成体系很多，按配制钻井液的溶剂类型可分为水基钻井液、油基钻井液和泡沫钻井液，按钻井液固相含量可分为常规钻井液、低固相钻井液和无固相钻井液，按钻井液配制体系可分为磺化褐煤钻井液、聚合物钻井液、聚磺钻井液等。目前川东北片区普遍使用的是聚磺钻井液，少数井会使用到聚合物钻井液。

2.1.3.1　废弃钻井液的组成

在油气田钻井作业过程中，废弃钻井液是随着开采的进行而产生的，因此，钻井液的组成不仅包含钻井原液，而且还有一些钻屑和其他作业操作中产生的废液等，组分较为复杂。如果将这些物质与钻井液看作一个整体，可以将该固废物体系的主要成分划分为三大类：钻井液、钻屑、废液。

钻井液的体积约占总固废物体积的70%左右。这些钻井液大部分来源于钻井作业、地上循环系统储备的"过期"备用钻井液以及在固定井壁时水泥浆替换出的钻井液。其成分较为复杂，包含了多种化学处理剂、表面活性剂、磺化沥青以及膨润土等。

钻井液保护钻头和钻具的同时，随着其"地上—地下"的不断循环中，井下产生的钻屑也会随之带到地上。一般情况下，固体颗粒的钻屑单独存在钻井液中，偶尔有个别的钻屑和泥沙混掺在一起共同存在于废弃的钻井液中。钻屑大约占总废弃物体积的20%，具有成分复杂、高碱性（pH值处于8.5～12范围内，最高超过13）、颗粒小（一般颗粒的粒径在0.01～0.3pm范围内）等特点。而且由于钻屑的存在，使钻井液在天然干结的过程变得缓慢而困难。

2.1.3.2　废弃钻井液的分类

根据钻井液中主要成分的作用与组成特点将钻井液分为四类：淡水聚合物钻井液、海水聚合物钻井液、油基钻井液和硅基防塌聚合物钻井液。

（1）淡水聚合物钻井液使用范围较广，且使用时间较长。

（2）海水聚合物钻井液。一般是油田地处沿海区域时，用海水替代淡水配置钻井液，既利用其地理优势，又节约了购买淡水资源的成本。

（3）油基钻井液是指在配制过程中随同重晶石、石灰、表面活性剂等化学处理剂一起加入一些油类物质的钻井液。适用于井深较大的油气田、页岩气水平段或者海洋钻井作业。

（4）硅基防塌钻井液是针对某些地区的油田地层经常发生坍塌事故而定向研发的一种聚合物钻井液。

2.1.4　钻井固体废物的危害

钻井固体废物造成污染的主要原因是由钻井液中添加的各类化学剂引起的，其次是在钻井过程中各种废弃油料的泄漏或者是外排造成废弃物出现油类污染。

2.1.4.1 钻井液处理剂污染

目前，天然气钻井工艺中采用的钻井液处理剂根据其主要作用可分为润滑材料、加重剂、堵漏试剂等十二类。针对钻井液中的各类添加材料，通过检测某些高频使用的处理剂，结果表明，在常用材料中如 SMC、T-888、XY-27、WFT-666、KPAM、SLSP、FT-1、JNH4PANSMP、FA367 均属于生物难降解物质；GD-18、SMT、FC1S、HV-CMC、SJ-1、DFD、PAC-141、XC 均属可生物降解的物质。同时，大量实验研究结果表明，大量添加材料的使用导致钻井废液中含有很高的金属离子浓度。人工添加的多种化工药品是造成有机污染的主要原因，如 COD_{cr}、BOD5、XS 等污染都源于各类化学药品的大量使用。

2.1.4.2 无机盐类污染

无机盐类污染是指天然气钻探过程中各类具有溶解性的无机盐对周边环境造成的污染。针对不同石油天然气储层分布及其地质条件，在石油天然气钻井作业中可能采用盐水基钻井液，但是会根据预先的设计和严格的标准，严格规范其使用，最后通过特定的脱盐处理工艺处理后外排。水基钻井液的配制过程也添加大量种类的化学试剂，引起钻井液体系的矿化离子浓度增大，同时，钻井过程中钻井液会溶解所经过地层中的无机盐类，进一步导致钻井液矿化离子浓度的增大，引起盐类的污染。

2.1.4.3 重金属污染

钻井固废的主要特点就是重金属造成的污染。通过分析，钻井固废中大致有六种重金属的存在形态，主要以结合态、附着态的形式储存于钻井固废中。若处置不当进入土壤环境中，钻井固废中的重金属会在食物链中逐级传递，最终进入人体内，将严重威胁人类的健康，因此对钻井固废的重金属污染防治尤其重要。

2.1.4.4 石油类污染

石油类物质与水不相溶，因而一旦进入水体，就会形成隔绝空气的薄膜，导致缺乏氧气，对其中的生物将有致命的影响。

因此，钻井固废危害自然环境的成分主要是：各类聚合物、重金属离子、盐类、高分子聚合物（合成及改性）和油类。若按环境指标来评价，主要污染指标是：石油类含量、COD、pH 值、重金属含量。

水基钻井液钻井过程中产生的固液废弃物的环境影响主要来源于水基钻井液体系中各种处理剂及其与地层水和岩石中物质发生反应后新产物，因此，钻井水基固液废弃物产生环境污染的原因存在较为复杂性和不能完全可控性。

含油固废主要指油田生产中被丢弃的含油泥状与固体物质，给大气、水体、土壤等带来较大污染。在温度、湿度适宜条件下，部分含油固体废弃物被微生物分解产生有害气体散发到空气中，以及部分细小颗粒飘浮在空气中给大气造成污染；部分含油固废会随着降水进入河流、湖泊以及地下水中危害水中微生物，影响人类的用水安全；另外，含油固废长时间堆放，部分颗粒会进入土壤中，给土壤带来较大污染。

废弃液伴随着油气工业的发展，其数量在逐年增加，给土壤带来较大的潜在污染源，主要污染物种类、来源及其对环境的影响见表 2-1。

表 2-1　废弃液含有的主要污染物种类、来源及其对环境的影响

主要污染物	来源	对环境的影响
石油类	钻井设备清洗液	造成地表水体污染，影响水生生物的生长，同时也可能污染地下水源
挥发酚	钻井液	
有机物	钻井液、设备清洗液及雨水冲刷携带	
重金属	钻井液和钻探地层中	造成地表水、地下水及土壤污染，导致重金属进入食物链，并在环境或动植物体内富集，危害人类健康
盐离子	主要是氯离子，来源于钻井液及矿化度较高的钻探地层中	造成局部水体污染，影响土壤结构，使土壤出现盐碱化、板结，危害植物
碱性物质	钻井液	

2.2　钻井固体废物控制技术

钻井固体废物控制技术即固废不落地回收并处理，实施系统综合治理，实现源头及过程控量，在设计固废处理时应兼顾处理中产生的废气和污水的处理，方案设计从源头管控含油固废，实施综合治理，在实现固废有效处理及资源化利用的同时，确保污水、废气的有效处理。

2.2.1　井身结构"瘦身"

固体废物与废水和废气相比，其突出的特点是具有很强的呆滞性和不可稀释性，因其长期存在于环境中，难于降解和被环境吸收，其污染是缓慢和长期的，对环境的污染也是难以根除和治理的。针对这一特点，苏里格致密气藏优化了井身结构，有效地减少了固废排放总量。

从苏里格致密气藏的开发实践经验和理论分析，井眼大小与单井产量关系不大。小井眼定向井单井容量缩小，施工中套管、钻具尺寸以及各种入井液量、机械耗油量等都会相应缩减，大幅降低了钻完井成本，经济效益和社会效益显著。2011 年苏里格气田进行了 3 口 ϕ155.6mm 井眼的定向井试验，但效果不理想，主要存在机械钻速低、井壁稳定性差、地层造浆严重、钻头泥包等问题。此后数年，未再进行过此类问题的专项研究。2016—2017 年在苏南区块针对小井眼定向井钻井携砂困难、漏失严重、电测成功率低等问题，优化了钻井液体系和施工参数，技术水平稳步提高。小井眼定向井钻进过程中部分地层造浆严重同时受限于低排量、高泵压等钻井参数，存在机械钻速低、钻头泥包等问题。在日益严峻的降本增效和环保压力下，2018 年针对大位移小井眼定向井进行了技术攻关，取得了重大突破，形成了一套苏里格致密气藏小井眼定向井强化参数快速钻井技术，并成功完成了 300 口大位移小井眼定向井。

苏里格小井眼定向井井身结构简单，机械钻速快，单趟进尺多，但岩屑不易及时携带出井眼，钻井液对井壁修复不够，造成钻进、起下钻正常，电测遇阻问题突出，严重影响了整体钻速，前期电测成功率只有 30% 左右。大位移小井眼定向井钻井技术难点：

（1）井眼小造成泵压高、携砂困难；

（2）小井眼钻具柔性大，方位不稳定；

（3）刘家沟组地层承压能力低，小井眼钻进参数受限，托压严重、机械钻速慢；

（4）大位移小井眼定向井摩阻扭矩大、轨迹控制难度大。

靖 104-26 和苏 14-03-31 分别是位移 1500m 和 500m 的定向井，通过相同钻具组合、全角变化率条件下不同轨迹的摩阻、扭矩和侧向力模拟计算，优选适合不同位移的最优剖面。

大位移高造斜点直增稳与低造斜点直增稳剖面受力相差较小，而低造斜点会引起井段变长 113m。高造斜点直增稳降剖面摩阻、扭矩和侧向力均会增大，不利于施工。因此理论上，大位移小井眼定向井优选高造斜点直增稳剖面。

中小位移定向井造斜点高低对钻具受力影响不大。直增稳和直增稳降剖面受力差别也较小，顺应延长组地层降斜特点可减少轨迹控制，提高钻速。由于低造斜点剖面会带来较大防碰压力，因此中小位移定向井优选高造斜点直增稳降剖面。

针对苏里格气田大位移小井眼定向井钻井过程中存在的携砂困难、电测成功率低、钻头泥包等技术难题，通过优化井身结构、优化剖面、优选钻头及大功率螺杆，采用钻井大数据分析，探索出一套快速钻进技术，成功实现了最大位移 1440m、位垂比近 0.5 的小井眼钻井现场施工。该技术的钻井速度比常规井的钻井速度略有提高，米进尺费用比常规井米进尺费用下降 12.5%，岩屑减少约 48%，生态效益和降本增效成果显著。

涪陵页岩气田通过井筒"瘦身"设计，尽可能减少钻井液使用量和钻屑的产生量，实现废物源头减量化。对井身结构"瘦身"，实现压裂液量优化，单井清水用量减少 12%。地面至地下 500m 直井段采用清水钻井液，无任何添加剂，避免污染浅层地下水系；500m 至 3600m 直井段采用无害水基钻井液，主要添加药剂成分是天然矿（植）物类、改性天然高分子、合成聚合物和其他无机盐类（烧碱、纯碱、氯化钙、氧化钙）等绿色化工药剂；3500m 以下斜井段和水平段采用油基钻井液，主要添加药剂成分由水相（氯化钙水溶液）、油相（有机黏土、脂肪酸混合物、褐煤、石灰）组成。

2.2.2　地下水保护

地下水作为地球淡水资源和水循环系统的重要组成部分，在工业、农业生产以及人类日常生活等方面发挥了十分重要的作用。由于地下水资源不合理的开发利用和污染物排放，地下水受到不同程度的污染，且一旦被污染，短期内治理和恢复难以实现，因此地下水污染预警和防治成为重点关注的环境问题之一。

在气井钻探施工过程中，重视对地下水环境保护，严格执行相关环境保护法律与法规，采用科学的施工工艺，选用适宜的钻井液，施工过程中做好井场特别是钻井液的存储防渗，对生活污水、生活垃圾和其他有害废弃物能及时收集无害化处理，可使气井钻探施工对地下水环境影响削减到最弱。

钻井过程中，尽量使用低毒和无毒钻井液处理剂，尤其是浅层 500m 以内或附近河道河床底部以浅井段，应采用无毒钻井液处理剂，并采取地下水保护措施。

（1）工程导管段利用清水钻井液迅速钻进，保护浅层地下水；钻进过程中对钻井液进行实时监测；井场储备足够的堵漏剂，一旦发现漏失，立即采取堵漏措施，减少漏失量；堵漏剂的选取应考虑清洁、无毒、对人体无害，环境污染轻的种类，建议采用水泥堵漏。

（2）在钻井过程中，应对周边水井、池塘、水库等进行观察和日常监测，若发现井场周边农户水井有异常情况，应进行加密监测，采取有效措施判断异常情况的发生原因。若监测结果表明项目的实施确实导致了地下水的污染，应积极采取措施以保障居民生活用水需要。

2.2.2.1 正常工况对地下水环境影响分析

钻井一开揭穿第四系与白垩系，下表层套管外用纯水泥封固，表层套管全部采用清水钻井，仅加入少量的膨润土，确保对区域有供水意义的含水层的保护，同时白垩系以下采用水基钻井液，主要成分中除 Na_2CO_3 水溶液水解呈碱性，具有一定的腐蚀性外，该钻井液基本为无毒性钻井液。从地下水环境保护的角度考虑，气井的井身结构、钻探工艺设计是合理的，钻井液配制科学。

钻井井场采用防渗钻井液池，钻井废水、钻井液重复利用后排入防渗钻井液池一同进行无害化固化处置。钻井岩屑根据鉴定结果，如果属于危险废物，必须交有危险废物处置资质的单位处置；如果不属于危险废物，置于井场进行无害化固化处置或者综合利用。

固井要按设计规定实施，确保施工质量，不得因固井不合格造成油气窜入地层，污染地下水源。井内返出的钻屑，在钻井液再生装置脱水后送集中处置场所进行统一处理，不得随意排放造成污染。所有钻井液化学剂和材料应有专人负责，严格管理；防止破损或由于下雨而流失；有毒化学药剂必须设有明显标志，并建立收发管理制度。井场使用的油料要建立保管制度，经常检查储油容器及其管线、阀门工作状况，防止油料跑失污染环境。收油发油作业时，要先检查后输油，输完油后，要先扫线后撤管，消除跑冒滴漏。设备更换的废机油和清洗用废油，应集中回收储存，严禁就地倾倒。冲洗钻台、钻具，清洗设备的废水已被油品、钻井液污染，不得直接排出井场，应引入污水储存池。钻井作业完成，清除井场内所有废料、废油和垃圾，拆除井场内所有地上和地下的障碍物。作业使用的放射性物质应按国家有关规定和要求进行保管和处理。营地废水、废物严禁出井场，应集中收集，妥善处理。

依据设计井身结构和钻探工艺，并严格执行制定的环境管理要求，完成气井施工。工程实践表明，在正常工况下，钻探施工不会对地下水环境造成明显影响。

2.2.2.2 非正常工况对地下水环境影响分析及预测

评价在气井钻井过程中，承建单位依据环保法规，积极采取地下水环境保护措施，对地下水环境不会产生明显的影响。但在非正常工况下，如建设单位不按规定执行地下水环境保护措施，如生活污水随意外排，或者虽然执行了地下水环境保护措施，但环境保护措施失效，如气井表层套管破裂钻井液渗漏到保护目标含水层、钻井液池渗漏溢流等，则可能对地下水环境造成影响。井场建设过程中，主要有施工人员产生的生活污水和钻井过程中的钻井废水，可能会使地下水环境造成影响。井场建设周期一般为 30 ~ 45d，施工人员一般为 35 人左右，产生的生活污水不会超过 $2m^3/d$，在事故状态下对地下水环境的影响很小。

2.2.2.3　钻井施工地下水污染防治措施

井场施工过程产生的钻井废水在环保措施不当或者事故状态下渗漏进入地下水，会污染地下水水质。

（1）在四川盆地，钻井一开采用清水钻井液钻井，钻至400m以下，表层套管下深大于白垩系洛河组底层以下30m并采用水泥封固，防止后续钻井过程中地下水被钻井液污染。各类型井表层套管采用全段封固，水泥返至井口，井口回填牢固；生产/技术套管主体采用一次上返，纯水泥返至气层顶界以上300m，低密度水泥返至表层套管内200m以上，用以保护地下水。

（2）严格按照操作规程施工，提高固井质量，并定期检查，做到固井合格率100%。避免因发生固井质量问题造成含油污水泄漏而引起地下水污染。

（3）采用生物清洁可回收压裂液体系，避免对地下水产生污染。

（4）由于各井场布置比较分散，产生的生活污水量小且污染负荷轻，施工人员生活污水排入临时防渗旱厕，严禁乱排。

2.2.3　环保型钻井液

随着人类环保意识的不断增强，相继研发出具有环保性能的钻井液体系，具有毒性弱、易生物降解、对环境影响更小等特点。

2.2.3.1　环保型多元醇钻井液

多元醇水基性的钻井液具有油基钻井液的优异性能，并且不存在污染环境和干扰地质录井等问题，现场应用取得了很好的技术效果及经济效益。多元醇实现抑制泥页岩的水化分散机理主要有以下四种。

（1）吸水机理：多元醇的强吸水性可以有效地抑制水化物的形成，从而降低了泥页岩中黏土类物质的吸水趋势。

（2）渗透机理：多元醇可通过降低钻井液滤液的化学活性这一性能，实现阻止水分子向泥页岩内渗透来实现稳定井壁。

（3）竞争吸附机理：多元醇可以与水分子抢夺页岩内的黏土矿物上的更多的吸附位置，来阻止水分子与黏土的反应，并形成有机结构，此结构可以使黏土膨胀分散。

（4）成膜机理：多元醇的树脂通过吸附交联和黏附成连续的致密膜，本种膜渗透率特别的低，可以对井壁起到固结作用。

2.2.3.2　甲基葡萄糖苷钻井液

甲基葡萄糖苷（MEG）钻井液是国外提出的一种替代油基钻井液的新型水基钻井液体系。烷基葡萄糖苷（AGP）作为一种绿色非离子表面活性剂，因其无毒、对皮肤无刺激性、生物降解迅速彻底、配伍性能好等特点，被广泛应用于化妆品、洗涤剂、医药、石油等领域。

甲基葡萄糖苷钻井液可以实现稳定井壁的机理。

（1）MEG分子可以通过其亲水羟基很好地吸附在井壁、岩屑上并形成半透膜，从而提高页岩的膜效率，并且利用它有效渗透力的增加来以抵消水力和化学力的作用致使页岩吸水。这样来实现抑制页岩的水化、孔隙压力增加和页岩强度削弱，从而来达到稳定井壁的目的。

（2）MEG 基液内还含有的一种悬浮胶状物。它是一种非常良好的桥堵剂，钻井液在没有膨润土与暂堵剂的条件下，使用 MEG 基液可以配置出滤失性能良好的 MEG 钻井液。它能快速地形成低渗透性致密滤饼，从而可以有效地控制固相和滤液侵入引发的储层伤害。

（3）MEG 可降低滤液的基本化学活性，通过实现泥页岩膨胀压的控制，来阻止水分子向泥页岩中的渗透。

2.2.3.3 硅酸盐钻井液

稀硅酸盐钻井液是与纤维素类、淀粉类、XC、褐煤类等配成的防塌钻井液，可以有效地稳定井壁、稳定裂缝性地层、保护井下安全、性能优异；硅酸盐无毒、无荧光、成本低；比沥青类及聚合醇类防塌剂的应用前景更加广阔。但当膨润土含量高或遇到造浆性强的泥页岩地层时，其流变性能会不稳定。

硅酸盐钻井液一般都需要与聚合物、盐类、抗高温添加剂等复配增强抑制能力，受这些复配添加剂的影响，这些硅酸盐钻井液难以真正的无毒环保。硅酸盐钻井液技术并不能完全地脱离常规水基钻井液的技术，而是在常规的水基钻井液组成中加入适当类型的硅酸盐，对原有配方做些变动，即可转变为硅酸盐基钻井液。淡水及海水都可做钻井液成分，但海水必须用苏打水和碱做预处理来去除多价金属离子，否则这些多价金属离子会沉淀硅酸盐，使硅酸盐作用失效。硅酸盐钻井液还可用来钻软泥页岩地层、盐膏层及硬脆性泥页岩地层。

硅酸盐钻井液作用机理：

（1）硅酸盐在水中可以形成大小不同的颗粒，这些颗粒通过吸附、扩散等途径结合到井壁上，封堵地层孔喉和裂缝；

（2）进入地层的硅酸根与岩石表面或地层水中的钙镁离子发生反应形成沉淀，覆盖在岩石表面起到封堵作用；

（3）进入地层的硅酸根遇到 pH 值 < 9 的地层水，会立即变成凝胶而封堵孔喉与裂缝；

（4）稀硅酸盐钻井液稳定泥页岩的机理是以多个氢键、静电力和范德华力的叠加，与泥页岩中的黏土矿物形成超分子化学结合力及缩合反应，产生胶结性物质，把黏土等矿物颗粒结合成牢固的整体，封固井壁；

⑤硅酸盐稳定含盐膏地层的机理主要是硅酸根与地层中的钙镁离子发生作用，形成沉淀，在含膏地层表面形成坚韧致密的封固壳来加固井壁。

2.2.3.4 甲酸盐钻井液

甲酸盐钻井液是无机盐水钻井液体系的一种，具有密度可调（$1.00 \sim 2.30 \text{g/cm}^3$）、固相含量低、对地层伤害小、滤饼薄而韧且可酸化、良好的井眼清洁能力，抑制性强，腐蚀性低，对环境污染小，能增加聚合物的高温稳定性等优点。与常规的聚合物钻井液相比，其最明显的特点是不用膨润土配浆，从源头上克服了钻井液既要保持体系膨润土细分散的胶体性质和泥页岩的地层稳定，又要抑制钻屑在钻井液中分散所表现出来的矛盾。

从甲酸盐结构和特性分析，甲酸盐钻井液稳定地层、保护储层的机理主要为：

（1）甲酸盐钻井液滤液的矿化度是比较高的，表现张力小，与储层配伍性好，降低了低渗透储层的水敏伤害和水锁伤害，有利于保护储层；

（2）甲酸盐的$HCOO^-$与黏土端面的正电荷相吸，通过在带正电部位与水之间构成屏障，防止水化，稳定黏土，降低敏感性矿物引起的地层伤害，实现保护储层的目的；

（3）甲酸盐的$HCOO^-$和水分子能够形成氢键，对自由水具有较强的"束缚"能力，保持钻井液滤液黏度处于较高水平，不易进入地层中；

（4）甲酸盐钻井液滤液活性低，在特低渗透储层和泥页岩地层，利用活度平衡原理实现其抑制性，从而保护储层；

（5）甲酸盐钻井液具有较强抑制性，能够控制好地层的造浆作用，降低钻井液中无用固相的含量，适当降低钻井液的密度，从而达到保护储层的目的。

2.2.3.5 合成基钻井液

合成基钻井液体系以人工合成化学品（如酯类、醚类、合成烃类）为基液取代柴油和矿物油作为连续相，盐水为分散相，加入普通油基钻井液中使用的相同添加剂如乳化剂、降滤失剂和增黏剂等组成的一类油包水逆乳化分散钻井完井液体系。

合成基钻井液具有无毒、可生物降解、零污染等特点，并且可以直接进行钻井污水、钻屑和废弃钻井液的排放。此外，合成基钻井液还具有润滑性能良好、有利于油层保护和稳定井壁、不含荧光类物质、不影响测井和试井资料等优点。尽管合成基钻井液配制成本远远高于水基钻井液和油基钻井液，但使用合成基钻井液减少了处理油基钻井液废液的费用和使用水基钻井液时钻机占用时间及复杂情况，所加入的添加剂具有良好的抗温和稳定性能，在施工完井过程中，经过良好的固控技术处理后，还可在其他井口继续使用。因此，在大部分井中，使用合成基钻井液的钻井总成本比使用油基钻井液和水基钻井液的钻井总成本都要低。

2.2.3.6 高性能水基钻井液

页岩气的大量开采使得油基岩屑的堆存量持续增加，其表面覆盖的大量油类污染物易燃且难以在环境中降解。因此，可采用高性能水基钻井液代替油基钻井液，从源头上减少或者消除油基钻井液处理的难题，并大幅度节约成本。

2018年，中国石化西南油气分公司完成了4口先导试验，3口井使用高性能水基三开顺利完钻水基钻井液最长稳定井眼周期达66.17d，高性能水基钻井液创2项工程新纪录：威页29-3HF三开使用水基钻井液进尺最长2119m、威页29-3HF水平段使用水基钻井液最长1513m。

现场应用表明，高性能水基钻井液还有待探索、优化，主要体现在以下两个方面。

（1）钻井液性能待提高。高性能水基钻井液摩阻大，相对于油基钻井液摩阻大30t以上。高性能水基钻井液流变性能控制难度大，塑性黏度高。

（2）重复利用率低。高性能水基钻井液重复利用最多为$100m^3$，且处理频繁，单井置换处理钻井液$200m^3$。而油基老浆利用单井可达$200m^3$以上。

因此，需要加快高性能水基钻井液研发，减少甚至消除油基钻井液的使用。

2.3　钻井固体废物治理技术

钻井固体废物一般产生量为每米进尺 0.3 ~ 0.4m³，如 1 口设计井深为 5000m 的井，将产生 1500 ~ 2000m³ 的固废，主要由钻屑、清掏钻井液罐及方井产生的废弃渣泥、钻井过程及完钻时产生的废弃钻井液、废水处置时产生的渣泥及除砂除泥器脱出的固废等组成，其组分复杂，包含了钻井液处理剂的所有成分，具有固相含量高、有机物含量高、pH 值较高、粘附性强、色度深、有害重金属含量低等特点。钻井固废产生的排放具有连续性，同一口井不同井深和不同钻井液体系对应产生的固废组分性质不同，不同地区不同地质构造对应产生的固废组分也存在较大差异，给处置利用带来难度，已成为当前油气勘探钻井污染治理的处置重点和难点。

钻井固体废物无害化处理后应达到如下技术标准：

（1）固化体抗压强度不小于 150kPa，达到《钻井废弃物无害化处理技术规范》（Q/SY XN 0276—2015）相关标准；

（2）固化体浸出液的色度、pH 值、石油类指标应达到《污水综合排放标准》（GB 8978—1996）一级标准（色度 50、pH 值 6 ~ 9、石油类 5mg/L）。

2.3.1　钻屑无害化处理技术

2.3.1.1　水基钻屑"不落地"预处理技术

水基钻屑化学成分主要是以硅质材料、钙质材料（SiO_2、CaO）为主，两者的 SiO_2、CaO 含量较高，氧化钠与氧化钾含量较低。通常采用现场"不落地"预处理技术，将其含水率降为 16% ~ 20%，检测合格的灰粉主要用于工区地面工程建设，包括作为工程填方、道路垫层、制砖或混凝土原料使用等。

2.3.1.2　油基钻屑处理技术

在美国，油基钻屑主要是通过热解无害化处理技术，将油基钻屑含油率降至 2% 以下后用于铺路，水基钻屑直接用于铺路。H.Schmidt 等人在流化床上对 460℃、500℃、560℃、650℃进行了油基钻屑热解终温研究表明，最高可回收 84% 的油分。挥发组分高有利于产生较多的热解油和热解气；当热解终温升高，热解后灰渣的含油率的剩余量逐渐降低，残渣轻质油含量和产气量逐渐增大；最适宜的床温为 500 ~ 650℃。热解装置对热解效果同样具有一定的影响。A.Dominguez 等对不同炉型对热解产物的影响进行了研究，他们分别研究了微波炉和电阻炉对不同油基钻屑的热解效果的影响，实验的温度控制在 800 ~ 1000℃内。利用气质谱联用仪对冷凝后的油品分析，研究表明，利用微波炉对油基钻屑进行热解，其热解油具有高热值，成分主要为烷烃化合物，同时包含部分芳香烃和脂肪族羧酸等，氧化钙的存在可以大大促进脂肪族和芳香族物质的生成；但通过电阻炉热解后的油基钻屑，其主要产物不是烷烃，而是含有较多环状结构的芳香烃。目前油基钻屑热解过程主要采用氮气等作为保护气，而采用真空进行对油基钻屑热解的研究相对较少。

国内目前探索的油基钻屑处理方法主要有焚烧法、微生物降解法、热解析法、萃取法等。

（1）热解析法。

目前，西南地区页岩气钻井油基岩屑运用较多的是热解析法。油基岩屑的热解析过程就是采用回转炉在绝氧或缺氧环境条件下，将油基钻屑放入其中，间接加热至420～450℃，使油基岩屑中的水和油类蒸储出来，蒸气被冷凝装置收集，水和油经分离后，回收油类。同时，油基岩屑经过热解处理后变为无害化的废渣。采用热解法能够回收岩屑中的柴油、白油等油类物质，降低残渣的含油率，但同时也存在一定的劣势，即热解析技术设备投资大，需对脱附油进行除臭处理，因钻井液中使用了加重剂，采用《土壤环境质量 农用地土壤污染风险管控标准》（GB 15618—2018）评价，在油基岩屑中锌、钡、镍、铅、镉等五种元素存在超标现象，尤其是钡和铅，超标表明，限制了西南地区油基钻屑处理后无害化废渣的利用途径。

借鉴国内油泥热解研究的成果，如全翠等学者研究表明升温速度和热解终温的改变对油泥热解及热解油分布的影响，发现了在550℃下油泥的热解效果最优，产油率达40.36%。回收油的有机组成与柴油基本相似，具有较高经济价值，油泥热解后的灰渣残油率为0.0662%。

王志奇等采用热重—质谱联用（TG/MS）和电加热石英炉联用对油泥进行了热解实验。研究内容为不同的加热速率（5～20℃/min）、反应终温（400～700℃）、保留时间(0～60min)、催化剂的情况下的油泥的热解特性。结果表明油泥的热解在200℃开始进行，并在350～500℃内达到最大反应速度。较高的终温、保留时间和催化剂都有利于热解反应，在400℃保持20min不仅能提高产油率，还能提升油的品质。

微波—热解联用技术可大大提高处理效果，庞小肖等人的研究表明在微波作用下，虽然微波吸收剂的加入对热处理过程特征没有影响，但是可以提高油泥的微波热解进程，在添加剂达到3.0%左右时，可使达到最大热解油回收率约为80%。

在影响热解效率的各种因素中，催化剂也是研究的重点，孙佰仲等人研究发现催化剂的加入有利于油泥热解的处理效果，在碳酸钾和氧化铝分别为1：5和1：3时，产油率分别为44.08%和45.42%，在不添加催化剂的基础上，分别提高了28.97%和32.89%。Fe_2O_3在促进热解过程中效果明显，无论Fe_2O_3的掺加比例是1：5或是1：10，它们都可以降低重、柴油的比例，提高了汽油组分的比例。

林德强等采用真空热裂解处理含油污泥，结果表明温度为500℃，真空度为90kPa，保温时间为0.5h，冷凝温度为-20℃的条件下，热解灰渣、热解液和热解气的产率分别为9.4%，85.8%和4.8%；热解油产率占含油污泥的31.25%。

含油污泥处理的几种主要方法优缺点比较见表2-2。

表2-2 含油污泥主要处理方法对比一览表

序号	处理方法	适用范围	优点	缺点	国内应用	国外应用	运行费用
1	焚烧	含油量在5%～20%以下的含油污泥及含有有害物质的污泥	有害有机物处理彻底	需焚烧装置，通常需加入助燃燃料，有废气排放，不能回收原油	炼油厂使用	成套设备	较高

序号	处理方法	适用范围	优点	缺点	国内应用	国外应用	运行费用
2	热化学洗涤	含油量在10%~50%以上的含油污泥	回收原油综合利用,工艺简单	需处理装置,需加入化学药剂,化学药剂及工艺参数的筛选有一定难度,处理费用较高	研究可行,已现场应用	成套设备	较低
3	溶剂萃取	含油10%~20%的污泥	处理效率高可达99.7%	处在实验开发阶段,成本过高	实验室研究	成套试验设备	高
4	微生物处理	含油量在1%~5%以下各类含油污泥	节省能源,无需化学药剂	处理周期长,不能回收原油	实验室研究	规模实验应用	较低
5	高温热脱附	含油5%~20%的污泥	清洁环保、高效节能、安全可靠、适应性强	—	油基岩屑处理	成套设备	投资小,运行费用低

（2）焚烧法。

焚烧法即利用焚烧炉、回转窑或其他高温处理装置,通过高温分解与深度氧化对钻井固废中的有机污染物进行破坏,对难以高温破坏的污染物进行稳定和包裹实现废物的无害化与资源化。

已有研究证明了焚烧法处理钻井固废的无害化效果:郑婷婷等采用热解析—回转窑焚烧工艺处理钻屑,出炉残渣含油量降至0.004%,两级处理过程中产生的SO_2、NO_2、烟尘浓度均符合国家标准。除了无害化,大量学者还围绕焚烧产物的资源化开展了研究,制得的产品可用于轻质建材、水处理吸附剂等领域,甚至可以回归油田实现内循环复用:宋玲等将水基钻井液烘干成滤饼并进行高温煅烧处理,将其改性制成吸附剂用来处理钻井废液,大幅降低了废液COD并使脱色率达到95%以上。

焚烧法的劣势在于建设成本高、易产生二次污染、废物运输增加成本和污染风险。同垃圾焚烧一样,由于水基钻井固废中含有氯盐,若焚烧温度控制不当、焚烧不完全,会导致二噁英的产生;然而目前对于水基钻井固废焚烧过程中二次污染控制的研究较少,是日后该领域需要填补的空缺。尽管存在以上不足,但由于焚烧法相比其他方法的无害化程度高,且对各类钻井固废普适性好,因此实际应用颇为广泛。

（3）微生物处理法。

微生物法是利用微生物的生命代谢活动降解或稳定钻井废物中的污染物,实现无害化。相比钻井液的微生物处理,岩屑/滤饼由于经过了脱水、筛分等预处理实现了减量化和一定程度的脱毒,可生化性增加,往往可以获得更好的微生物处理效果。

大量研究围绕高效降解菌的筛选开展。刘雅雪从含油钻屑中筛选出三株降解功能菌进行石油烃降解小试实验,通过添加牛粪有机肥或腐熟污泥强化降解过程,126d后使钻屑含油量从7631mg/kg分别降至2472mg/kg和2302mg/kg,降解率分别达到64.5%和64.8%。何焕杰等耦合水洗和微生物工艺处理含油钻井固废,利用从钻屑中筛选出的土著菌种,经过30d的生物强化处理后,将水洗预处理钻屑的含油率从1.59%降至0.3%以下,达到排放标准要求的同时降低了处理成本。万书宇等在生物反应池中利用高效降解菌处理水基钻井岩屑，经三个月生物降解后石油烃含量显著减少，浸出液石油类浓度从 12.0mg/L 降至 0.74mg/L，远低于 10mg/L 的一级排放标准；除了石油烃，微生物对 COD 和氯化物的去除效果也十分明显，浸出液中 COD 和氯化物的浓度分别从 1725mg/L 和 415mg/L 降至检出限以下。总体而言，微生物法对钻井固废中的石油类物质整体具有良好的降解效果，但需要注意的是微生物对不同石油组分的降解率存在较大差异；石油类中按降解由易到难的排序依次为饱和烃、芳香烃、氮硫氧化物和沥青质，且同类物质中分子质量越大、降解越慢。因此，微生物法对不同组分钻井固废的处理效果会存在较大差别，特别是对于沥青质、重油含量高的岩屑／滤饼，微生物处理的应用受限。

微生物处理岩屑／滤饼的优势在于环境友好、不产生二次污染；但微生物处理周期长，处理效果受石油组分影响较大，多数情况下需与其他工艺联用才能满足工程需要，目前多停留在实验室研究到中试阶段。

2.3.2 废弃钻井液无害化治理技术

随着经济的发展，人们对天然气量的需求越来越大，为满足需求，国内外各大气田在不断地增加气井的钻探数量，导致废弃钻井液的数量也在急剧增长。随之而来的环保问题对人们的生活而言，也越来越受到重视。

2.3.2.1 水基废弃钻井液治理技术

（1）坑内填埋法。

坑内填埋是国内 2015 年前十分普遍的水基钻井液处置方法。钻井完成后所有的废弃钻井液直接排放至现场的废液池中，经过自然沉降，上层液相直接排放或等待自然蒸发，或收集上层的液相转移至污水处理厂进行处理；剩余固相部分经一定程度的曝晒干燥后直接在储存坑内就地填埋。该方法处理费用低、工艺简单，适用于含盐量低、污染物质少的清水基钻井液。但不适用于污染物含量较高的钻井液处理，特别是盐水基、聚合物钻井液严格禁用，否则会造成土壤的板结与退化以及地下水污染。由于存在较大的环境风险隐患，近年来随着土壤及固废环保政策趋严，已逐渐被淘汰。

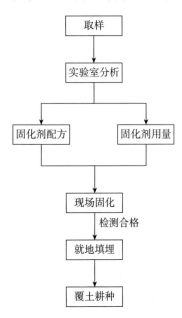

图 2-2　固化填埋工艺流程图

（2）化学固化法。

固化法是将钻井液排入防渗土池，投加固化剂后搅拌并静置，将污染物包覆在固化体中实现污染物与环境的隔离，固化填埋的工艺流程图如图 2-2 所示。产生的固化体可以就地填埋，或用基建材料。常用的固化剂包括水泥、石灰、粉煤灰、石膏等。

化学固化法成本低、操作简便、技术成熟，对高含水量钻井液可结合固液分离以取得最佳固化效果。大量的研究围绕固化剂筛选及工艺优化展开。蒋云云等采用 5：4

（质量比）的水泥和粉煤灰固化处理水基钻井液，28d 后固化体抗压强度达到 3.7MPa，效果优良；水泥能分离钻井液水分并形成网状结构封存污染物，粉煤灰能吸收有机物及重金属，减少其迁移扩散。尹亚君等通过以 16% 水泥 +2% 生石灰 +8% 粉煤灰 +1% 氯化钙 +5% 石膏固化处理钻井液，固结体浸出液污染浓度符合标准。总体而言，水泥、石膏作为固化主剂，其应用最多、效果最好，是固结体形成的关键；粉煤灰、石灰多作为固化添加剂，可以进一步增加固结效果、降低污染浸出。然而，固化法并不能根除污染物，在雨水、地下水的冲刷渗透下存在二次污染风险，对钻井作业所处的环境敏感地区尤为严重。此外，固化处理周期较长，野外操作易受气候条件影响，处理效果难以控制。

（3）微生物处理法。

微生物处理是利用土著微生物或引入外源降解菌，通过微生物代谢使钻井液中的污染物降解并矿化，从而实现无害化要求。常用的钻井液微生物处理技术有地耕法、堆肥法和生物反应器法。Kriipsalu 等利用堆肥法处理含油率范围在 0.4% ~ 2.2% 的钻井液，研究了沙子、腐熟污泥、厨余垃圾和废木材作为添加剂的影响，石油烃降解率分别达到 62%、51%、74% 和 49%。王斐等用牛粪强化堆肥处理钻井液，通过调节堆肥体的水分和通风，115d 后使饱和脂肪烃浓度从 64.67mg/g 降至 24.92mg/g。Ayotamuno 等筛选出高效石油降解菌接种到含油率为 6.9% 的钻井液中，在生物钻井液反应器内降解污染物，2 周和 6 周后 TPH 降解率分别达到 53.2% 和 84.5%。周立辉等在橇装式生物反应器中进行 24 天的生物强化降解，将钻井液含油量从 7.24% 降至 0.23%。三种方法各有优劣，其中地耕法成本低、处理量大，但只适于处理低毒、低盐碱的废钻井液；堆肥法可以通过调节水分、通风、添加剂来控制降解过程，相比地耕法更高效、可控，然而处理能力偏低；生物反应器法占地小、反应快，但成本和能耗相对较高。微生物技术由于环境友好，是目前领域内研究热点。然而受处理速度限制，难以满足水基钻井液量大、高效的处理需求，使其大规模工业应用受限。

（4）化学强化固液分离法。

化学强化固液分离法是通过投加破胶剂、絮凝剂使钻井液体系脱稳，悬浮颗粒聚结成较大絮体，再通过机械方法进行固液分离，并对两相分别进行处理。化学固液分离极大程度降低了后续废液和固废的处理处置难度，具有良好的应用前景，是该领域研究热点，研究内容多为添加剂筛选及后续配套处理工艺。诸多添加剂被证明可用于水基钻井液的高效固液分离，既有传统絮凝或破胶剂如聚丙烯酰胺、聚合氯化铝、壳聚糖—聚合铝铁、硫酸等，也有用天然原料制备的环保絮凝剂如玉米淀粉—水玻璃、魔芋胶—果皮等。固液分离后废液和固废的处理途径也有大量研究，其中液相可以运至污水厂进行处理、作为冲洗水循环使用或通过高级氧化处理达标排放；固相可进行填埋、焚烧或通过改性实现资源化利用。肖早早等用 5 ：1 ：0.3（质量比）配比的聚合氯化铝、聚合硫酸铁和阳离子聚丙烯酰胺处理钻井液，固液分离后滤饼含水率低至 34.85%，可作为水泥参料，15% 的添加量下成品水泥符合建材强度要求，污染物溶出达到国家标准。化学强化固液分离具有成本低、效率高、可规模化应用的优点，且脱稳分离后固液两相处理难度显著降低，是水基钻井液常用的处理技术。特别是近年来随着钻井废物不落地处理技术的推广，化学强化固液分离作为其核心环节，其应用越加广泛。

2.3.2.2　油基废弃钻井液治理技术

目前，国内外的废弃油基钻井液处理技术主要基于破乳、三相分离、净化和回用的思路实现废物无害化与资源回收处理。废物无害化处理是否达标、资源回收利用是否充分、运行成本高低和安全性是评价处理方法的主要标准。国外对废弃油基钻井液处理的研究较早，早期比较成熟的处理方法有固化法、坑内密封填埋法等。从 20 世纪末至今，着眼于废弃油基钻井液的资源回收，又开发了以热解吸、化学破乳、超临界流体萃取等为代表的处理技术。

（1）油基废弃钻井液处理传统技术。

①固化处理技术。

废弃油基钻井液固化技术是将其与适当的固化剂以一定比例充分融合，搅拌均匀使其反应完全，废弃油基钻井液有毒有害离子在固化剂的阳离子沉淀剂和阴离子沉淀剂的作用下，形成稳定的固定态，混合浆体迅速稠化；废弃油基钻井液中的污染物、沉淀物等在吸附剂的作用下被处理团块包裹、封闭，最终形成具有一定强度的固化体。固化体中的钙矾石对其有很好的骨架作用，增强了固化物的结构和强度。因此，废弃油基钻井液经固化后形成的稳定固化物不仅能够有效阻止其中有害物质的泄漏、扩散，还能用作建材等，实现废物利用。

废弃油基钻井液经固化处理后，其中的钻屑、泥渣等固体成分以及有机物、重金属盐等有害成分被固定、封闭，有效防止了废弃油基钻井液的泄漏和流失，防止了对生态环境的污染。并且有研究指出，废弃油基钻井液固化后的浸出液，水质清澈，溶出物极少，达到了国家污水排放 2 级标准，处理成本在 150 元 /m³ 左右。但是，废弃油基钻井液经固化后一般体积增容比较明显，若不及时加以利用或处理，将占用更大的存储空间。

②回注法。

回注法主要分为注入非渗透地层以及注入地层或井眼环形空间，可以用来处理一些毒性较大又难以处置的废弃油基钻井液，工艺流程图如图 2-3 所示。

图 2-3　回注地层工艺流程图

注入非渗透地层是废弃油基钻井液在机械作用下，通过压裂液对钻井液施加足够大的压力，使非渗透地层产生裂缝，废弃油基钻井液被注入裂缝，当外力被撤销时，地层裂缝关闭，从而保证了注入地的废弃油基钻井液不会迁移、外泄。

注入地层或井眼环形空间的技术关键是选择渗透性差、压力梯度低的安全地层，深度通常大于 600m，以防废弃油基钻井液通过井眼注入地层环空后地下水被污染。

国外通常有专门处理废弃钻井液的注入井。回注法在美国近海岸及北海布伦特地区曾广泛应用。2003 年，阿联酋 ADCO 公司通过注入安全地层环形空间方法，利用两口深 1500m 的专门注入处理井，成功处理 70×10⁴bbl 废弃油基钻井液。该法的优势是能集中处理大量废弃油基钻井液，但也有可能会对地下生态造成一定威胁。

③指定地点集中处理法。

该方法是用抽吸车把废弃钻井液运到指定地点处理。主要是针对那些毒性比较大、对环境污染严重，难以用常规方法处理的油、水基废弃钻井液，这种处理方法处理费用较高，而且运到集中地点后还需依赖其他处理方法，只在特殊情况下采用。

④焚烧处理法。

焚烧处理是指废弃油基钻井液在有过量氧和助燃剂存在的条件下完全燃烧。废弃油基钻井液经焚烧处理后，许多有机物会被直接去除，而且钻井液的体积会大幅度减小。但是，此方法对处理温度以及回收装置的密闭性要求很高。

废弃油基钻井液和含油污泥在某种程度上具有一定的相似性，且焚烧处理在含油污泥处理中的应用相当广泛。回转炉和流化床焚烧炉是焚烧处理中最常用的两种焚烧设备。回转炉焚烧温度可高达 980 ~ 1200℃，处理时间短，效率高，污泥在回转炉中的停留时间大约只需要 30min。在流化床焚烧炉中，硅砂作为载热体，预热过的空气从硅砂底部喷出使硅砂层成悬浮状态，破碎的污泥与硅砂混合燃烧，这样污泥与硅砂混合接触面积大，提高了热效率，同时也节约了能源，流化床焚烧炉中的燃烧温度也可达 730 ~ 760℃。

利用焚烧法处理废弃油基钻井液，不仅使废弃油基钻井液得到减量、减容，而且还可以利用焚烧过程中产生的热量来发电、推动涡轮蒸汽机。然而燃烧残留物、逸出的气体污染物等需要配套系列的烟气净化和除尘设备，废弃油基钻井液的水分多，需要预处理脱水，成本也会相应增加，这些在进行大规模废弃油基钻井液处理的时候都需要考虑周全。

⑤汽提法。

汽提法广泛应用于油田中含油污泥的处理与油回收，如该法在冀东油田柳一联合站得到应用，油泥通过超热蒸气汽提，回收含油污泥中的石油类，且经汽提处理后的含油污泥残渣含油率在 0.3% 以下。

汽提法是一种废弃油基钻井液的物理处理方法，将高温高压蒸气充入废弃油基钻井液中，由于气相中油分子扩散，蒸气压降低而使得油不断从油基钻井液中汽化成油蒸气，油蒸气随水蒸气带出，然后混合蒸气经过冷凝后进行油水分离而回收其中的油类。

利用该法处理废弃油基钻井液，钻井液中石油烃类去除率较高，同时还实现了油类的回收再利用，但该技术的处理成本较其他方法也更高。

（2）油基废弃钻井液处理新技术。

①热蒸馏法。

热蒸馏法对废弃油基钻井液具有普遍适用性，而且通常单次处理规模较大，目前在世界很多国家都得到应用。热蒸馏法是将废弃油基钻井液在蒸馏系统中加热，废弃油基钻井液中的石油烃类及其他挥发分受热挥发，挥发气体进入冷凝系统得以回收，经热蒸馏回收的油可用于油基钻井液回配或再次用作热蒸馏燃料等其他用途，剩余固体残渣经固化后可重新制作板砖、型煤、或用于基础工程建设等。

目前热蒸馏法在世界各国已有不少成功应用案例。如，英国北海油田用该法处理海上采油产生的含油钻屑，钻屑中油分被分离回收后，剩余固体含油量小于 1%，达到了国际和国家的含油废物排放标准；澳大利亚利用热蒸馏法处理废弃油基钻井液回收了其中92.4%的油分。

热蒸馏法处理废弃油基钻井液，方法简单且油回收率高，在无害化处理含油废物的同时也实现了资源化利用。但也存在一些应用问题，诸如能耗高，设备投资大，有一定安全隐患，小规模处理不经济等。

②摩擦热解吸技术。

传统的热蒸馏处理技术由于使用线圈加热方式较多，使得设备体积较大，耗能也比较严重。在热蒸馏方法处理废弃油基钻井液的基础上，哈里伯顿的A.J.Murray等人通过改善工艺，提出了摩擦热蒸馏技术。

在该处理系统中，其技术关键是利用置入废弃油基钻井液中的转子快速搅动，与周围环境中的钻井液摩擦产生的热量代替传统线圈加热。该方法同样能将温度升高到260 ~ 300℃之间，同时加热方式得到改善。温度升高后，废弃油基钻井液中的液相受热挥发，固相得到清洁、干燥，汽化后的油、水经冷凝回收。在该过程中，由于激烈的机械搅拌作用，反应器中的废弃油基钻井液得到充分湍动、破碎，增加了液相扩散面积，从理论上提高了热解吸效率。

摩擦热解吸技术已在哈萨克斯坦Koshken地区某油田得到投产运营，其废弃油基钻井液处理量达到5×10^4t/a，且处理后钻井液中的含油量不高于1%。

③溶剂萃取法。

溶剂萃取法是利用合适的有机溶剂将废弃油基钻井液中的石油类及其他有机物萃取出来，然后通过闪蒸等技术处理萃取液，回收萃取溶剂以及萃取液中的石油类和气体有机物，溶剂及萃取物得到回收利用。

溶剂萃取法处理废弃油基钻井液的优点是高效回收油和水，而且萃取溶剂可循环使用，但是该法操作程序较多，成本也较高。尤其是对于萃取法在工业应用方面，大量的有机萃取剂成本高且对环境造成一定的影响，存在安全隐患。另外，高效萃取剂的选择以及萃取剂与待处理废弃油基钻井液的配比也是溶剂萃取法需要解决的难题。针对这些问题，许多研究者也开发了比如超临界萃取、三相萃取、热萃取等改进工艺，以便更加有效地利用萃取法实现废弃油基钻井液的资源化。

④超临界流体萃取法。

超临界流体萃取法是将待处理物质与超临界流体充分混合，使需要提取的物质萃取到超临界流体中，萃取后可通过减压方法析出，同时超临界流体又可继续用于萃取溶剂。所谓超临界流体，是一种处于气液两态之间的特殊物态，但是它同时具有气液两态的诸多优点，尤其是在临界点附近，溶解度大、穿透力强、扩散系数几乎和气体相近。作为理想萃取剂的超临界流体，超临界萃取过程中通常选用如CO_2、丙烷等比较容易达到超临界条件的溶剂。

超临界CO_2萃取技术在废弃油基钻井液处理领域中应用较多。而且CO_2稳定、无毒。国外学者对该法做了不少研究，加拿大Alberta大学用超临界CO_2，萃取废弃油基钻井液中的油，基础油的回收率高达98%。超临界流体萃取法处理废弃油基钻井液不仅处理效率高、石油类回收率高，而且能最大程度保护钻井液中的组分，回收组分品质高；另外，油分和萃取剂的回收只需通过减压实现，可操作性强。但是，超临界萃取技术在现场应用时，由于通常需要达到 14.5MPa 的压力，需要制造特殊设备，带来一定的操作难度和危险性。

近年来，液化气超临界萃取技术在该领域也得到发展。液化气在常温下施加较小压力即可实现超临界状态，解决了 CO_2 超临界萃取技术对技术条件要求高的难题，促进了超临界萃取技术的工业化应用，但是液化气也存在诸如有毒、易燃的缺点。

总的来说，超临界流体萃取法是基于溶剂萃取原理发展而来的一种新工艺，有着传统溶剂萃取法不可比拟的高效、高回收率的优点，但是该法的处理成本、设备要求也较高。

⑤生物修复法。

生物修复法处理废弃油基钻井液的方法主要有微生物降解法和生物絮凝法。

微生物降解法是将废弃油基钻井液中石油类的长链烃类在微生物的作用下降解为低分子等物质。该技术的关键是筛选能够在废弃油基钻井液中生存且有效降解石油链的微生物，同时，运用该技术需要控制好温度、溶解氧、pH 值等因素，对操作技术要求高。国内外对微生物降解法处理废弃油基钻井液均有研究和应用，陕西科学院酶工程研究所在 2008 年 3 月通过改建，建成以复合微生物菌年处理 3000t 废弃油基钻井液的生产线。但是，该法前期需要筛选合适有效的菌种，可能会花费较大的人力投入且周期较长。

生物絮凝法处理废弃油基钻井液是在钻井液中加入特殊的微生物，微生物在钻井液中生长繁殖，微生物代谢过程中产生一些对废弃油基钻井液具有破乳作用的高分子化合物，使废弃油基钻井液破乳后絮凝析出油类物质。生物絮凝法对微生物菌种要求更高，获取难度更大，可能需要用到基因工程等细胞工程技术。

⑥化学破乳法。

化学破乳法是向废弃油基钻井液中按一定比例加入化学破乳剂，经充分混合破乳后，再添加一些絮凝助剂等药剂使钻井液中的油絮凝析出。废弃油基钻井液经破乳后，利用自然沉降或离心外力的作用实现固液分离。液相可直接回收基础油或按一定比例回配钻井液，实现循环利用，固相可经固化等方法实现无害化处理或资源化利用。

为了强化破乳效果，在实际应用时往往会同时运用辅助方法。比如王嘉麟等人利用声化破乳，通过对废弃油基钻井液进行超声辐照，使钻井液中"粒子"在发生位移效应实现破乳的同时又与化学破乳剂充分混合，提高处理效率。其中超声波破乳的机理是废弃油基钻井液通过超声波的辐射，油分在声空化作用下从固体颗粒表面脱附。声空化作用过程，可以同时产生正、负向压力波。正向压力波使钻井液内小分子聚集，负向压力波使钻井液内分子互相分开并产生小气泡，小气泡在负向压力波的作用下逐渐变大。当气泡增大到一定程度时会突然胀破，在几毫秒内产生巨大的射流和高温，射流的速度可达到 400km/h。废弃油基钻井液在高冲击波作用下，温度升高，黏性变小，分解为颗粒状，污油就从钻井液颗粒的表面脱离。应用该技术可回收废弃油基钻井液中 80% 以上的油。

魏平方等人研究了废弃油基钻井液除油剂—闪蒸实验，向废弃油基钻井液中加入除油剂，破坏废弃油基钻井液乳状体系的稳定性，回收钻井液中的油分，然后通过闪蒸或分馏的方式回收除油剂，最后通过向分离的油中投加除盐剂脱除盐分，回收高品质油。实验结果表明：室温下向废弃油基钻井液中加入 54.4mg/L PE2040 破乳剂，沉降后可脱除 55.1% 的油分。该法虽然还处于研究初期，脱油率不是很高，实验装置以及工艺参数都有待进一步探索和调试。但是，利用除油剂—闪蒸技术处理废弃油基钻井液，还可以在一定程度上脱除回收油的盐分，实现高品质基础油的回收。同时，除油剂还可通过闪蒸技术回收，降低处理成本。表 2-3 对当前应用较多的废弃油基钻井液处理技术做了比较。

表 2-3　废弃油基钻井液处理技术对比

处理技术	优点	缺点	除油率
固化处理	封闭有害成分，阻止有机物和重金属盐等渗漏扩散，硬化时间短	成本较高、污泥增容、可能会带来二次污染等	—
回注	彻底消除地面污染	处理费用较高，对地层要求严格，受注入地层的限制、不能被普遍采用	—
焚烧处理	钻井液减量减容，可循环利用焚烧过程中产生的能量	焚烧残留物、洗涤钻井液的有毒物质、逸出气体等需再处理，钻井液水分多，需预脱水，增加成本	—
热蒸馏	适用于规模化处理，油回收率高	能耗高，设备要求高，操作不安全	80%~90%
摩擦热蒸馏	设备体积小、得到干燥、清洁固体、油回收率高	设备复杂，投资大，技术要求严格	>90%
溶剂萃取	条件易实现，油回收率较高，溶剂可循环使用	溶剂挥发性大，能耗高	>90%
超临界流体萃取	几乎全部回收油，高效	处理成本非常高，能耗高	>95%
气提法	物理处理、石油烃类清除较彻底、无二次污染	设备要求高，耗能大，处理成本较高，存在安全问题	>90%
生物修复	工艺简单，无二次无污染	耗时长，筛选合适微生物菌种困难	—
化学破乳	设备简单，条件温和，油回收率高	化学药剂专一性强，不具有普适性	>80%

从表 2-3 中可以看出每种技术都有其优缺点，有些技术处理效率高，但难以实现工业化应用；有些技术虽然也存在问题，但易操作，应用广泛。实际应用中需要根据实际情况，选择高效、经济的处理方法。

北美地区的页岩气大规模开发处在世界领先地位，尤其是美国的得克萨斯州 Barnett 和宾夕法尼亚州 Marcellus 区块，已完钻页岩气井超过 4 万多口，页岩气产量已超过 $1800 \times 10^8 m^3$。美国页岩气产量主要产区大多为平原地带，且页岩气的储层较浅，主要区块埋深为 800~2600m。

在美国，油基钻屑主要是通过热解无害化处理技术，将油基钻屑含油率降至 2% 以下后用于铺路，水基钻屑直接用于铺路。H.Schmidt 等人在流化床上对 460℃、500℃、560℃、650℃进行了油基钻屑热解终温研究表明，最高可回收 84% 的油分。挥发组分高有利于产生较多的热解油和热解气;当热解终温升高,热解后灰渣的含油率的剩余量逐渐降低,残渣轻质油含量和产气量逐渐增大;最适宜的床温为 500 ～ 650℃。热解装置对热解效果同样具有一定的影响。A.Dominguez 等对不同炉型对热解产物的影响进行了研究,他们分别研究了微波炉和电阻炉对不同油基钻屑的热解效果的影响,实验的温度控制在 800 ～ 1000℃内。利用气质谱联用仪对冷凝后的油品分析,研究表明,利用微波炉对油基钻屑进行热解,其热解油具有高热值,成分主要为烷烃化合物,同时包含部分芳香烃和脂肪族羧酸等,氧化钙的存在可以大大促进脂肪族和芳香族物质的生成;但通过电阻炉热解后的油基钻屑,其主要产物不是烷烃,而是含有较多环状结构的芳香烃。目前油基钻屑热解过程主要采用氮气等作为保护气,而采用真空进行对油基钻屑热解的研究相对较少。

北美的页岩气工业实践表明:其油基钻屑主要是通过热解无害化处理技术,将油基钻屑含油率降至 2% 以下即可用于铺路;水基钻屑直接用于铺路。

2.4　钻井固体废物循环利用技术

针对钻井固体废物组分复杂、有机污染物浓度高、黏度高、色度高等特点,国内外学者研究开发了钻井固体废物循环利用技术,实现了钻井固体废物的无害化处置和资源化利用,为天然气绿色开发提供技术支撑。如中国石油西南油气田分公司重庆气矿在 2018 年前,实现了废弃钻井液 100% 不落地处理,2018 年后,实现了固废 100% 资源化利用,固废烧砖,变废为宝,彻底解决了钻井固废难题。

2.4.1　水基钻屑制备烧结砖技术

目前大量的水基钻屑处理方式就是对其进行固化填埋处置,但固化填埋费用较高,同时长期占用大量土地,并还存在一定的环境风险隐患,所以水基钻屑的安全环保处置问题亟待解决,国家能源局也提出了"坚持开发与生态保护并重"的原则。利用水基钻屑的化学成分与黏土较为类似,以其为原料外掺固废粉煤灰与煤矸石制备出了满足标准的烧结砖,可有效地实现水基钻屑的安全环保处置和资源化综合利用,使水基钻屑不再占用土地和污染环境。

2010 年钻井岩屑制备免烧砖在西南油气田工程应用取得成功,累计处理钻井废钻井液约 2527m³,生产免烧砖约 71.18 万匹,成品合格率超过 90%,处置率达 100%。1m³ 钻井岩屑和 1m³ 页岩黏土可以制备 1000 ～ 1200 匹烧结砖。

刘来宝等将钻井废钻井液固化处理后作为主要原料制备烧结砖,主要工艺流程如图 2-4 所示,发现采用 30% 的新型固化剂固化后的钻井液和 70% 页岩为原料,在温度为 900℃左右,可制备出强度等级达到 MU20 以上的高强砖。但是利用钻井岩屑制备砖块技术也面临着砖厂运营费用过高、砖块销售困难,在制备烧结砖过程中还有可能造成二次空气污染等问题。

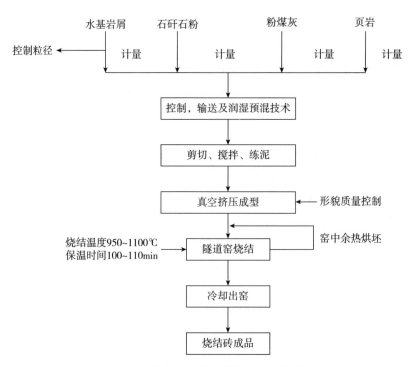

图 2-4　水基岩屑制备烧结砖工艺流程图

2.4.2　水基钻井固废生物资源化土壤利用技术

2.4.2.1　处理利用原理

微生物具有极强的代谢多样性特征，参与了自然界物质循环和能量代谢，其降解废弃物潜力大，具有分解快、成本低、降解彻底，能够实现废弃物资源化利用等优势。而土壤具有一定的腐殖质，能促进土壤微生物的活动，其微生物在土壤中能分解有机质、矿物质、固定氮素。土壤的组成、性质及性能具有促进微生物活动的作用，因此微生物与土壤两者具有协同促进作用，两者联合有利于促进提高降解污染物的能力，有利于微生物将钻井固废中的复杂有机物一部分转化成腐殖质组分，一部分降解为简单的无机物甚至 CO_2 和 H_2O，从而使钻井固废中的污染物得到去除，达到无害化处置、资源化利用的目的。固废生物资源化土壤利用技术把土地耕作、生物菌降解和生物堆三种固废处置技术有效集成，形成一种强化生物堆修复技术，提高了微生物对污染物的降解去除效果，并缩短了降解时间。

2.4.2.2　处理利用工艺

把室内筛选出安全优势的微生物降解菌株制备成液体或固体菌种，然后用于现场，先充分混匀待处理的钻井固废，混匀后按一定比例直接加入微生物降解菌株并充分混匀，然后根据待处理固废的含水量情况加入待处理固废量 0.5 ～ 2 倍的较细土壤，充分混匀后堆放，并在其表面覆新鲜土 2 ～ 5cm 厚，其上播撒种植观赏植物或薪柴植物，形成钻井固废—微生物—植物联合降解体系。

2.4.3 油基钻屑资源化利用技术

目前，国内钻屑无害化处理、资源化利用政策法规如下。

（1）矿物油在环境中自然降解困难，因此，业界把油基岩屑油含量作为环境危害大小的评价指标。《废矿物油回收利用污染控制技术规范》（HJ 607—2011）要求"含油岩屑经油屑分离后油含量应小于5%，分离后的岩屑宜采用焚烧处置"。因为焚烧方式环境危害依然大，故实际操作中主要参照《海洋石油勘探开发污染物排放浓度限值》（GB 4914—2008）的一级要求（油含量小于1%）执行。

（2）2010年，黑龙江省制订了行业内第一个含油污泥资源化利用的标准《油田含油污泥综合利用污染控制标准》（DB23/T 1413—2010），规定处理后的油田含油污泥满足石油类含量≤2%、pH 值≥6、含水率≤40%、Hg≤0.8mg/kg、Cu≤150mg/kg、Zn≤600mg/kg、Ni≤150mg/kg、Pb≤375mg/kg、Cd≤3mg/kg可用于垫井场和通井路。

（3）2019年11月7日，生态环境部《危险废物鉴别标准 通则》（GB 5085.7—2019）中"6危险废物利用处置后判定规则"中的"6.1仅具有腐蚀性、易燃性、反应性中一种或一种以上危险特性的危险废物利用过程和处置后产生的固体废物，经鉴别不再具有危险特性的，不属于危险废物。"因此，热解吸、低温萃取等方式处理过的油基岩屑含油率低于0.5%，可以申请按照行业标准《危险废物鉴别技术规范》（HJ 298—2019）进行鉴定，含油率低于0.5%的含油污泥和岩屑在不具有《危险废物鉴别标准 通则》（GB 5085.7—2019）规定的危险特性的前提下可按一般工业固体废物管理。

2.4.3.1 油基钻屑制备烧结砖技术

Mohammed 等利用325℃低温热解吸技术处理后的油基钻井岩屑代替50%砂石，以6：1的砂石：水泥比浇筑混凝土块，发现该混凝土块与普通混凝土块具有相同强度，并且密度更大，吸水率和热导率更小。Aboutabikh 等研究发现油基钻井岩屑热解吸处理后残渣掺入量越多，砖块抗压强度越低，当有10%和30%的掺入量时，抗压强度分别减少12%和34%，同时发现当掺入量超过20%砖块抗压强度明显减弱。固化时间越长抗压强度越高，在固化前期，残渣对水泥具有稀释效果，阻碍水泥的水化作用和水化产物产生，固化后期，掺入的小颗粒残渣具有大的比表面积，能够为水化产物聚集提供成核位点，提高砖块抗压强度，减少部分因稀释效果导致抗压强度降低的影响。

制烧结砖是将钻井岩屑干渣按照一定比例掺入原料中制成标准样品，经真空挤压成型，在隧道窑中进行煅烧制成烧结砖，隧道窑中的温度为950～1100℃，水基岩屑中的有机污染物在高温环境下完全氧化实现无害化，但要控制水基岩屑干渣满足砖厂的接受要求、制砖厂高温烧结过程中废气污染物满足《砖瓦工业大气污染物排放标准》（DB 50/657—2016）及制成的砖满足《烧结普通砖》（GB/T 5101—2017）的技术指标要求；中国石油西南地区和中国石化华东分公司普遍采用此工艺。制免烧砖是将钻井岩屑压滤后的干渣送往免烧砖厂按照一定比例加入制砖原材料，采用机械压制工艺制得，核心仍是固化技术，产品的长期稳定性及其环境风险有待论证，流入市场，若管控不当，有一定的环境风险。2016年，涪陵页岩气田开始尝试将水基岩屑干渣送至砖厂制砖，由于没有合适的烧结砖厂，因此制作了一批免烧砖，并对所有岩屑制成的成品砖进行回购自用处理，如用于厕所、堡坎等。

2018 年之后，涪陵页岩气田水基岩屑干渣制路基垫层材料和制砖的用量小，无法满足水基岩屑产生量大、产生速度快的特点，导致部分岩屑堆积在钻井施工现场不能及时拉运处置，占据了井场的安全通道。亟需寻求利用量大，及时拉运、及时处置的途径。

针对油基钻屑处理的难题，通过开展不同处理工艺的研究攻关，形成了高效、稳定的油基钻屑热脱附技术装备，并在涪陵页岩气田实现了规模化应用，处理规模达 150m³/d，累计处理油基钻屑 $7.2 \times 10^4 m^3$；分离后的油回收利用，处理后灰渣的含油率控制在 0.3% 以内；通过对处理后灰渣的理化性质和污染物分析，研发了灰渣建材利用技术，将灰渣用作替代细沙制作混凝土和免烧砖用于气田地面工程建设，实现了对油基钻屑的减量化、无害化及资源化处理。

与水泥窑协同处置利用水基岩屑类似，油基岩屑热脱附的灰渣采取水泥窑协同处置利用，按照《水泥窑协同处置固体废物环境保护技术规范》（HJ 662—2013）设计投加量，从窑尾高温段入窑，水泥窑高温且氧气充分的条件下能够充分燃烧，油基岩屑所含有机物可以被彻底分解，同时碱性环境可有效抑制酸性气体、二噁英的产生，熟料捕获可吸附挥发性金属，残留的固体废物部分可替代水泥生产原料和燃料被制成水泥熟料。检测表明：利用油基岩屑灰渣烧制的熟料与标准水泥熟料的性能一致。根据现有政策规定，油基岩屑脱油灰渣仍按危险废物进行管理，采取水泥窑协同处置应委托有危险废物处理资质（HW08类）的水泥企业处置利用。2018 年之后，涪陵页岩气田油基岩屑灰渣采取水泥窑协同处置利用方案；结合涪陵实际，涪陵页岩气田将油基岩屑灰渣转运至某水泥厂水泥窑协同处置设施进行处置利用，每天的处置利用量约为 200t，目前已累计处置约 $2.5 \times 10^4 t$。该处置利用技术成熟，有完善的质量保障体系，稳定可靠，但脱油后的灰渣仍按危险废物进行管理，其处置费用高，同时给区域危险废物管理和处置带来一定挑战。

在多次试验结果分析的基础上，通过添加粉煤灰和调整外加剂掺量等措施来改善混凝土产品的性能，设定油基钻屑热解吸灰渣制备（占细集料）混凝土的掺杂比例为 35%、45%，最终形成油基钻屑热解吸灰渣制备混凝土的生产配方。

配制混凝土是将油基岩屑灰渣按照一定比例掺入水泥、砂、石、水（含外加剂和掺合料）中，经过搅拌而得水泥混凝土，可制得强度等级为 C30、坍落度不大于（190±10）mm、粗集料最大公径不大于 25mm 的混凝土。油基岩屑灰渣制砖工艺与水基岩屑干渣制砖工艺类似。2016—2017 年，涪陵页岩气田将油基岩屑脱油后含油率不高于 0.3% 的灰渣用于制备混凝土和页岩砖的探索，参照《陆上石油天然气开采含油污泥资源化综合利用及污染控制技术要求》（SY/T 7301—2016），其制成的混凝土和页岩砖浸出液 pH 值、COD、石油类、重金属满足《污水综合排放标准》（GB 8978—1996）一级标准要求后，用于气田内部地面工程建设，该途径累计资源化利用 $1 \times 10^4 t$ 以上。2018 年之后，油基岩屑脱油灰渣制混凝土和制砖不稳定，且工艺较为复杂，管控难度大，此途径消耗油基岩屑灰渣量非常有限，导致气田内油基岩屑脱油灰渣大量堆存，亟需寻求稳定且消耗量大的处置利用途径。

2.4.3.2 油基钻屑制备陶粒技术

陶粒是近几年我国发展最快的新型建筑材料之一，制备原料不再拘泥于黏土、页岩等天然资源，更多地倾向于工业废渣和淤泥等，原料的来源更加广泛，其独特的质轻、高强、保温隔热、降噪、防火抗震、耐久性优良等特点使陶粒在建筑、路基、花卉养殖、水污染处理等领域脱颖而出。在混凝土产品中使用陶粒取代普通砂石集料，可提高隔热性能，改善结构自重，允许建造基础尺寸相同的大型建筑。同时，对于混凝土、砌块和墙板等材料来说，陶粒的使用在很大程度上可以节约水泥、钢筋等材料，经济效益显著，这使得陶粒的需求大幅上升。此外，陶粒的制备工艺简单，有利于工程化应用。陶粒按生产工艺可以分为烧结陶粒和免烧陶粒，其制备普遍以黏土、页岩、粉煤灰、污泥、煤矸石等材料为主，而油基岩屑的成分主要是 SiO_2 和 Al_2O_3，与黏土、污泥较为相似，有制备陶粒的潜力，工艺路线图如图 2-5 所示。若将油基岩屑用于陶粒的制备，不仅可节省黏土等天然资源，还利用了较难处理的油基岩屑，减少其对环境的影响；另外免烧陶粒的研究还可以大大降低陶粒的生产成本，具有潜在的经济效益和环境效益。

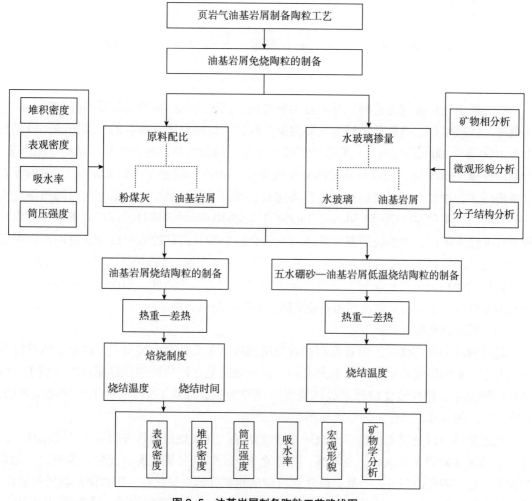

图 2-5 油基岩屑制备陶粒工艺路线图

（1）免烧陶粒制备工艺。

免烧陶粒是以活性固体废弃物作为主要原料，以胶凝材料及外加剂作为辅助材料，常温造粒后，经自然养护、蒸汽养护或蒸压养护而形成的圆形或不规则颗粒。免烧陶粒的制备中，活性物质必不可少，一般是粉煤灰和矿渣，此外还有煤渣、钢渣、煤矸石、天然火山灰等，这类材料大多具有水化活性，可以生成一定量的胶凝物质，为免烧陶粒的强度提供支持。

（2）烧结陶粒制备工艺。

烧结陶粒是以天然资源或固体废弃物为主要原料，辅以黏土等胶结料，加水调和并造粒成球，经高温烧结而成的人造轻集料，结构比较致密、孔隙率低、强度好，一般呈棕红色或红色，工艺路线图如图2-6所示。

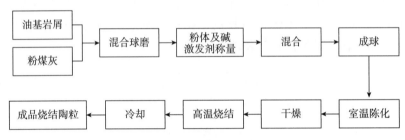

图2-6　烧结陶粒制备的工艺路线图

李亮提出以粉煤灰为原料，石灰石为发泡剂，黏土为黏结剂制备轻质高强陶粒，以筒压强度、体积密度、形貌及物相为主要表征，探讨了烧结温度对陶粒的性能影响，研究表明在1000～1200℃范围内，随着煅烧温度的增加，陶粒内部出现新物相，结构逐渐密实，当温度升至1200℃时，粉煤灰陶粒的强度增强至6.3MPa，密度增加到1.6g/cm³。曲烈等人以城市污泥为原料，辅以玻璃粉制备轻质陶粒，探讨了烧结温度、烧结时间对陶粒物理性能的影响，表明在600℃预热30min，1100℃下焙烧10min可获得符合标准要求的性能优异的600级轻质陶粒，指出烧结温度及烧结时间会影响陶粒内部的液相成分，进而影响内部结构，造成陶粒物理性能的较大差异。黄旭光等学者也表明烧结制度对陶粒的性能影响大。油基岩屑的固相成分与污泥相似，粉煤灰具有潜在的火山灰活性，因此，以油基岩屑、粉煤灰为原材料，水玻璃为激发剂制备烧结陶粒的路线是可行的。

（3）低温烧结陶粒制备工艺。

烧结陶粒的性能优异，但普遍存在着烧结温度高、能耗高、投资大的缺点，因此降低烧结温度，低温烧结陶粒是非常有意义的。低温烧结是在陶粒性能优异或性能相似于一般陶粒的情况下，烧成温度较普通烧结温度出现较为明显降低（50～100℃）的烧结方法，具有一定的相对性，具体工艺路线如图2-7所示。

低温烧结可以通过添加助熔剂或采用微波烧结、气氛烧结等特殊烧结工艺来实现，但特殊烧结工艺对设备要求高，成本高，相比之下，助熔剂经济便捷，优势更为突出。助熔剂常用于玻璃陶瓷的制备，一般为低软化点玻璃相或低熔点氧化物，可以降低物质的软化、熔化或液化温度，极大地推动固相或液相烧结的发生，加快致密化速率，在降低烧结温度，

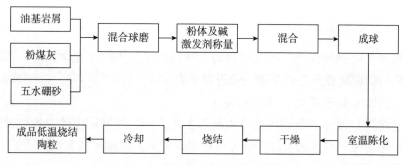

图 2-7 低温烧结陶粒的制备工艺路线图

缩短烧结进程方面实现烧结工艺的优化，同时，在防止晶粒异常长大，提高成品强度方面也有一定的影响。

（4）多孔陶粒制备工艺。

多孔陶粒是一种新型材料，同时具有高比表面积和陶瓷材料稳定的物理化学性质。多孔陶粒具有的空隙结构，可用来吸附、表面过滤和深层过滤液体中的悬浮物、胶体物和微生物等污染物质。王眉山以天津某钻井岩屑为原料，加入粉煤灰，压滤，烘干处理后，加入适量助烧剂，通过配料、混料、过筛、焙粉、成球、干燥及烧成等工艺制备出的多孔陶瓷滤料对亚甲基蓝和罗丹明的去除率分别达到 80% 和 77%。部分学者研究了以赤泥为主要原材料，掺入粉煤灰、煤矸石等其他物料，再添加一部分添加剂，制备最终符合 GB/T 17431—2010《轻集料及其试验方法》规定新型陶粒产品，研究发现，当烧结温度范围为 1125 ~ 1150℃，保温时间为 20min，陶粒密度等级、颗粒抗压力、筒压强度远大于 GB/T 17431—2010《轻集料及其试验方法》中的要求。同时有学者发现赤泥中 CaO、Na_2O、Fe_2O_3 含量较高，SiO_2 和 Al_2O_3 浓度较低，所以制作的陶粒，膨胀倍数较小、容重偏大、膨胀温度范围较窄。

2.5 废机油处理技术

气田随着增压站的增多，产生的废机油也在不断增加。废机油属于危险废物，需要进行规范有效处理。

润滑油用于气田机械设备中，起到减磨、降温、防锈、密封等作用，确保机械的正常运转。随着润滑油的使用，油中的部分组分被氧化，油中混入机械杂质、水分等，使得润滑油性能下降，达不到继续使用的标准，从而成为废润滑油。然而，废润滑油中还有相当数量的有效组分可以循环利用，若将该部分组分有效利用，也是对石油资源的保护。因此，规模性的废润滑油再生处置已替代了燃烧等低效处置方式。

随着分离、提纯等技术的发展，废润滑油再生工艺越来越先进。目前，常见的废润滑油再生工艺按照反应机理可大致分为物理处置工艺、化学处理工艺和物理化学混合工艺。

2.5.1 物理处理工艺

物理处理工艺是指废油再生处置过程均为物理反应，不产生化学反应，不改变油品分子结构。常见的物理处置工艺有蒸馏、吸附和萃取。

2.5.1.1 蒸馏（分子蒸馏、薄膜蒸发）

蒸馏工艺是最早使用的废润滑油再生利用工艺之一，是利用废油中各组分的沸点不同实现废油的净化提纯。具体的蒸馏实现方法较多，常见的蒸馏方式有釜式蒸馏、塔式蒸馏、分子蒸馏、薄膜蒸发等：

（1）釜式蒸馏。釜式蒸馏是最为简单的蒸馏工艺，一般为单釜间歇生产或多釜循环生产。釜式蒸馏投资少，操作简单，但再生处置后的产品质量较差，效率低，污染严重。环境保护部（环办土壤函〔2017〕559号）明确表示：采用釜式蒸馏工艺的废矿物油综合利用企业不符合申请领取危险废物经营许可证的条件，不能颁发危险废物经营许可证。

（2）塔式蒸馏。塔式蒸馏属精馏提纯方式，利用蒸馏塔内配备的塔盘或填料，将废润滑油进行多次部分汽化和冷凝，从而将可利用的组分提纯分离出来。同时，还可通过降低塔内压力，降低废润滑油沸点，防止油品组分结焦和氧化分解，进一步分离废润滑油中的高沸点组分。

（3）分子蒸馏。分子蒸馏也叫作短程蒸馏，最早出现在20世纪30年代，其原理是借助不同物质分子在运动状态下平均自由程的差异来实现有效的分离操作。分子蒸馏一般需要在高真空度下进行，以降低油品沸点，并通过刮板将油品分布均匀，提高油品中轻组分的蒸发速度，并通过内置的冷凝管将蒸发的轻组分冷凝下来进行回收分离。此外，还有一种叫薄膜蒸发的蒸馏方式与分子蒸馏类似，只是蒸馏设备内未配置冷凝器，蒸发出来的轻组分气体需要进入外置冷凝器中进行冷凝。

2.5.1.2 吸附

吸附分离的机理是利用吸附材料将废润滑油中的胶质、沥青质等杂质吸附在其表面，以桶盖过滤的方式将吸附材料及其表面的杂质从油品中去除。白土吸附是最为常见的吸附方式。白土是膨润土的一种，外观为乳白色粉末，具有较高的比表面积。白土经过活化处理后，具有较强的吸附能力，能吸附有色物质、有机物质和极性物质。白土吸附精制一直是API I类润滑油基础油的生产工艺中的重要组成部分，而且也是废润滑油再生过程中精制的重要方法。白土吸附精制可改善油品的颜色和氧化安定性，工艺简单，操作简便，但会产生废白土等固体危险废弃物，对生产过程产生环保压力。

2.5.1.3 萃取（溶剂精制、超临界萃取）

萃取也叫抽提，是利用油品各组分在溶剂中的溶解度不同，从而对废润滑油各组分进行分离提纯。

（1）溶剂精制。溶剂精制是典型的萃取分离提纯技术，通过溶剂萃取去除蒸馏处理后的润滑油或基础油中的胶质和酸洗氧化物。常见的萃取溶剂油糠醛、N–甲基吡咯烷酮。其中，以糠醛作为精制溶剂在废润滑油溶剂再生领域应用广泛，且价格低、对油品适用性好；以N甲基吡咯烷酮作为精制溶剂，对硫化物和不饱和烃等有较好的选择性和溶解性，相对糠醛有较好的稳定性。但溶剂精制在萃取及溶剂精制过程中会产生溶剂的损耗，需要定期补加溶剂。

（2）超临界萃取。超临界萃取是利用超临界流体在其临界压力和温度附近对不同组分的溶解度，从而将其从油品中分离出来。

2.5.2　化学处理工艺

化学处理工艺，是指在废润滑油再生处理过程中发生了酸碱中和、催化加氢等化学反应，从而降低其杂质含量，提升油品品质。常见的化学处理工艺有酸洗、催化加氢等。

2.5.2.1　酸洗

酸洗是早期的废润滑油再生工艺之一，使用浓硫酸与废润滑油中的氧化物、硫化物等发生硫化、氧化、酯化等反应，将废润滑油中的杂质反应或溶解并形成沉淀。硫酸主要对油品中的胶质和沥青质起溶解作用，对固体杂质起凝聚作用，基本上不会对油品中的理想组分产生破坏。但酸洗处理会产生酸渣和碱渣，而且处理后油品质量不高，目前已被环保部门禁止使用。

2.5.2.2　加氢精制

加氢精制是现有废润滑油处置工艺中应用较为广泛的一种工艺，是在一定的温度、压力下，在催化剂作用下，将废润滑油中的含氧、含硫、含氮化合物及不饱和系统和部分芳香烃与氢气反应，生成氨、硫化氢、水、烷烃等，从而去除废润滑油中的杂质，达到油品精制提纯的目的。为确保加氢催化剂的长时间使用和加氢反应的顺利进行，还需要对废润滑油进行脱水、去杂质、脱除金属等预处理。在进行加氢反应时经常会分为两段：第一段反应为预加氢，主要目的是去除含硫、含氮化合物，避免加氢催化剂中毒失活；第二段反应为加氢精制反应，主要发生不饱和键加氢、环烷烃开环等反应。根据加氢精制的反应压力、温度和催化剂不同，加氢精制可生产 API Ⅱ、Ⅲ类基础油。

2.6　长宁、威远示范区油基钻屑无害化处理与资源化利用实践

长宁、威远页岩气开发国家示范区采用平台式钻井完井方式，在同一井场一般完钻 6 口井。由于页岩地层裂缝发育，为避免发生井漏、垮塌、泥页岩水化、膨胀、缩径等问题，一般上部直井段采用水基钻井液，下部造斜段及水平段（目的层页岩段）采用油基钻井液。水平段长达 1500m 以上，产生的大量油基岩屑成分复杂，一般都由油、水、沥青、钻屑、高分子化合物及其他杂质组成，这些物质通常难以在环境中降解，如不妥善处理，会对生态环境造成严重危害。

2.6.1　油基钻屑处理技术及其原理

国外对油基岩屑处理的研究开始较早，初期比较有代表性的处理技术有固化法、坑内密封填埋法、焚烧法、注入安全地层或环形空间法等，后来逐步发展形成脱干法＋微生物代谢降解法、化学清洗法等，见表 2-4。

表2-4 油基岩屑处理技术及其特点

处理技术	主要技术特点
焚烧法	无法深度回收油基岩屑中的油等，造成资源浪费，燃烧能耗高，排放的烟气中含硫化物及二噁英等，造成二次污染
微生物降解法	生物降解存在环境风险，且施工操作难度大，周期长（约30d一个周期），占地大
化学清洗法	须反向破乳，油基也无法配浆回用，处理后产生的大量含油污水达标非常困难，存在二次污染风险
热解析	需绝氧加热到450℃，温度高，能耗高，设备投资大，但无需添加处理剂，能回收绝大部分油基油，可以实现资源化利用
萃取技术	核心技术是采用萃取剂使液固分离。LRET技术在常温常压下进行，可以实现油基、钻井液添加剂及加重剂的回收

　　上述方法的目的均是为了环保达标，属于环保末端治理思路，一方面难以从根本上消除环境污染的隐患，另一方面造成了对可利用资源的浪费。从20世纪90年代开始，热解析技术因其高效、稳定、可回收油资源等优势逐步取代了部分传统工艺技术，成为目前国际上应用较广的废弃油基钻井液处理技术。此外，萃取技术以安全高效环保的特点，越来越引起人们的重视。塔里木油田与新瑞石油科技有限公司合作开发的LRET技术，首次在25口超深井投入工程应用，处理后的含油岩屑油含量能达到0.6%（质量分数）。

　　国内外油基岩屑无害化处理方法如图2-8所示。

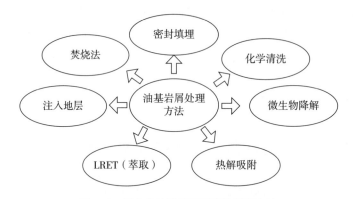

图2-8 国内外油基岩屑无害化处理方法

　　油基岩屑处理的主要目标是实现废弃物无害化处理和基础油的回收再利用，最重要的技术指标是处理后废弃物中的油含量，其实质是油的脱除（破乳分离），处理过程可大致分为以下四个步骤。

　　（1）破乳，即用物理、化学、生物等方法破坏废弃油基钻井液中的乳液状态。

　　（2）分离，即用离心、絮凝、萃取或蒸发冷凝等方法实现液固二相分离或油水固"三相"分离。

　　（3）净化，即分别对各相的物质进行净化处理，使其达到可回用或外排的程度。

　　（4）回用，即对净化处理后的产物进行资源化利用。

　　矿物油在环境中自然降解困难，因此，业界把油基岩屑油含量作为环境危害大小的评价指标。《废矿物油回收利用污染控制技术规范》（HJ 607—2011）要求"含油岩屑经油屑分离后油含量应小于 5%，分离后的岩屑宜采用焚烧置"。因为焚烧方式环境危害依然大，故实际操作中主要参照《海洋石油勘探开发污染物排放浓度限值》（GB 4914—2008）的一级要求（油含量小于 1%）执行。

2.6.2　长宁、威远区块油基钻屑资源化利用实践

长宁、威远页岩气开发国家示范区块主要采用白油基钻井液体系，所含芳香烃的量低，毒性小，为环保型油基钻井液基液。中国石油结合长宁、威远页岩气开发国家示范区块实际，在长宁区块采用 LRET 技术、威远区块采用热解析技术，开展油基岩屑资源化利用实践。通过推行废物"资源化利用工艺"，最终达到实现工业废物"循环利用、资源化、减量化、无害化"的目的。

2.6.2.1　威远区块热解析法实践

（1）热解析处理工艺原理。

热解析处理工艺流程如图 2-9 所示。

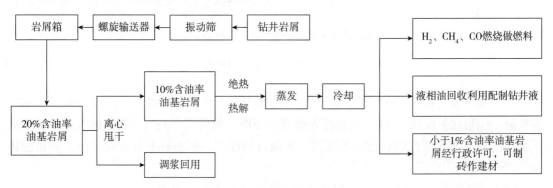

图 2-9　热解析处理工艺流程图

油基钻屑的热解析过程就是在绝氧或缺氧环境中，将油基钻屑放入回转炉，间接加热至 420 ~ 450℃（高于白油终馏点，低于裂化温度），从而将钻屑中的水和油类蒸馏出来，再通过冷凝装置收集蒸气，分离水和油后，回收油类。同时，油基钻屑经过热解处理后，可得到无害化废渣。主要流程如图 2-10 所示。

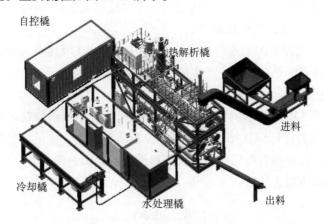

图 2-10　热解析设备三维示意图

①动进出料。通过螺旋传输器将油基钻屑送入 / 出回转炉腔体。

②热解处理。进料完成后，密封回转炉，通过外部热源对回转炉腔体进行加热，加热燃料可用柴油或天然气，在天然气生产井站宜用天然气作燃料，且天然气做燃料更便于控制热解温度。

③冷凝回收。油基钻屑热解析过程产生水蒸气和油蒸汽，其中也混有少量粉尘颗粒。首先将蒸汽通入分气包进行过滤，将其中部分重油、粉尘颗粒和水蒸气分离出来并收集至重油罐，然后再将蒸汽通入两级阻尼装置进行二次过滤，最后再将多次过滤之后的蒸气通入水冷循环冷凝管道进行液化，并将液体储存在储油罐里，通过后续油水分离，可回收油类。

④烟气净化。供热柴油或天然气燃烧导致的烟雾，采用喷淋塔烟气净化系统（碱液洗涤烟气）进行烟雾过滤，除去烟气中的粉尘颗粒物、二氧化硫、沥青烟、铅等，达到《大气污染物综合排放标准》（ GB 16297—1996 ）的要求。洗涤液用 NaOH 和 Na_2CO_3 等药剂配制。其主要的化学反应为

$$Na_2CO_3 + SO_2 === Na_2SO_3 + CO_2 \qquad (2-1)$$

$$2NaOH + SO_2 === Na_2SO_3 + H_2O \qquad (2-2)$$

$$Na_2SO_3 + SO_2 + H_2O === 2NaHSO_3 \qquad (2-3)$$

⑤安全配置。配置有氮气发生器，热解过程中，充入氮气降低氧气浓度。对氧含量实时检测，控制含氧量低于 8%，高位报警设置在 10%，且配置有高压二氧化碳气体自动灭火系统，信号与氧含量控制点建立了通信，实现自动控制。热解腔配置有安全阀，防止腔体油气燃烧导致压力升高。

（2）实施效果。

①处理能力达到设计处理量 40t/d 要求，油含量小于 1%，油回收率大于 95%。

②处理过程中不需要添加任何化学药剂，不凝气体闭式处理后回用，利用燃料燃烧产生的热源对物料间接加热，燃料及不凝气燃烧产生的烟气，通过喷淋塔烟气净化系统，处理后达到国家外排标准再进行排放。

③油基钻屑处理达标后，进行资源化利用，整个过程安全、环保、高效。

2.6.2.2　长宁地区 LRET 处理技术

长宁、威远页岩气开发国家示范区主要采用白油基钻井液体系，芳香烃含量较低，为环保型油基钻井液体系，钻井过程中产生的油基岩屑毒性较小。

（1）LRET 技术原理。

萃取剂的研制是 LRET 技术的核心，其作用原理是吉布斯函数在表面吸附与脱除过程中的应用。萃取药剂的设计应选择脱附过程中吉布斯自由能变化最为显著的药剂体系。吉布斯自由能也可以看作是垂直作用在单位长度界面上的力即表面张力。

吉布斯等温吸附方程表达式：

$$\Gamma = -(c/RT)\,(d\gamma/dc) \qquad (2-4)$$

式中 Γ——界面吉布斯吸附量，mol/m^2；

γ——表面张力，N/m；

c——溶质在主体溶液中的平衡浓度，mol/L；

R——气体常数，J/（mol·K）；

T——绝对温度，K。

$d\gamma/dc$ 可以方便地从实验结果中的 γ—c 关系曲线的斜率得到。

定温条件下，$\dfrac{d\gamma}{dc} < 0$，$\Gamma > 0$，正吸附；$\dfrac{d\gamma}{dc} > 0$，$\Gamma < 0$，负吸附；$\dfrac{d\gamma}{dc} = 0$，$\Gamma = 0$，无吸附作用。随萃取剂浓度的变化，两相界面张力变化，在某一点达到临界值；$\dfrac{d\gamma}{dc} = 0$，当 $\dfrac{d\gamma}{dc} > 0$，则白油被快速吸附入萃取剂。

针对油基钻井废物中的颗粒固相物、基油、水等形成的混合体系，药剂液相脱附具有复杂的反应机理。脱附过程一般包括以下一些步骤：①药剂从药剂主体传递到固体颗粒的表面；②药剂扩散渗入固体内部和内部微孔隙内；③溶质溶解进入药剂；④通过固体微孔隙通道中的溶液扩散至固体表面并进一步进入药剂主体。

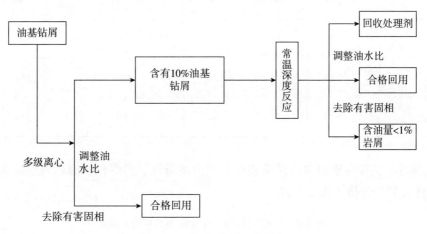

图 2-11 LRET 技术工艺流程

LRET 技术现场处置流程如图 2-11 所示：

①利用了油基钻井液中成分的密度差，采用多级多效变频耦合离心技术，甩干处理，经处理后形成的油基固体物油含量约 10%；

②在密闭稳定系统中，采用基于物理辅以处理剂的回收技术（萃取技术），实现液相和固相的高效分离，固相岩屑油含量低于 1%；

③用 80℃的蒸汽加热炉，实现液相中的钻井液体系（油水及钻井液添加剂）与萃取剂的分离；

④回收的钻井液体系（油水及钻井液添加剂）经处理后可再用，回收萃取剂可循环利用。

（2）LRET 技术实施效果。

①采用专门针对油基固体废物的 LRET 高效反应系统，能快速实现钻井液添加剂、油与钻屑固相物的分离，处理能力达到设计处理 150t/d 要求，油回收率达到 98%，处理后岩屑油含量低于 1%，深度脱附可在 15min 内达到效果。回收的油及钻井液经处理后，各项指标均能满足现场需要；处理后的岩屑油含量均小于 1%（质量分数）LRET 技术能处理至油含量小于 0.6%（质量分数），且检测显示浸出液毒性、易燃性、腐蚀性、反应性、急性毒性等指标均合格。

②整套工艺只产生合格油基钻井液产品和泥土固体物，不产生新的污染物质，无二次污染，消除了环境污染风险，且在常温（回收萃取剂需要约 80℃的蒸汽温度）常压条件下运行，不破坏油基钻井液中的钻井化学药剂性能，也不破坏油基钻井液性能，使之能循环利用。回收的油基钻井液经处置后性能优良（表 2-5），能很好满足现场要求。

表 2-5　LRET 技术回收并重配的钻井液参数

钻井液种类	试验条件	密度（g/cm³）	AV（mPa·s）	PV（mPa·s）	YP（Pa）	Gel（Pa）	120℃时FL_{HTHP}（mL）	E_S（V）	油水比（体积比）
新钻井液	120℃×16h 热滚前	2.18	90	79	11	2.5/7		550	82∶18
	120℃×16h 热滚后	2.38	88	76	12	2/7	3.4	530	82∶18
LRET技术回收并重配的钻井液	120℃×16h 热滚前	2.20	75	68	7	3/4.5		523	75∶25
	120℃×16h 热滚后	2.20	73	66	7	3/5	2.4	510	75∶25

③处理后，经有资质的单位试验表明，浸出液毒性、易燃性、腐蚀性、反应性、急性毒性等指标检测均合格（表 2-6）。

表 2-6　LRET 技术处理后的油基岩屑检测结果

检测项目	参考标准	检定结果
腐蚀性	《危险废物鉴别标准 腐蚀性鉴别》（GB/T 5085.1—2007）	合格（pH值为9.26）
	《固体废物 腐蚀性测定 玻璃电极法》（GB/T 15555.12—1995）	
急性毒性	《危险废物鉴别标准 急性毒性初筛》（GB/T 5085.2—2007）	合格（急性经口毒性LD₅₀>1000mg/kg；急性经皮毒性 LD₅₀>1000mg/kg；急性吸入毒性LD₅₀>11.43mg/L）
浸出毒性	《危险废物鉴别标准 浸出毒性鉴别》（GB/T 5085.3—2007）	合格
易燃性	《危险废物鉴别标准 易燃性鉴别》（GB/T 5085.4—2007）	合格（摩擦不起火、点燃时间2min）
反应性	《危险废物鉴别标准 反应性鉴别》（GB/T 5085.5—2007）	合格（不具爆炸性、与水或酸接触不产生易燃气体或有害气体、没有过氧化物）

（3）处理后岩屑的资源化利用。

用上述方法将油基岩屑处理至油含量小于1%，再委托具有危险废物鉴定资质的机构进行鉴定，各项指标达标后，判定为一般工业固体废物，并在环保主管部门备案，此过程实现了废物的资源化。因此，可在后续的井场建设中，用以制砖、修筑井场、堡坎或人行道等。

参考文献

[1] 罗东宁. 气田钻井固废处理方案综合评价研究 [D]. 成都：西南交通大学，2015.

[2] 杨德敏，袁建梅，程方平，等. 油气开采钻井固体废物处理与利用研究现状 [J]. 化工环保，2019，39（2）：129-136.

[3] 冯真. 页岩气水基钻屑制备低密度陶粒支撑剂及其性能研究 [D]. 武汉：武汉理工大学，2018.

[4] 齐升东. 油基钻屑微波热解过程与工艺优化 [D]. 青岛：中国石油大学（华东），2018.

[5] 王彩林. 废弃钻井泥浆随钻无害化处理 [D]. 天津：天津工业大学，2017.

[6] 尹敬军，杨敏. 苏里格气田小井眼定向井快速钻井技术 [J]. 天然气与石油，2020，38（1）：77-81.

[7] 王金山. 调整井固井抗水侵水泥浆体系研究 [D]. 成都：西南石油大学，2018.

[8] 常亮，刘昂，韩海涛. 钻井工程对地下水环境影响与保护措施 [J]. 技术与创新管理，2020，41（5）：483-487.

[9] 刘静. 环境型钻井液研究 [D]. 大庆：东北石油大学，2015.

[10] 陈立荣，乔川，包莉军，等. 水基钻井固废生物资源化土壤利用技术效果分析 [J]. 环境影响评价，2020，42（4）：53-57.

[11] 全翠，李爱民，高宁博，等. 采用热解方法回收油泥中原油 [J]. 石油学报（石油加工），2010，26（5）：742-746.

[12] 陈爽，郭庆杰，王志奇，刘会娥. 含油污泥热解动力学研究 [J]. 中国石油大学学报（自然科学版），2007（4）：116-120.

[13] 庞小肖，张建，屈一新，等. 含聚油泥微波热解强化技术研究 [J]. 北京化工大学学报（自然科学版），2011，38（5）：105-110.

[14] 孙佰仲，马奔腾. 页岩油泥催化热解研究 [J]. 东北电力大学学报，2013，33（5）：6-9.

[15] 林德强，丘克强. 含油污泥真空热裂解的研究 [J]. 中南大学学报（自然科学版），2012，43（4）：1239-1243.

[16] 郑婷婷，涂妹，刘莎丽，等. 含油钻屑热解析及焚烧处理技术研究 [J]. 化工管理，2015（4）：146-147.

[17] 宋玲，陈集，高建林，等. 用废弃钻井液制备废水处理吸附剂 [J]. 钻井液与完井液，2009，26（4）：86-88，96.

[18] 刘雅雪. 页岩气含油钻屑降解菌的选育及降解技术研究 [D]. 成都：成都理工大学，2019.

[19] 何焕杰，单海霞，马雅雅，等．油基钻屑常温清洗—微生物联合处理技术 [J]. 天然气工业，2016，36（5）：122-127.

[20] 万书宇，余思源，何天鹏，等．微生物处理水基钻井固废技术应用 [J]. 油气田环境保护，2019，29（2）：33-36，61.

[21] 蒋云云，范代娣，贾汉忠，等．新疆油田废弃水基钻井泥浆固化处理技术研究 [J]. 石油化工应用，2015，34（6）：88-90，98.

[22] 尹亚君，谢海燕，王博远，等．塔河油田钻井废弃泥浆无害化处理技术研究 [J]. 环境科学与管理，2014，39（1）：90-93.

[23] Mait Kriipsalu, Marcia Marques, Diauddin R. Nammari, et al. Bio-treatment of oily sludge: The contribution of amendment material to the content of target contaminants, and the biodegradation dynamics[J]. Journal of Hazardous Materials, 2007, 148(3).

[24] 王斐，唐景春，林大明，等．牛粪强化高含油污泥堆肥生物处理及评价 [J]. 生态学杂志，2013，32（1）：164-170.

[25] M.J. Ayotamuno, R.N. Okparanma, E.K. Nweneka, et al. Bio-remediation of a sludge containing hydrocarbons[J]. Applied Energy, 2007, 84(9).

[26] 周立辉，任建科，张海玲，等．使用橇装式生物反应器处理含油污泥的现场试验 [J]. 干旱环境监测，2011，25（4）：242-244，249.

[27] 肖早早，吴家全，张力鸥．复合絮凝剂处理钻井废泥浆的研究 [J]. 精细石油化工，2019，36（4）：6-10.

[28] 王嘉麟，闫光绪，郭绍辉，等．废弃油基泥浆处理方法研究 [J]. 环境工程，2008（4）：2，10-13.

[29] 魏平方，王春宏，姜林林，等．废油基钻井液除油实验研究 [J]. 钻井液与完井液，2005（1）：12-13，18-80.

[30] 叶珺．页岩气开发废弃油基泥浆处理与回收技术研究 [D]. 北京：中国石油大学（北京），2016.

[31] 王朝强，熊德明，梅绪东，等．页岩气水基钻屑制备烧结砖技术及试验 [J]. 中国陶瓷，2016，52（12）：56-59.

[32] 刘来宝，谭克锋，刘涛，等．固化后的钻井泥浆制备新型墙体材料 [J]. 四川建筑科学研究，2008（2）：176-179.

[33] 李开环．涪陵地区页岩气开采固体废物污染特性及资源化环境风险研究 [D]. 重庆：重庆交通大学，2018.

[34] Babagana Mohammed, Christopher R. Cheeseman. Use of oil drill cuttings as an alternative raw material in sandcrete blocks[J]. Waste and Biomass Valorization, 2011, 2(4).

[35] M. Aboutabikh, A.M. Soliman, M.H. El Naggar. Properties of cementitious material incorporating treated oil sands drill cuttings waste[J]. Construction and Building Materials, 2016, 111.

[36] 梅绪东，金吉中，王朝强，等．涪陵页岩气田绿色开发的实践与探索 [J]. 西南石油大学学报（社会科学版），2017，19（6）：9-14.

[37] 梅绪东，王朝强，徐烽淋，等．涪陵页岩气田钻井岩屑资源化利用实践 [J]. 油气田环境保护，2020，30（2）：1-5，60.

[38] 李亮．粉煤灰陶粒制备试验研究 [J]. 硅酸盐通报，2017，36（5）：1577-1581，1589.

[39] 曲烈，王渊，杨久俊，等．城市污泥—玻璃粉轻质陶粒制备及性能研究 [J]. 硅酸盐通报，2016，35（3）：970-974，979.

[40] 黄旭光，李升宇，段乃亭，等．利用油页岩废渣生产陶粒的研究 [J]. 新型建筑材料，2011，38（11）：26-28.

[41] 陈筱悦．页岩气油基岩屑制备陶粒的工艺研究 [D]. 绵阳：西南科技大学，2020.

[42] 王眉山．废弃钻井液制备陶瓷滤料及其吸附染料污染物的研究 [D]. 武汉：武汉理工大学，2012.

[43] 陈海波．废润滑油再生工艺现状及发展方向展望 [J]. 石油商技，2020，38（2）：86-87.

[44] 朱冬昌，付永强，马杰，等．长宁、威远页岩气开发国家示范区油基岩屑处理实践分析 [J]. 石油与天然气化工，2016，45（2）：62-66.

[45] 陈立荣，何天鹏，贺吉安，等．钻井固废资源化处置利用技术综述 [C]. 2018 年全国天然气学术年会，2018.

[46] 钱炜，杨海蓉，刘宏立，等．油基岩屑无害化处理技术研究 [J]. 环境科学与管理，2018，43（2）：121-125.

[47] 王茂仁．新疆油田钻井水基固液废弃物不落地处理技术研究 [D]. 成都：西南石油大学，2017.

[48] 陈立荣，蒋学彬，张敏，等．油气勘探钻井固体废弃物减量化措施略论 [C]. 2017 年全国天然气学术年会，2017.

[49] 黄维巍．涪陵页岩气开发油基钻屑热解处理与结焦试验研究 [D]. 武汉：武汉理工大学，2017.

[50] 刘娉婷，黄志宇，邓皓，等．废弃油基钻井液无害化处理技术与工艺进展 [J]. 油气田环境保护，2012，22（6）：57-60，89.

3 液体废物处理与循环利用技术

在油气田生产过程中，会产生大量的液废，如钻井废水、酸化残液、压裂返排液、气田采出水、生活废水等，其成分复杂，COD 含量高、悬浮物浓度高、色度大，同时含有较多的石油类、重金属、有机质及其分解产物等，这些有毒有害物质在环境中积聚会对环境本身和存在于环境中的动植物造成相当大的危害，因此，液体废物循环利用技术对油气田绿色生产具有非常重大的意义。

3.1 气田液体废物类型

油气田的开发作业中会消耗大量的水资源，在洗井作业中会产生洗井废水，钻井过程中会产生钻井废水，此外还有工作人员的生活废水和部分作业废水。油气田开发过程具有较长的周期，对周边的生态环境有很大的危害，地下水、地表水以及土壤都极易受到污染。因此，我国针对油气田开采过程中产生的污水的排放设定了较高的标准和要求，其中地表水允许最高排放浓度不超过 0.3mg/L，随着环保要求的不断提高，其要求会越来越高。

3.1.1 钻井废水

钻井废液，一般将其存储于钻井液坑，经过一段时间的沉淀分离，钻井废液会在钻井液坑中分为两层：上层分离出的主要为废水层，而下层则主要是沉淀后的钻井液和钻屑，统称为钻井废液。因工艺的需要，在钻井过程中，会向钻井液中加入多种化学药剂，因而，钻井液主要由化学处理剂、黏土、钻屑、水、加重剂及油等多组分组成，最终形成多相胶体—悬浮体体系。钻井废液中的许多成分都会引起环境的污染，例如：酸/碱性物质、重金属类元素、石油类物质、灭菌剂、盐类物质、化学添加剂等。此外，也包含高分子有机化合物在降解过程中产生的低分子有机化合物等。

3.1.2 酸化残液

酸化废液，一般是指气田酸化作业完成后，对剩余酸液和酸化后的返排液的统称。酸化废液一般都具有高色度、高 COD、刺鼻的臭味等特点。静置后的酸化废液会伴有少量的泥沙，搅动时则产生大量的泡沫。此外，酸化废液对环境的污染非常直观，其中最为明显的是其高酸性的特点。由于具有高酸性，酸化废液能直接改变土壤的 pH 值，大大加快了土壤酸化进程，会引发土壤化学特性和理化特征的改变。

3.1.3 压裂返排液

水力压裂作业结束后返排回地表的液体称为压裂返排液，美国页岩气井返排期持续时间从几天到几周，不同页岩气井返排率在 20% ~ 80%。页岩气压裂返排液具有 COD 含量高、SS 含量高、TDS（总溶解性固体）含量高、水质波动大等特点。返排液 COD 主要成分为页岩层中有机质及压裂液中的化学添加剂；SS 主要成分为地层中的黏土和钻井过程中产生的机械杂质；TDS 主要组成为钠、氯、钾、钙、镁等离子，造成 TDS 含量高的主要原因是压裂液对页岩层的侵蚀或者压裂液与地层水混合；返排液水质波动大的原因是随着开发时间变长，压裂液在页岩层中停留时间变久，返排液 COD 含量降低，TDS 含量增加。还有一些返排液水样中发现重金属和放射性元素。综上页岩气压裂返排液组成成分复杂，处理难度高，被认为是最难处理的工业污水之一。

目前页岩气开发工艺最成熟，应用最广泛的技术是水平井水力压裂技术。水力压裂技术的核心是水力压裂液，将一定量支撑剂和少量添加剂加入清水中构成的水力压裂液，其作用是注入地层后使地层撑裂产生裂缝并支撑裂缝。

3.1.4 气田采出水

气田采出水指在天然气采集过程中，被带出地面的地下水。气田采出水的妥善处理是天然气采集工作中的难题。尤其是环境污染问题，一方面，由于天然气采集时，长期存储在地下的细菌和病毒都会一起被采集出来，带到地面，而这些细菌和病毒的基本结构和毒害性一时难以明确，若处理不当，则会污染环境，甚至危及人民的生命安全。另一方面，由于气田采出水矿物质含量较高，其中包括锌、钡，以及硫化物、氯化物等有害成分，在工业生产中，工业废水需要经过严格的处理才能排放，显然，含有有毒物质的气田采出水也应该经过同样严格的处理流程，不能直接排出地表，否则会造成环境污染，甚至危及人民的健康和生命。

3.2 钻井废液无害化处理及循环利用技术

3.2.1 钻井废液处理方法

随着天然气勘探步伐的加快，产生钻修污水量逐年加大。废水量与处理能力矛盾越来越突出。国内外关于废弃钻井液无害化处理和二次利用的研究较多，主要处理废弃钻井液的方法有：坑内填埋、坑内密封法、土地耕作法、注入安全地层法、固化处理法等。

3.2.1.1 坑内填埋

坑内填埋，这是国内 2015 年以前最普遍的处理方法，钻井完成后所有的废弃钻井液直接排放至现场的废液池中，经过自然沉降和天然蒸发，上层液相直接排放或等待自然蒸发干，四川、华北等人口密集地区多收集上层液相转移至专业油田污水处理厂，剩余部分经干燥后（并不一定要完全干燥，只要到一定程度就行），在储存坑内就地填埋。国外废弃钻井液在储存坑内通过沉降分离，上部清液达到环保标准后直接排放。但必须保持顶部的土层有 1.0 ~ 1.5m 厚，然后恢复地貌。该方法适用于含盐量少的水基钻井液。特点是处理费用低，对钻井液池周围的地下水污染的可能性小，其浸出液的浓度可以控制在可接受的范围以内。但不能用于毒性较大的废弃钻井液的处理，盐基和油基钻井液废弃物严禁采用这种方法，实际上当钻井液中 Cl⁻ 含量大于 5000mg/L 时即不宜采用此法处理。

3.2.1.2　坑内密封法

坑内密封法事实上是一种特殊的填埋方法。它是在坑的底部和四周铺一层有机土，然后在其上面铺一层塑料垫层，再盖一层有机土；也可以在底部和四周加固化层，以防渗漏。再将基本干燥的废弃钻井液填充在池内，上表面用土将其覆盖密封，然后恢复地貌。必要时可对外排废弃物进行适当的处理，如固化、固液分离后再进行封闭。这种方法适用于毒性较大的钻井液，如盐基和油基钻井液废弃物。国内中原油田采用此法进行废弃物的处理，但必须要保证密封严实，不能漏失，因此处理费用高。

3.2.1.3　土地耕作法

土地耕作法（或称土地资源化利用）就是将废弃钻井液移至井场周围进行地面耕作。在处理前对要处理的土壤耕地做全面的特征研究，将废弃钻井液按一定比例与土壤混合，废弃钻井液中的盐类能得到充分的稀释，有机物能得到微生物最有效的降解。加拿大有关部门研究得出，废盐水钻井液中如果 Cl⁻ 为 1g/L 每 1000m³ 土壤可排放 41m³ 废弃钻井液，对作物生长无影响。美国已证明，钻井液与土壤 1：4 比例混合，作物正常生长。对废弃油基钻井液而言，只要在土壤含油量 <5% 时进行耕作处理，对环境就是安全的，其处理的成本较低。

3.2.1.4　注入安全地层或环形空间法

注入安全地层或环形空间法是将废弃钻井液通过井眼注入地层中或保留在井眼环空中，国外在墨西哥湾等使用较为成熟，国内中国海油在南海油基钻井液时有试验，康菲污染事件发生后，该方法在国内已经被禁止使用。为了防止地下水和油层被污染，关键是选择合适的安全地层。注入层通常是压力梯度较低，地层渗透性较差，而上下盖层必须致密、强度高。该方法不仅对地层有严格的要求，而且对设备的要求比较高，处理费用也较高，且受注入地层的限制，不能被普遍采用，并且有可能污染地下水和油层，一般选择适合注入的废弃井来处理。国外有专门的注入井来处理废弃钻井液，2003 年上半年，ADCO 公司钻成两口深 1500m 的专门注入处理井，并装备了储罐和注入泵。现场处理数据显示，注入率可达每分钟 4.8 ~ 6.4m³，注入压力达 2.7 ~ 5.5MPa。此法主要用来处理水基废弃钻井液和其他不能回收处理的钻井液，其盐度和组成应当与所注入地层水的相一致。

3.2.1.5　固化法

固化法是向防渗废弃钻井液土池中投入适量配比的硅酸盐、氧化物、氯化物、磷酸盐和吸附剂，按照一定的技术要求进行均匀搅拌，通过一定时间的物理和化学变化，使其中的有害成分发生转化、封闭、固定作用，转变成为一种无污染的固体，就地填埋或作为建筑材料等。这种方法是目前国内被大多地方环保部门环评认可的办法，在国内与坑内填埋属于同一方法。国外根据所用材料的种类，可分为水泥基固化、石灰基固化、水玻璃基固化和复合固化法。配方中的氯化物、硅酸盐、氧化物是破乳剂和固化剂，能将钻井液中的水分游离出来，使废弃物较快固液分离，并形成网状结构固定下来；磷酸盐可以中和钻井液中的碱性物质，同时磷酸根同钙离子结合形成过磷酸钙，改良土壤，增加肥效；利用发电厂的废弃物粉煤灰作吸附剂，可以吸收大量的有机物及重金属离子，防止其扩散转移。对于治理难度最大的 COD，pH 值和总铬污染最为有效。根据固化液毒性测定，达到国家工业废水排放标准，对于含水量最高的废弃钻井液，可以结合固液分离技术，以取得最佳的处理效果。适用的钻井液体系主要为膨润土型、部分水解聚丙烯酰胺、木质素磺酸铬、油基钻井液等。现在对废弃钻井液的固化已有许多成熟的技术，可用于不同废弃钻井液的固化。固化法是当前国内外采用较多的方法之一，特别适宜那些不宜土地耕作处理的废弃钻井液。

固化法的关键是固化剂的筛选和研制，目前在该方面的研究较多，也取得了一些成效。新疆石油学院崔之健等研制开发了废弃钻井液 XG- 固化剂，它可以在 24h 内使废弃物固化，效果良好。中国石化勘探开发研究院石油钻井研究所研制的另外一种固化剂 HB-1 具有更好的固化效果，废弃钻井液在固化处理 48h 后完全可以满足人员及小型车辆行走需要。

废弃油基钻井液中含有了大量的污油、岩屑、多种化学处理剂、污水等有害成分，而含有的重金属、强碱物质等成分是造成环境污染的主要原因，其检测指标 pH 值、化学需氧量 COD 等数值均严重超标，而胶体性质稳定，属于多相胶体—悬浮体体系类型，使得其处理更加困难。目前，废弃油基钻井液的净化回收体系为：破乳—水、油、固相分离—回收油—废水、废渣无害化处理。破乳方法包括：化学强化破乳法、电解质、外加电场、沉降分离等多种技术，其中化学强化破乳法的普适性最广，产出的废水处理方法应用较多的是化学氧化法，废渣多采用固化技术处理，处理流程如图 3-1 所示。

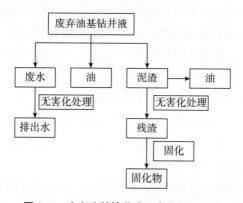

图 3-1　废弃油基钻井液无害化处理流程

甄广峰等对其研究的废弃油基钻井液成分分析后，首先使用化学破乳法（破乳剂 PAC 800mg /L，SP 40mg /L，PAM 8mg /L）破乳，而后使用机械分离方式进行固液分离，破乳后油回收率可达 90.03%，固液分离所得泥渣和固液分离产出液采用超临界水氧化法处理，氧化剂过氧比为 4，COD 去除 97%，反应后泥渣中含油量仅为 355mg/kg，废水中 COD 仅剩 68mg/L，符合国家标准。钱志伟等对采用化学破乳法（稀释剂 40% 水 /60% 乙二醇，二甲苯 / 异丙醇破乳剂）破乳，油水固相使用机械分离的方式，设备采用 1200N/600r/min 离心机，油的分离率达到 80.5%，残余的污泥采用破乳—润湿技术（化学破乳和润湿反转）对含油污泥进行处理，通过加入破乳剂与渗透剂（1∶21）复配会产生协同效应，离心分离后油回收率达 45%，油的最终分离率为 89.28%，残余固化物中加入 40% 复配的处理剂 SW-A，石灰 10g/100g，水泥 30g/100g 进行固化，处理后的产物符合国家一级排放要求。陈永红等通过加入 8% 破乳剂 SA，600mg/L 混凝剂 PAC，8mg/L 絮凝剂 PAM 等化学试剂对钻井液进行破稳，而后采用机械离心的方式实现固液分离，破乳后回收油为 94.36%，废水通过使用芬顿氧化法将 COD 含量降低 97.36%，分离后产生的泥渣使用固化的方式处理，固化剂 G3 的最佳加量为 15%，固化物浸出液以及固化物强度均符合国家标准。该方案在现场中应用后效果显著，按每年处理 3000m³ 废弃油基钻井液计，年直接处理费用估计在 440.5 万~463.25 万元之间，回收油年直接收入在 500 万~795 万元之间。

此工艺可以有效处理废弃油基钻井液的污染，通过有效资源的再次利用节约了成本，但是形式单一，需针对不同钻井液配制其对应的添加试剂，较为烦琐。因此，需加强与其他技术的有效结合，形成更加完善的体系。

还有一些其他方法，如填埋冷冻法、破乳法、热处理法、盐穴法、固液分离法等，由于各自的局限性而不能广泛应用，还处于初步研究探索阶段。

3.2.2　重庆气矿钻井废液处理实践

为保障废水处理的及时性与安全性，重庆气矿加大了废水管理力度。一是钻井现场对环保设备进行了实验改造。通过对循环系统、加料台等易污染区进行雨棚改造，换成一体式钢板雨棚加盖，同时对井场清污分流、重污染区、污水池、点火坑等重点区域进一步规范了现场施工要求，保障清污分流效果。二是对废水池、沉砂池加盖，减少雨水进入量，在川渝地区雷雨天气较多的情况下有效地控制污水量。三是对废水池，堆砂池出现渗漏及时整改。池类渗漏得到大的改观，钻修前整体工程质量得到提高，80% 池类没有发生渗漏现象，重污染区进步明显；同时及时督促施工单位及时处理、拉运钻井、试修生产生活污水及酸化废水，保障全年无污水外溢漏等环境污染事件。

废水、废弃钻井液的处理要求有以下几个方面。

（1）生活废水经隔油池隔油处理后，进入旱厕收集后的出水用作农肥等；处理后需要外排的，其水质应达到《污水综合排放标准》（GB 8978—1996）一级标准，应取得排放许可证，在当地环保部门制定的排放口排放。

（2）钻井施工过程中加强工艺技术的科学管理手段，减少钻井生产废水的产生量，其控制指标为 0.2m³/m。钻井废水经处理后回用，回用后的剩余废水储存在废水收集罐中，一部分用于完井后的固体废弃物无害化处理，剩余的钻井废水和试油作业废水经预处理后由有资质的废水处理厂进行处理，施工单位对运输单位应严格监控管理，运输车辆必须安装有 GPS 定位系统，确保运输途中的环保工作受控。

①废水预处理。

现场预处理方法主要是絮凝沉淀、吸附，预处理过程是在废水收集罐中完成的（洗井废水和酸化作业废水要先经过中和反应调节 pH 值）。通过在罐内加入药剂絮凝沉淀，并实现泥水分离从而达到降低废水污染物浓度的目的，以满足回用和废水处理厂的进水水质要求。经过预处理后的废水上层清液首先考虑回用，多余部分用罐车转运至废水处理厂进行最终处理；下层渣液则与岩屑、废钻井液等钻井废弃物一并进行无害化处理，回填至填埋池中后进行封盖和覆土处理。

②废水收集措施。

废水拉运车辆必须安装GPS，转运过程做好转运台账，严格执行废水转运审批、签认和交接清单制度；对拉运过程进行严格监督管理，废水运输车辆、装卸工具必须符合安全环保要求，装卸和运输废水过程中不得溢出和渗漏，严禁半途倾倒、排放或向第三方转移废水。

（3）废弃钻井液随钻井产生的固体废弃物一起进行无害化治理，固化后形成的固化体指标（包括浸出液的色度、pH值、石油类，固化体样品的抗压强度、含水率）应满足《钻井废弃物无害化处理技术规范》（Q/SY XN 0276—2015）中的相关环保技术指标，并由有资质的检测机构检测合格。

3.2.3 页岩气钻井废水减量化及回用技术

页岩气单井产量低，产气期长，需要大量钻井才能形成产量规模，为节约土地，多采用井组开采，形成"工厂化"作业，整个井组钻井时间长，废水产生量大，环保压力大。目前的页岩气井组多位于丘陵和山岭地区，年降雨量大，污水池和井场污染区汇水面积大，雨水进入污水池增加污水量；此外雨季山洪也有进入污水池的可能，增大了环境污染的风险。钻井废水运输至回注点回注或至污水处理厂处理，成本高；同时运输距离远，运输风险也高。

长宁地区此前钻井作业产生的废水通过井场内污水沟进入废水池内，采用混凝法对钻井废水处理回用，由于各阶段的钻井作业废水混合在一起，组分复杂，污染物含量较高，井队配套装置很难实现废水有效处理，无法达到现场回用的要求，经简单处理后运输至污水处理厂处理。通常每米钻井进尺废水产生量为0.4～0.5m³，运输成本及处理成本都较高。该地区降雨丰富，雨水渗入废水池也增大了钻井废水处理和运输的负担。

根据井场情况进行较为彻底的清污分流，设计并实施防雨设施，减少雨水进入污水池，形成规范的清污分流设计，促进页岩气钻井作业标准化建设。研发钻井废水回用处理技术，针对不同来源的钻井废水进行相应处理，提高钻井废水回用率，减少废水最终产生量。

3.2.3.1 试验井选取及现状

（1）废水产量现状。

为配合试验，选取采用了"工厂化"开采方式、具有代表性的M2井组共8口单井（M2-1、M2-2、M2-3、M2-4、M2-5、M2-6、M2-7、M2-8）和M3井组共6口单井（M3-1、M3-2、M3-3、M3-4、M3-5、M3-6）为研究对象，探讨其在开发过程中形成的废水分类管理方法和钻井废水回用处理技术。

为控制废水产生量，在M2、M3井组作业前，针对钻井工程中不同的工序及钻井工艺，根据经验和统计，对钻井废水产生量进行预估，将其作为后续钻井过程中控制参数指标。

钻井冲洗废水约150m³（清洗钻井液循环罐60m³，常规清洗设备60m³，检查清洗设备30m³）；固井产生废水约300m³；空气钻井洗尘水约100m³；其他服务单位废弃、散落产生废水约 100m³。

钻井过程各钻井工艺废水产生量（单井）。单井钻井过程各钻井工艺废水产生量主要参照钻井设计进行预估，M2 井组单井钻井液用量为聚合物无固相钻井液 381m³，KCl 聚合物钻井液 269m³，油基钻井液 628m³。预计常规钻井液回用 50% 后，则聚合物无固相钻井液产生废水 57m³（按 30% 计），KCl 聚合物钻井液产生废水 271m³（按 20% 计）；按油基钻井液回用 90% 计，油基钻井液产生废水 13m³（按 20% 计）。则 M2 井组单井将产生废水 97m³。M3 井组单井钻井液用量为聚合物无固相钻井液 373m³，KCl 聚合物钻井液 351m³，油基钻井液 585m³。预计常规钻井液回用 50% 后，聚合物无固相钻井液产生废水 56m³（按 30% 计），KCl 聚合物钻井液产生废水 35m³（按 20% 计）；按油基钻井液回用 90% 计，油基钻井液产生废水 12m³（按 20% 计）。预计产生废水 103m³。根据上述测算，M2、M3 井组单井预计将产生约 750m³ 废水。

（2）井场清污分流系统现场状况。

目前钻井现场的清污分流主要为排污沟、废水池、排洪沟等，同时通过井场清污分流系统建设及在循环罐、钻井液加料台、柴油机房和泵房等重污染区安装截雨棚的方式，将天然雨水收集导入清水沟，实现清污分流，减少废水产生量和处理量。但目前井场清污分流系统在设计或施工方面普遍存在问题，如排洪沟渠坡度、大小、防渗处理不合格，场内清污分流不完全，地面防渗处理面积不够，雨水进入井场变成污水等，不能满足钻井作业环境保护需要。针对此情况，在 M2、M3 井组对现有的清污分流措施进行调查。M2、M3 井组所在地区年降雨量为 1143.9mm，M2 井组井场面积为 115.5m×70m，其中易污染面积为 1567m²，废水池面积为 2158m²；M3 井组井场面积为 110.5m×70m，其中易污染面积为 2078m²，废水池面积为 2144m²。按废水池全面积和井场易污染区 20% 雨水汇入废水池，M2、M3 井组雨水进入废水池的量年增加预期分别为 2827m³ 和 2868m³。

3.2.3.2 钻井废水减量化措施

（1）划分污染区域。

为控制水量，将 M2、M3 井组的井场按照清洁区及污染区划分为四大块管理相关污染区，现场及时进行清洁，防止污水"跑、冒、滴、漏"形成二次污染，同时针对各区清污分流系统进行修建或完善，减少雨水进入。

①钻机及动力设备区域，产生污水主要区域，周边设围堰，保证污水全部流入污水池中。

②振动筛、循环罐区域，产生污水区域，周边设围堰，产生的污水流入污水池中。

③井场岩屑及废水池区，为全场固体废物及生产废水集中储存区，为防止雨水混入成为废水，对污水池进行功能划分，对主要废水容纳池搭建雨棚。

④井场钻机、设备、循环系统以外产生清洁雨水的区域，雨水直接外排。特别是 M2、M3 井组井场所处位置靠山边坡地，为防止雨季形成的山洪混入井场，对井场靠山坡处及井场周边的排洪沟进行了改造。

对各区产生的废水及时采用空气隔膜泵进行收集，钻井队用于清洁设备。

（2）划分废物池功能，强化废水过程控制。

现场人员及时收集废水产生量数据，根据废水主要来源，建立了废水分类台账。针对钻井废物的不同性质，在开钻前，对井场废物池进行了功能划分，做到固体废物与废水分类存储，井组的废物集中存放，减少雨水进入池内成为废水的数量。

M2 井组有 6 个存储池，池深 2.8m，容积共 5920m³。设置 1#、2# 池为岩屑和废水池，3#、4#、5# 池为清水池，6# 池为酸池。M3 井组有 7 个储存池，池深 2.6m，容积共 5700m³。设置 1#、2#、3#、4# 为废水池，5# 池为酸池，6#、7# 池为岩屑池。

（3）配套搭建废水池雨棚，降低雨水汇入量。

考虑到 M2、M3 井组为丛式井组，钻井周期较长，周期内将有 1 ~ 2 次雨季，为减少雨水混入量，现场搭建废水池雨棚。前期通过废物池存储功能划分，将各井废水集中在某一个或几个废水池中，现场只搭建废水池雨棚，每年减少废水产生量约 2400m³。在井场废水池铺设管线，随时连接，输送废水至振动筛附近进行回用。

3.2.3.3 钻井废水回用技术

气田生产过程中，会产生大量的钻井废水，如果处理不及时或处理效果不好会导致废液排放至环境，对土壤、植物造成严重的伤害，现有的处理技术很难实现钻井废液的完全处理。因此，液废循环利用技术对气田绿色生产具有非常重大的意义。

（1）影响水基钻井液重复利用的因素。

钻井废液是一种含黏土、加重材料、添加剂、污水、污油及钻屑的多相稳定胶悬浮体，成分复杂。要实现水基钻井液的重复利用，必须严格控制其各项性能指标，如流变性、固相含量、防腐及滤失量等。

①高分子量聚合物类材料经过搅拌、循环、充分水化后，和钻井液中的固相颗粒吸附结合，形成胶体。由于长时间在较高温度下循环和剪切，长链高分子有可能断裂，加之使用、储存时间过长，可能导致部分降解，有效作用效能大大降低。采用化学滴定法可以分析废弃钻井液的化学组成。

②无机盐、有机盐随水和固相存在，尽管部分离子吸附于固相，但有效离子浓度足以满足再次利用的条件，特别是成本较高的盐类，其盐类离子是不均衡存在的，例如在废氯化钾聚合物钻井液中，氯离子较钾离子多，原因是钾离子较氯离子更易吸附于黏土上，部分消耗，导致氯离子较多。

③废弃钻井液的固相含量一般比新配制钻井液多，主要是加重材料、劣质固相，特别是经过长时间循环，亚微米颗粒多。同时，大部分聚合物和盐类都吸附于固相颗粒，如何处理好钻井液中多余的固相是回收重复利用的主要难题。废弃钻井液黏度大、密度高。长时间储存的废弃钻井液有可能滋生细菌，导致钻井液变质、发臭。

（2）钻井废液重复利用技术。

①废水回用要求。

根据实验室对钻井废水回用的研究及现场应用，形成了钻井废水回用的简单判定指标。钻井液回配要求：废水 Cl⁻ <3000mg/L（钻井未遭遇高盐地层，一般的常规钻井废水浓度都能满足）、膨润土含量 MBT（Methylene Blue Test，亚甲基蓝测试法）值 <15g/L，废水可用于配制钻井液胶液。压裂液配液要求：钻井废水无大颗粒悬浮物、水质透明、现场配制达到黏度匹配要求。井队清洁用水要求：控制 SS、色度。固井液配液要求：配制的固井液初

凝时间、终凝时间。录井用水要求：控制 SS、色度。钻井过程中产生大量废水，目前回用量少，大部分废水运至污水处理厂处理，运输风险大、处理费用高，提高废水回用率是现场生产迫切需求。针对各主要钻井工艺产生的废水，采用常用处理工艺及改进处理工艺进行废水处理，并根据现场实际情况回用于清洗设备、配制钻井液，并进行回用配制压裂液试验。

②钻表层阶段。

M2、M3 井组表层主要采用了清水及聚合物无固相钻井液钻井，经长期现场实际经验，该阶段的废水现场直接收集后，经废水池隔油、沉降除砂后储存于现场废水池，可直接用于现场清洁设备或配制钻井液。由于清洁用水水质要求较低，可由表观直接判断；配制钻井液等需要进一步试验，研究选用 M2-4 井废水进行回配试验，针对该阶段废水特点，实验室主要检测了其氯离子、MBT 和色度，结果见表 3-1。

表 3-1 M2-4 井无固相钻井液体系回配废水性质检测结果

项目	数值	项目	数值
pH值	7.11	MBT（g/L）	15
氯离子（mg/L）	300	色度	256

a. 用于配制钻井液胶液。

由于钻井液膨润土浆要求很高，因此进行了配制钻井液胶液试验。将采集的钻井废水样分别加入药剂 2% HV-CMC、1% KPAM、1% FA367，通过测试其漏斗黏度，将其与清水配制的胶液进行比较，结果见表 3-2。

表 3-2 废水配制钻井液胶液漏斗黏度（钻井表层阶段）

水样	胶液漏斗黏度（s）		
	2%HV-CMC	1%KPAM	1%FA367
清水	36	33	32
M2-4井废水	38	34	35

由表 3-2 可知，钻井废水配制的胶液与清水配制的胶液所测得的漏斗黏度十分相近，同时配制产生的气泡不多，由此可知，钻井废水对大分子聚合物的水化分散影响不大，能够直接用于配制胶液。

b. 用于配制压裂液。

由于配制压裂液的要求是废水必须清澈透明，因此将采集的钻井废水样加入 $FeSO_4$、$Ca(OH)_2$ 等试剂预处理后，采集上清液进行回配试验。运用黏度测定仪测定其初始黏度后与药剂 SD2-12 按比例混合搅拌后，再测定其黏度，同时放置 7d 后测定其黏度，结果见表 3-3。废水加入 SD2-12 黏度均有上升，放置 7d 后黏度无变化，与清水相比变化不大，可以用于配制压裂液。

表 3-3 废水配制压裂液黏度检测（钻表层阶段）

水样	初始黏度（mPa·s）	与SD2-12混合后黏度（mPa·s）	放置7d
清水	—	2（Φ_{100}）	无变化
清水		2.5（Φ_{300}）	
清水	—	4.5（Φ_{100}）	
M2-4井废水	1（Φ_{100}）	1.5（Φ_{100}）	
M2-4井废水	1.5（Φ_{300}）	2（Φ_{300}）	
M2-4井废水	2.5（Φ_{600}）	3.5（Φ_{600}）	

③钻井中后期阶段。

M2、M3井组中后期阶段主要采用了KCl聚合物、聚磺钻井液及油基钻井液进行钻井，采集该阶段的废水进行检测，结果见表3-4。

表 3-4 页岩气废水指标检测

井号	钻井液体系	pH值	COD（mg/L）	SS（mg/L）	石油类（mg/L）	挥发酚（mg/L）	硫化物（mg/L）	六价铬（mg/L）	Cl^-（mg/L）	氨氮（mg/L）	色度（mg/L）
M2-4	油基	8.11	1.63	103	6.52	0.003	0.108	0.092	350	ND	1024
M3-3	油基	7.28	1.71	20	5.37	0.003	0.743	0.183	427	1.260	1024
M2-3	聚磺	8.59	1.74	1143	4.28	ND	0.214	0.024	136	0.689	1024
M3-1	钾聚合物	8.75	1.62	728	5.17	0.003	0.189	0.115	155	0.415	1024
M2-3	油基	8.72	1.83	1032	6.89	0.004	0.515	0.128	154	0.098	1024
M3-1	油基	8.05	1.72	510	7.23	0.003	0.394	0.027	116	0.157	1024
标准		6~9	100	70	5	0.5	1.0	0.5	—	15	50

从表3-4可以看出，该阶段钻井废水COD、SS、石油类、色度超过《污水综合排放标准》（GB 8978—1996）一级标准，使用油基钻井液时废水的性质也与常规钻井废水性质相似。

a. 用于配制钻井液胶液。

采集2口井废水进行了试验，实验室主要检测了MBT值，聚磺钻井液体系M2-3井为24g/L，钾聚合物M3-1井为35g/L。由于其MBT值较高，无法配制钻井液胶液，因此对废水进行预处理，根据废水水质采用 $FeSO_4$+Ca（OH）$_2$、高效混凝剂等多种方式处理，降低MBT后，采集上清液进行回配。废水配钻井液胶液漏斗黏度见表3-5。

表 3-5 废水配制钻井液胶液漏斗黏度（钻井中后期）

水样	胶液漏斗黏度（s）		
	2%HV-CMC	1%KPAM	1%FA367
清水	35	33	32
M2-3井废水	36.5	32.5	34
M3-1井废水	37.5	34	36

根据表 3-5 中的数据，钻井废水配制的胶液与清水配制的胶液所测得的漏斗黏度十分相近，同时无明显气泡，能够直接用于配制胶液。

长宁—威远示范区开展的 13 个平台现场试验，完成水基钻井液回收再利用 7671m³，回用率为 81.17%，降低单井成本约 30%（表 3-6）。页岩气开发现场同时也开展生物处理技术研发，将废弃钻井液中的复杂有机物一部分转化成腐殖质组分，一部分降解为简单的无机物甚至 CO_2 和 H_2O，从而使钻井废液中的污染物得到降解去除，达到无害化处置目的。

表 3-6　长宁—威远示范区水基钻井液回收统计

区块	平台	水基富余量（m³）	水基回用量（m³）	水基回用率（%）
W1区块	W1H1	330	316.5	95.91
	W1H2	690	515.0	74.64
	W1H3	1350	1150.0	85.19
	W1H4	1230	1030.0	83.74
	W1H5	130	80.0	61.54
	W1H6	220	170.0	68.00
	W1H7	240	200.0	83.33
W2井区	W2H1	980	800.0	81.63
N区块	NH1	1330	1108.0	83.31
	NH2	580	400.0	68.97
	NH3	1120	950.0	84.82
	NH4	970	801.5	82.62
	NH5	250	150.0	60.00
共计		9450	7671.0	81.17

b. 用于配制压裂液。

采集的钻井废水含有较多机械杂质，上清液通过滤纸过滤，过滤后再氧化，取上清液测定其黏度，结果见表 3-7。

表 3-7　废水配制压裂液黏度检测（钻井中后期）

水样	初始黏度（mPa·s）	与SD2-12混合后黏度（mPa·s）
清水	—	2.0（Φ_{100}）
清水	—	2.5（Φ_{300}）
清水	—	4.5（Φ_{100}）
M2-3井废水	达不到黏度测定要求	达不到黏度测定要求
M3-1井废水	达不到黏度测定要求	达不到黏度测定要求

从表 3-7 可以看出，废水配制压裂液黏度达不到相应要求，难以回用。

④现场废水综合回用。

通过实验室回用试验，结合生产需求，对各阶段废水进行了综合利用。钻表层阶段，主要采用清水及无固相钻井液，废水污染物含量低，成分单一，经现场废水池简单地自然沉降沉砂后用于井队清洁、回用调配钻井液胶液。钻井中后期以后，主要采用了聚磺或油基体系钻井液钻井，钻井废水中污染物浓度开始升高、成分逐渐变复杂，同时污染物在水中较稳定，无法自然沉降。现场经简单化学处理后用于冲洗（冲洗污水沟中的污泥，清洗钻井液罐体，清洗振动筛等），经现场废水处理装置处理后用于配制钻井液胶液。

3.3 压裂返排液不落地处理及循环利用技术

油气井水力压裂所用水量的 30% ~ 70% 会返回表面成为返排液。除了油气钻探公司添加的压裂液之外，返排液还携带了来自地球深处的其他污染物，其中最值得注意的是盐。返排液中含有钠盐和钙盐、钡、石油、锶、铁、许多重金属，以及其他成分，在 Marcellus 页岩的部分压裂回流液中还发现了自然放射物。同时，由于压裂废液具有黏度大、稳定性好、COD 高等特点，环保达标处理难度较大。

压裂后返排液的主流处理方式主要有两种：一是经过预处理后回注；一是处理后直接外排，这两种处理方法各有优劣，纵观国内外对压裂作业污水的处理，仍局限在一级处理阶段，这些技术都或多或少地存在一些缺陷，如处理设施复杂、工艺烦琐、处理费用昂贵无成熟工艺，或者由于技术可实现性要求很高，在现场难以实施等问题而不能应用，除从技术角度考虑外还存在以下较难克服的问题：

（1）压裂返排废液预处理后作为注水水源回注，混掺比例的波动会影响回注水处理系统的稳定性。

（2）药剂用量大、处理成本高、设备投资大、工艺复杂以及操作不便，目前压裂返排液处理成本为每立方米数十元到数百元不等，远高于生活污水处理成本。

（3）废水处理周期长、处理量较小，难以适应现场作业，还容易造成二次污染；压裂返排液成分复杂，体系多变，对于高污染的压裂液尚未形成一套完整的处理工艺，目前以达标排放为目的处理方法只注重对 COD 的去除效果而对水中高浓度的 Cl⁻ 几乎没有去除效果，这种水排放后会对受纳水体造成严重污染不能有效达到国家相关排放标准，实现压裂返排液的达标排放以及降低其处理成本、提高处理效率和环保节能仍然是当前面临的难题。

3.3.1 国内外压裂返排液处理及回用技术

国外压裂返排液通过处理后回注、复配压裂液和处理后达标排放三种方法来处理。Barnett 页岩开采区，压裂返排液最普遍的处理方法是将其运往远处的油气井，然后注入地下。Marcellus 页岩开采区，压裂返排液最普遍的处理方式是由一家城市污水处理厂来处理回流水。压裂废液回收利用则需要进行必要的处理，一般采用固液分离、碱化、化学絮凝、氧化、过滤等几个组合步骤，处理后的水用于钻井液、水基压裂液、固井水泥浆等配制用水。压裂废液回收利用降低了处理压裂废液的费用支出，降低了作业成本，同时，减少了气田井场废水总量，减少了污染物的排放。

压裂废水复配压裂液需考虑两个主要因素，一是压裂基液黏度的影响因素；二是压裂废水中各离子对压裂液性能的影响。

苏里格气田压裂液体系主要以水基压裂液为主，而影响水基压裂液体系黏度的影响因素众多。国内外众多研究结果表明，废水中的阳离子均能不同程度地降低压裂基液黏度，具体表现为高价阳离子对压裂基液黏度的影响大于低价阳离子，实验结果表明，压裂废水中阳离子对压裂基液黏度影响大小关系为：$Fe^{3+} > Mg^{2+} > Ca^{2+} > Fe^{2+} > Na^+ > K^+$，因此在压裂废水再生利用过程中须严格控制高价阳离子的浓度。以长庆油田某水平井压裂废水为研究对象，分析了固相颗粒、无机离子与残余添加剂对压裂废水复配压裂液的影响因素，结果表明，Ca^{2+}、Mg^{2+} 含量较低时对压裂基液黏度影响较小，总铁和固相颗粒含量较高时可以通过"氧化—絮凝沉淀—过滤"达到理想的去除效果，通过三乙醇胺与葡萄糖的联合使用来消除残余稠化剂对复配压裂液的影响，因此，经过除铁、除固相颗粒、掩蔽残余稠化剂后压裂废水可以复配压裂液。何明舫等针对苏里格气田压裂废水的特点，并结合其特殊的作业环境，以压裂废水处理后回注地层为目标，形成了以"混凝沉淀、过滤杀菌、污泥脱水"为主体的压裂废水回收利用技术。针对黏度、酸碱度不满足要求的废水，采用与此配套的预处理工艺：预氧化降黏＋调节废水 pH 值。2014 年对苏里格气田 62 口井进行了压裂废水资源化再利用的试验，结果表明，共计再利用压裂废水为 $17160m^3$，处理末端液体为 $15820m^3$，处理后出水均能达到气田回注水质要求。

近年来，随着页岩气大规模压裂开采，国内外在页岩气压裂废液的处理技术上也探索了一些新方法。页岩气压裂返排液处理存在很大的挑战，主要包括：

（1）油田废水来源存留时间短，不足以适应固定的设备；

（2）将废水从来源运至固定设备的运输费用高昂，抬高了循环成本；

（3）为了预防腐蚀，含氯量高的返排液要求专业化的处理设备；

（4）如碳酸盐、硫酸盐和硅（CO_3^{2-}，SO_4^{2-}，SiO_2）等种类都可引起严重的结垢；

（5）常见的油田化学添加剂会污染过滤器、换热器、膜等设备；

（6）油和高浓度的悬浮固体会污染、堵塞设备；

（7）难处理的废水处理价格高昂。

3.3.1.1 哈里伯顿 CleanWave 水处理技术

（1）技术原理。

哈里伯顿公司 CleanWave 水处理系统是其 Baroid 工业钻井产品线的系列服务之一。CleanWave 技术建立了新的环保标准，利用移动式的电絮凝组件，通过电流处理采出水和返排水，破坏水中胶状物质的稳定分散状态，使之凝结，使用最少的电力，就可以每天处理 $2.6 \times 10^4 bbl$ 返排水和产出水。当污染水流经电凝装置时，释放带正电的离子，并和胶状颗粒上面带负电的离子相结合，产生凝固。与此同时，在阴极产生的气泡附着在凝结物上面，使其漂浮到表面，由表面分离器除去，较重的絮凝物沉到水底，留下干净的清水。作业公司可以将处理后的水重新用于压裂液或者其他钻井或生产工艺，减少了新鲜淡水的需求量，降低了随之而来的采购和处置成本。

（2）应用效果。

CleanWave 技术解决了困扰作业公司多年来面临的难题，处理和重复利用了油气生产过程中产生的数量巨大的废水，符合环境要求，且在经济上可投产。

目前，该技术已经在北路易斯安那天然气生产井中投入使用，该井属于 E1Paso 公司，使用了哈里伯顿公司获得专利的 CleanSuite 系列提高采收率技术的全部三项技术，用来进行压裂废水处理。注入了超过 400×10^4gal 的使用食品原料制成的 CleanStim 压裂液，用来改善井的产能，加速天然气生产。CleanStim 压裂液体系包括胶凝剂、缓冲剂、阻断剂和表面活性剂等，均采用全新配方，添加成分达到食品安全标准，真正做到对人体、环境无害。为了控制压裂液中细菌含量，避免引起钢材腐蚀并伤害储层流体，需要添加大量生物杀灭剂。通过 CleanStream 技术处理了 480×10^4gal 水，使用紫外线灯光代替添加剂来控制水中的微生物，现场可以使用处理能力为 100bbl/min 的便携式设备对压裂液进行处理，每井减少了大约 2400gal 的抗生剂。该井使用 CleanWave 系统将实现 100×10^4gal 的水循环使用，大大降低了对淡水的需求。

CleanWave 技术也在犹他州进行了现场试验。所处理的井位于犹他州偏远地区，只有一条单向公路，压裂返排液中总溶解固体量 > 50000mg/L。通过 CleanWave 水处理工艺对滑溜水进行分馏，4d 内完成了 55000bbl 水处理，减少了 1000 卡车载重量，节约运输成本 25 万美元以上。

3.3.1.2 ABS Material 公司 Osorb 水处理技术

（1）技术原理。

现有的许多水处理技术，通过利用油水之间的密度差异，可以从水中除去分散的油。但是很少有技术可以有效地去除溶解在水中的烃类、顺滑剂和聚合物，这些物质会导致返排水无法重复使用。Osorb 材料混合了无机和有机的纳米工程结构，在接触到非极性液体时，可以快速膨胀到其干燥体积的 8 倍。膨胀过程是完全可逆的，可以重复利用其膨胀行为而没有任何损失，加热时可以完全释放其吸收的物质。

（2）应用效果。

根据美国能源部国家能源技术实验室（NETL）评估，ABS Material 公司的 Osorb 水处理技术能够大大减少 Marcellus 等页岩和其他地层潜在的环境影响，目前正在进行油田测试。该技术使用膨胀玻璃去除水中杂质，已经证实可以净化油气井水力压裂的返排液和采出水。

NETL 石化能源办公室（FE）研究实验室，正通过资助多个项目，开发关于环境的工具和技术，来提高油气勘探和开发过程中的水资源、水利用和水处理的管理水平，解决关于产出水的问题。Osorb 水处理技术是 FE 资助的项目之一。现已经建立了两个先导性试验项目：一个是一次性的橇装系统，每分钟可以控制 4gal 的输入量；另一个是可以控制 60gal 输入量的拖车式系统，其中包括可以为 Osorb 重复利用的装置。ABS Material 公司已经利用这些系统处理了大量的污水，包括来自 Marcellus、Woodford 和 Haynesville 页岩地层的返排水和来自 Clinton 和 Bakken 地层的采出水。

3.3.1.3 Process Plants 公司压裂污水处理技术

（1）技术原理。

Process Plant 公司（PPC）是针对油田勘探开发过程中产生的压裂废水进行简单高效的

处理，去除水中溶解和悬浮固体，从而进行循环利用。针对 Marcellus 页岩气藏压裂返排液的酸性特征，PPC 水处理系统能够有效去除压裂废水中酸性矿物质及类似金属物质，使其重新用于压裂。处理过程首先是向压裂水中注入氧气，使金属盐类和硫酸盐沉淀，如果处理后，溶解性总固体超过 200000mg/L，则会进行 TDS 二次处理，从而去除压裂返排液中的不溶性污染物。只有去除所有重金属（铁、铝等）级化学污染物（硫）等的压裂返排液才能重新利用。

技术特征有以下两个方面。

①处理过程无需输送设备，对压裂废水氧化效率非常高。

②亚铁离子可快速转化为三价铁。在一定 pH 值范围内提升反应动力学，通过气蚀可使地层水亚铁离子迅速氧化为高价铁。低价铁氧化为高价铁过程：$Fe^{2+}+1/4O_2+H^+ \Longrightarrow Fe^{3+}+1/2H_2O$。

在氧化性条件下，三价铁占优势。二价铁进入中性的氧化性条件的水中，就逐渐氧化为三价铁。三价铁的化合物溶解度小，可水解为不溶的氢氧化铁沉淀。新生成的胶体氢氧化铁有很强的吸附能力，在河流中能吸附多种其他污染物，而被水流带到流速减慢的地方，如湖泊、河口等处，逐渐沉降到水体底部。

（2）应用效果。

马塞勒斯页岩气藏一些区域内包含黄铁矿、硫化物等酸性矿物质。由于固体溶解物及其他各种成分含量高，压裂返排废水的处理存在一定难度，且处理成本也较高。将压裂返排的水进行后续处理，获得压裂液所需的水是天然气生产公司目前面临的一个重大问题。许多地区压裂水源不足，最好的解决办法是将废水经过处理，重新用于压裂，形成循环过程。PPC 压裂污水处理工艺目前已对西弗吉尼亚州三类压裂污水和马塞勒斯页岩气藏污水进行处理。处理后酸性矿物质及金属盐类去除率达 95% ～ 96%，其中 TDS、金属钠钾钙镁等去除率达 99.05%，pH 值也得到有效降低，处理后水质通过美国国家实验室认证分析（图 3-2）。压裂返排水的成功回收利用，还将最大限度减少淡水水源利用，集水成本及运输成本。

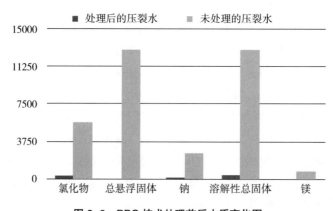

图 3-2　PPC 技术处理前后水质变化图

3.3.1.4　GE 公司反渗透膜（RO）技术

正常的渗透的过程是水由较稀溶液通过渗透膜流向较浓溶液，由于渗透膜是只允许小分子（或小部分离子）通过。如果渗透膜两边的小分子浓度不同，渗透膜两边将产生位能差异。较稀溶液拥有较高位能，而较浓溶液拥有较低位能。水分子便由高位能侧向低位能侧迁移直至位能达到平衡。

　　反渗透过程是利用外来压力将水分子从较浓溶液经过反渗透膜压迫流向较稀溶液，原理如图 3–3 所示。由此可利用反渗透原理，达到分离溶液内成分的目的。例如：将水和溶解物质的分离。

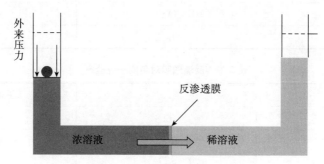

图 3–3　反渗透膜作用原理示意图

（1）渗透膜对无机盐的作用主要包括两个方面：

①依靠荷电排斥性，一般纯水膜表面都带荷电，同时不同离子带有不同电荷，反渗透膜会对各种离子产生荷电排斥性；

②依靠膜孔的筛选性。

（2）反渗透膜对有机物的作用主要包括两个方面：

①有机物的脱除率主要决定于有机分子的大小和形状；

②携带电荷的有机物，由于荷电排斥作用相对更难透过反渗透膜。

反渗透膜对污水中不同盐离子的渗透性不同，表 3–8 至表 3–10 分别列出了反渗透膜对不同盐离子渗透率的作用效果。

表 3–8　反渗透膜对正离子脱盐率

正离子		脱盐率（%）
钠	Na^+	95 ~ 97
钙	Ca^{2+}	96 ~ 97
镁	Mg^{2+}	96 ~ 97
钾	K^+	95 ~ 97
铁	Fe^{2+}	97 ~ 98
锰	Mn^{2+}	97 ~ 98
铝	Al^{3+}	99+
氨	NH_4^+	88 ~ 97
铜	Cu^{2+}	97 ~ 98
镍	Ni^{2+}	97 ~ 98

正离子		脱盐率（%）
锌	Zn^{2+}	97 ~ 98
锶	Sr^{2+}	96 ~ 97
硬度	Ca^{2+} 和 Mg^{2+}	96 ~ 97
镉	Cd^{2+}	96 ~ 97
银	Ag^+	94 ~ 97
汞	Hg^{2+}	96 ~ 97

表 3-9 反渗透膜对负离子脱盐率

负离子		脱盐率（%）
氯化物	Cl^-	95 ~ 97
酸式碳酸盐	HCO_3^-	95 ~ 96
硫酸盐	SO_4^{2-}	99+
硝酸盐	NO_3^-	93 ~ 96
氟化物	F^-	94 ~ 96
硅酸盐	SiO_2^{2-}	95 ~ 97
磷酸盐	PO_4^{-3}	99+
溴化物	Br^-	94 ~ 96
硼酸盐	$B_4O_7^{2-}$	35 ~ 70
铬酸盐	CrO_4^{2-}	90 ~ 98
氰化物	CN^-	90 ~ 95
亚硫酸	SO_3^{2-}	98 ~ 99
硫代硫酸盐	$S_2O_3^{2-}$	99+
亚铁氰化物	$Fe(CN)_6^{-4}$	99+

表 3-10 反渗透膜对其他物质脱盐率

物质名称	分子量	脱盐率（%）
蔗糖	342	100
乳糖	360	100
蛋白质	10000以上	100
葡萄糖	198	99.9
苯酚	94	—
醋酸	60	—
甲醛	30	—
染料	400 ~ 900	100

物质名称	分子量	脱盐率（%）
生化需氧量		90～99
化学需氧量		80～95
尿素	60	40～60
细菌及病毒	50000～500000	100
热原体	1000～5000	100
二氧化碳		30～50
氧气		—
氯气		30～70

（3）污水水质主要被以下三种物质影响。

①总悬浮物质：砂，胶体，三价铁等。

②总溶解固形物：钠离子，氯离子，钙离子，两价铁等。

③生物污染：细菌，热原体，藻类等。

运用反渗透膜元件可有效去除污水中的固体悬浮物、氯离子等物质，GE 公司在预处理系统中运用反渗透膜对污水的预处理作用方式主要包括以下几个方面。

（1）过滤工艺基础。

该流程的主要目的是去除总悬浮物（TSS）降低 RO 设备进水 SDI 值，反渗透最佳进水 SDI 值应小于 3。典型的过滤设备包括：

①双/多介质过滤器，去除总悬浮物（TSS）的能力达到 20μm，每星期反冲洗一次或压差达 10psid 进行反冲洗；

②微滤/超滤膜，用以代替多介质过滤器，提高 RO 系统的进水水质，能够去除细菌，染料，大分子有机物，蛋白质，悬浮物，胶体物质，超滤膜包括中空纤维式（分为外压和内压）、卷式及管式膜，在作为 RO 系统的预处理时，使用较多为外压式中空纤维超滤膜；

③5μm 保安过滤器：过滤能力为每 10in 为 5gal/min，压差达 8psid 时进行更换过滤芯。

（2）脱氯工艺基础。

该流程的主要目的是去除水中的余氯，以免余氯对反渗透膜造成不可恢复的损害。该工艺主要采用两种方式进行过滤。

①活性炭过滤法：水通过活性炭过滤器的过程类似双介质过滤器，桶体可采用：FRP、碳钢衬胶、不锈钢。活性炭应进行周期性杀菌，一般采用蒸气或热水。活性炭所能去除物质：颜色和气味、三氯甲烷（THM）及低分子量有机物。

②亚硫酸氢钠加药法，加注点应位于以下设备前面：保安过滤芯，静态混合器，高压泵。加注量应控制在 4～6 倍进水氯浓度和 10～16 倍进水氯胺浓度，同时可抑制来自活性炭过滤器的微生物，通过 ORP 仪表或氯仪表来检测水中氯含量。

（3）阻垢剂加药法。

通过加注阻垢剂来代替软化，以遮蔽水中硬度。建议采用 Argo 系列阻垢剂，下列为常用药剂型号。

① MDC220 阻垢剂：与絮凝剂相容的液体阻垢 / 分散剂，用以控制结垢和减少颗粒污染，与 MPT 150 兼容，阻垢能做到浓水侧 LSI 值达 3.0。通过 NSF 认证。

② MDC200 阻垢剂：液体组垢 / 分散剂，用以控制结垢和减少颗粒污染。特别是对原水中的铁、铝胶体有特性；阻钙、镁垢能做到浓水侧 LSI 值达 2.5 还不结垢；浓水侧二氧化硅含量可达 120mg/L。通过 NSF 认证。

（4）反渗透膜的清洗和消毒。

反渗透膜的污染物主要包括四类。

①砂石，PVC 碎屑等阻塞进水流道：无法通过清洗恢复。

②硬度结垢：主要采用酸性清洗。

③有机物及胶体污染：主要采用碱性清洗。

④细菌和病毒等微生物滋生：主要采用杀菌剂清洗 + 碱性清洗。

无论进水条件是否符合反渗透膜的进水要求，当膜元件的产水量下降达标 10%，系统压差增加 15% 或产品水电导升高时，就需要考虑合适的化学清洗。当反渗透系统停机超过 3d，设备中的反渗透膜元件需要作适当的保存消毒程序；停机在 3d 到 5d 时，可以用 1% 的亚硫酸氢钠溶液来保存。如果停机超过一星期时，便要考虑用福尔马林进行保存。

3.3.1.5　HBC 新型水处理技术

（1）技术原理。

HBC 系统公司是由水务技术创新公司（HTI）和 Bear Creek 服务公司联合成立的，旨在研究页岩气开采中水力压裂后的水强化处理问题。据报道，该公司的 Bear Creek Green Machine 是目前工业压裂中首个能够每天回收百万加仑压裂水的高效能源利用系统。

Green Machine 系统包括了 HTI 公司拥有专利的正向渗透膜技术。正向渗透是一个平衡过程，在这个过程中水分子从一方渗透到另外一方直到两方的固体物质达到平衡。反渗透过程依据高压实现将水分子"挤压"过去，与正渗透过程不同，根据 HTI 公司的理论，正渗透过程利用一种具有高渗透势能的溶液将低渗透势溶液中水分子透过渗透膜"拉"过来。这种渗透膜不允许废水中有机物分子、矿物分子和其他固体颗粒通过，但是允许水分子通过。这套机械系统将这种膜技术集成到一个便携式、可升级的回收系统，该系统水处理速度达到 100gal/min 以上。因此施工人员可以回收利用废水，不需要被迫运输处理被污染的储层水。另外，它还减少了井场中对其他淡水资源的额外需求。

（2）应用效果。

Green Machine 系统还节约钻井过程中用水及运输成本数百万美元。现场试验表明，该系统用不到 20gal 柴油可回收大于 125000gal 的污水，采用传统运输方式处理这些水则需要 20 辆卡车。HBC 预测，使用 Green Machine 系统每口井可节约近 100×10^4gal 的水，相当于每口井为柴油运水车减少高达 150% 的载荷。

HBC 公司 2009 年对首批 Green Machine 进行初步市场测试，为 E&P 公司在海恩斯维尔页岩、路易斯安那州北部和得克萨斯州东部的天然气开采进行服务。测试主要针对压裂后的返排水进行回收，试验非常成功，促进了 HBC 开始在全国范围内大规模推行 Green Machine 系统。

3.3.1.6 Fountain Quail 水管理公司 Aqua-Pure 解决方案

（1）橇装式一级处理设备。

Aqua-Pure 处理系统中的 NOMAD 蒸发器是一个革命性的发展。具有高容量的移动系统，能够加工任何难处理的工业废水。

每个系统有三个领域占地面积小、便于运输的模块。NOMAD 配备天然气发电机，可以实施远程监控和操作。

此外，Aqua-Pure 回收设施可以位于高密度钻井分布区，以尽量减少或消除涉及牵引回流和生产水的处理上的运输成本。

（2）罗孚系统（Rover System）。

2011 年 10 月，Fountain Quail 推出了罗孚系统。在过去几年的页岩气废水处理中是一个显著的技术进步。罗孚移动处理技术是坚固、耐用的现场技术，用于页岩气的返排或就近处理废水。该独立系统每天可以处理 10000bbl 返排液，并产生水，解决了一些在北美页岩气的运营商面临的挑战。

该技术大大降低了水的采购、储存、处置及运输费用使生产者在靠近井口就可以回收水。这个移动装置几乎适用于任何钻探位置。

Devon 能源在巴内特页岩试验证明，经该系统处理的返排液，可以消除悬浮物和可溶性有机物，并返回干净的盐水，可以混合再利用作为压裂液。

罗孚系统由一个处理橇和辅助支撑拖车组成。返排液从源（如压裂罐、坑）泵入处理单元。悬浮物和有机物经过沉淀和一个可调的化学体系，从返排液中分离出来。固体沉淀在一个收集槽，而干净的盐水被泵出系统到客户指定的位置。干净的盐水可以用于范围广泛的施工作业。

该系统占地面积小，只需要一个 30 ~ 55ft 的脚垫。完全自力更生，如果程序不可用，电源可由发电机提供。罗孚系统是在美国和加拿大交通部的非允许运输装置中特批的，并有完整的 HAZOP（危险与可操作性分析）的认证。

（3）MVR 蒸发。

各种可用来处理废水的方法中，大自然的方法——蒸发仍是最有效的。蒸发使纯蒸馏水从包含溶解的固体的给水中回收。给水沸腾而产生蒸汽，留下全部溶解固体污染物。蒸汽冷凝成纯净的蒸馏水。

为了控制在沸腾浓缩液溶解固体的水平，要求蒸汽流恒定。形成所谓的浓缩液。进入给水系统中的所有的溶解固体污染物集中离开系统。例如，包含溶解的固体，例如氯化钠（NaCl 或盐）给水流中，会产生蒸馏水流和浓氯化钠流。

Aqua-pure 采取现有的蒸发器技术和结合工艺创新、先进的换热器技术，开创了机械蒸汽再压缩（MVR）技术。

在 MVR 系统中，压缩机被用来给沸腾的给水形成蒸汽添加能量。Aqua-Pure 的 MVR

蒸发器是 NOMAD 单元的主要部件。

设备工作流程：给水进入 NOMAD，分解成两股气流，流经预热交换器。一个给水液流与离开系统的蒸馏水产生交叉反应，随之，其他液流穿过集中区，流出系统。两个蒸馏水和浓缩流是非常热（接近沸点），而且它们的热量传递给进入的给水。这两个给水流永远不会重新结合。

接着，将热给水穿过一个除气器，其中在给水中溶解的气体（如二氧化碳）被释放并排出。热脱气给水然后进入再循环回路。

再循环回路包括从分离沸腾浓缩物，流动到循环泵，再到蒸发器热交换器，最后返回到分离器。该循环泵从分离器将浓缩了的给水通过蒸发器换热器，其中一些浓缩物沸腾变成蒸汽。蒸汽和沸腾浓缩物的混合物离开蒸发器的顶部，并流入分离器。

在分离器内部，将蒸汽从浓缩物中分离。蒸汽从分离器由压缩机加压，导致其温度升高。该高温高压蒸汽向下返回至蒸发器热交换器，在那里冷凝成蒸馏水并将其热量传递给至即将沸腾的浓缩液，产生更多的蒸汽。

热蒸馏水从蒸发器底部馏出，并汇集到蒸馏水收集器中。接着将其泵入给水预热交换器中，将热量传递给待处理废水。冷却的蒸馏水然后离开该系统，进行最后收集。

MVR 过程非常复杂但非常有效。在炉子上沸腾的水需要 1000BTU 的能量来产生 1lb 的蒸汽，MVR 蒸发器理论上只需 50BTU 的能量就能产生同量的蒸汽。

3.3.1.7　西门子 HSFTM 压裂污水再利用技术

压裂污水再利用技术（HSFTM）通过对油田生产过程中固体溶解物及矿化度较高的钻井液、压裂液返排污水等进行阶段沉降、污泥脱水等优化处理后，重新用于生产压裂液。

Hydro Recovery 公司于 2010 年 10 月在宾夕法尼亚州泰奥加县（Tioga）马塞勒斯页岩气藏建立第一个工厂，成为泰奥加县污水处理系统的一部分，2011 年 6 月开始商业运作。该项目需要 16 ～ 20 名技术人员，每天最多可对 330000gal（7857bbl）高矿化度油田污水进行阶段沉降和污泥脱水，处理后的水硬度减少 97%，钡去除率达 99%，铁和其他金属浓度也低于 1mg/L，优化 pH 值有效降低了摩阻，且固体悬浮物浓度也达到 100mg/L 以下。该技术每天还可利用处理后的水资源生产出 360000gal（8571bbl）HSFTM 压裂液。

Hydro Recovery 计划建立沿着宾夕法尼亚州、俄亥俄州及西弗吉尼亚州等马塞勒斯页岩气主要生产线上的多个区域建立工厂。其目标是最大限度减少 30km 内井间运输量，使用户更加方便，减少运输成本以及当地交通流量，从而更加利于环保。天然气公司可以通过他们自己的输送管线将生产井或集中蓄水池的污水直接输送到 Hydro Recovery，从而大大减少对输送车辆的需求。

3.3.2　页岩气压裂返排液处理与循环利用技术

3.3.2.1　页岩气压裂返排液水质特点

2012 年，国家发改委和能源局批复设立"四川长宁—威远和滇黔北昭通国家级页岩气示范区"，示范区位于四川盆地蜀南地区，分为长宁、威远、昭通三个区块，涉及四川自贡、内江、宜宾、云南昭通地区，其中黄金坝、紫金坝、大寨由中国石油天然气股份有限公司浙江油田分公司天然气勘探开发事业部负责实施。

针对示范区页岩气开采情况，选取了示范区内两个平台页岩气压裂返排液进行取样检测，检测结果见表3-11。

表3-11 示范区内页岩气压裂返排液水质检测结果

项目		结果			项目	结果（mg/L）
		mg/L	mmol/L	%		
阳离子	K⁺	310	7.9	1.1	可溶性总固体	42996
	Na⁺	15500	674	93.2	游离CO₂	2.2
	Ca²⁺	491	24.50	3.4	F	1.24
	Mg²⁺	129	10.60	1.5	Al	<0.01
	Fe³⁺	11.6	0.62	0.1	Cr⁶⁺	<0.004
	Fe²⁺	22.5	0.81	0	Cu	<0.009
	NH₄⁺	81.8	4.53	0.6	Pb	<0.010
	总计	16546	723	100	Zn	<0.001
阴离子	Cl⁻	26100	736	98.9	As	<0.0002
	SO₄²⁻	1.27	0.03	0.0	Mn	0.388
	HCO₃⁻	470	7.70	1.0	Hg	<0.00005
	CO₃²⁻	0	0	0	Cd	<0.001
	OH⁻	0	0	0	挥发性酚	0.068
	NO₃⁻	23.2	0.37	0.1	氰化物	<0.002
	NO₂⁻	<0.004	0	0	Se	<0.0003
	HPO₄²⁻	<0.1	0	0	Ag	<0.003
	总计	26594	744	100.0	阴离子合成洗涤剂	0.812
pH值		6.9			石油类	1.39
气味		无			COD	1280
色度		100				
浊度		340				

表3-11表明：页岩气压裂返排液以水和砂为主（含量约占压裂液总量的98%以上），黏度大、悬浮物含量高、含油量高、含化学添加剂量大且种类多（含量约占压裂液总量的1%～2%）、废水色度较高（外观为黄色到黑色浑浊的不透明液体）、稳定性高，故处理难度较大。压裂返排液中主要成分是高浓度瓜尔胶和高分子聚合物等，其次是硫酸盐还原菌（SRB）、硫化物和铁等，总铁、总硫含量都在20mg/L左右。同时还混合有各类化学添加剂和高溶解固体，其中化学添加剂主要包括酸液、杀菌剂、润滑剂、稠化剂、表面活性剂、阻垢剂等；高溶解固体主要为钙、镁、硼、硅、铁、锰、钾、钠、氯离子和碳酸盐等，还有一些来自气藏岩层的天然放射性物质如铀、钍及其衰变产物。其次，返排液中化学需氧量（COD）值高、色度高、悬浮物含量高，使得处理达标排放难度大、费用高，被业界普

遍认为是最难处理的工业污水之一。可以说，如何减少水资源消耗量、合理处置页岩气开发中产生的大量返排液已成为页岩气规模化开发的瓶颈问题之一。

3.3.2.2　页岩气压裂返排液处理现状及存在的问题

（1）页岩气压裂返排液处理现状。

四川长宁—威远和滇黔北昭通国家级页岩气示范区以及示范区周边云、贵、川、渝地区页岩气勘探开发各区块压裂返排液处置措施汇总见表3–12。

表 3–12　各区块压裂返排液处置现状

序号	区块	处置现状
1	长宁区块	最大程度回用、暂存、回注
2	云南区块	最大程度回用、暂存、回注
3	内江区块	最大程度回用、暂存、回注
4	永川区块	最大程度回用、暂存，依托地方污水处理厂处理排放
5	涪陵焦石坝区块	最大程度回用，暂存
6	贵州区块勘探	最大程度回用，处理达标排放
7	昭通区块	最大程度回用、暂存、回注

（2）各处理方式存在的问题。

结合西南地区各页岩气开采区块压裂返排液处理现状，对各处理方式存在的问题统计如下。

①"最大程度回用、暂存、回注"处理方式存在的问题。

a. 压裂返排液回注，现场储存和运输过程均存在较大的环境隐患，四川地区已布置有多个钻井废水、气田废水、试修废水、压裂返排液、酸化压裂废水等回注井，压裂返排液多依托现有的回注井进行回注处理，该处置方式主要集中于四川境内，但受压裂返排液回用指标限制，需要进行现场预处理、稀释回用、与其他水源水配伍、与添加剂之间配伍等处理工序，压裂返排液进行回注需通过管道或者罐车运输至预处理站处理后再进行回注，运输途中，存在罐车发生交通事故、管道泄漏等因素，可引起水源污染、土壤污染等环境事故的发生。大量的压裂返排液如果不能合理、有效地处理而随意排放或回注地层，会对地表土壤或地下环境、地表水系、农作物等自然环境造成严重污染和资源浪费，同时受页岩气开发各平台间接续时间调度安排限制，压裂返排液现场储存周期长，存在很大的突发环境风险隐患。

b. 压裂返排液回注不符合"《高含硫气田水处理及回注工程设计规范》（SY/T 6881—2012）"中"同层回注"的规范要求，存在环境安全隐患。回注处理压裂返排液虽保障了压裂返排液不外排，环境最优，但部分回注井为原常规天然气枯竭井改建而来，回注页岩气压裂返排液不符合"《高含硫气田水处理及回注工程设计规范》（SYT 6881—2012）"中"同层回注"的规范要求，同时在地层中长期存储，同样存在环境安全隐患。此外，由于页岩气压裂返排液为地层水力压裂后的返排液体，受地层岩性化学成分影响，返排液中带有气藏岩层的天然放射性物质如铀、钍及其衰变产物等不确定的化学成分（2018年6月13日，环保部组织的《非常规油气田环境管理国际研讨会（2018）》中已对上述研究成果达成共识），回注非龙马溪组地层（目前页岩气主力开采地层），极易造成地层的不稳定，回注环境影响不可控。另外，四川昭通地区压裂返排液回注地层主要为茅口组地层，而该区域茅口组地层为温泉水开采地层，如四川宜宾筠连巡司温泉等，昭通地区回注处理压裂返排液极易造成茅口组地热资源的压覆，地方环保部门对回注井的审批已相当慎重，已相当难申请批准新的回注井项目。

c. 压裂返排液回注不符合相关法规的要求，部分地区已禁止压裂返排液回注处理，在部分地区，如云南和贵州的环境管理部门认为利用回注井回注压裂返排液涉嫌违反《中华人民共和国水污染防治法》第三十五条：禁止利用渗井、渗坑、裂隙和溶洞排放、倾倒含有毒污染物的废水、含病原体的污水和其他废弃物。在贵州、云南、重庆地区，按照环境管理规定压裂返排液不得采用回注方式处理。

② "最大程度回用、暂存，依托地方污水处理厂处理排放"处置存在的问题。

受 "不得回注" 环境管理要求限制，贵州、云南、重庆地区压裂返排液主要采取此种处置方式，该种处置方式存在现场长时间储存环境安全隐患以及地方污水处理厂处理能力不够、处理工艺不能满足等问题。由于压裂返排液具有高黏度、高溶解固体（TDS）、高化学需氧量（COD）、高氯离子浓度等特点，同时由于压裂返排液中添加的杀菌剂、表面活性剂等，采用微生物生化处理工艺的地方污水处理厂完全没办法处理压裂返排液，目前，压裂返排液多以稀释排放方式违法违规处理了，页岩气建设单位同样也存在环境违法风险。

③ "最大程度回用，处理达标排放"处置方式存在的问题。

在重庆、云南、贵州等现阶段页岩气主力勘探区，受井位分散，压裂返排液转运距离远、没有适合的回注井等因素限制，主要采用橇装模块化设备，深度处理压裂返排液实现达标排放。但此处理方式存在处理规模较小、处理成本高、污水排放地点不确定，环境管理难度大等问题。单平台压裂返排液处产生量较大，1 套设备对应 1 个平台压裂返排液处置，橇装膜滤深度处理设备连续稳定性较差，因此该方法仅在页岩气勘探井等少数新区块开发初期压裂返排液没有回用途径的地区使用，适用区域范围小。

3.3.2.3 政策导向

（1）《关于油田回注采油废水和油田废弃钻井液适用标准的复函》（环函〔2005〕125 号，原国家环境保护总局）：2005 年 4 月 14 日原国家环境保护总局《关于油田回注采油废水和油田废弃钻井液适用标准的请示》的复函，石油开采废水处置方式分为回注和达标排放两种，分别执行回注水质标准和《高含硫气田水处理及污水综合排放标准》（GB 8978—1996）。

（2）《石油天然气开采业污染防治技术政策》（公告 2012 年第 18 号）：该技术政策中，对污染治理措施提出了 "在钻井和井下作业过程中，鼓励污油、污水进入生产流程循环利用，未进入生产流程的污油、污水应采用固液分离、废水处理一体化装置等处理后达标外排"，提出的钻井和井下作业废水处理措施为处理后达标外排，回注方式未被 "鼓励" 采用。

（3）《页岩气 储层改造 第 3 部分：压裂返排液回收和处理方法》（NB/T 14002.3—2015）：该能源行业标准中第 3.3.1 条 "压裂返排液处置工艺宜采用回用、回注及地表排放方案，并结合工程实际比较后确定"。

（4）《重庆市页岩气勘探开发行业环境保护指导意见（试行）》（2016年9月1日，重庆市环境保护局）：首次对废水处理处置提出"压裂返排液回用于配制压裂液，回用不完的，应处理达标后排放，严禁偷排、漏排、稀释排放或回注"，严禁压裂返排液采用回注方式处理。

（5）《四川省页岩气开采业污染防治技术政策》（2018年2月1日，四川省环境保护厅）：该技术政策指出压裂返排液优先进行回用，不能回用的应就近或集中处理达标后排放；对采取回注处理方式的，提出了"应充分考虑其依托回注井的完整性，注入层的封闭性、隔离性、可注性，以及压裂返排液与注入层的相容性，确保环境安全。依托的回注井相关手续须齐全，运行监控管理制度须健全"等极为严格的环境管理要求。2018年，四川长宁天然气开发有限责任公司报送的《长宁页岩气田年产50亿立方米开发方案建设项目环评》从送审版的"压裂返排液回注处理"修改为报批版的"压裂返排液处理达标排放"。可见，四川地区对压裂返排液回注方式持谨慎态度，环境管理上倾向于倒逼企业采取措施处理达标排放。

（6）非常规油气田环境管理国际研讨会：环境保护部环境工程评估中心联合中国石油安全环保技术研究院、美国环保协会于2018年6月13日在北京举办了"非常规油气田环境管理国际研讨会（2018）"，参会人员包含生态环境部环评司以及部评估中心石化部主要部门以及各地环境工程评估中心负责人。与会专家普遍认为回注不便于环境管控，只是暂时地控制了污染，没有从根本上消除污染，并且回注可能会存在更多的环境安全隐患，比如地震、压覆矿产资源、影响以后可能会被利用的地下水资源等。

（7）2019年12月13日，生态环境部发布《关于进一步加强石油天然气行业环境影响评价管理的通知》（环办环评函〔2019〕910号），第三部分第（八）条：涉及废水回注的，应当论证回注的环境可行性，采取切实可行的地下水污染防治和监控措施，不得回注与油气开采无关的废水，严禁造成地下水污染。在相关行业污染控制标准发布前，回注的开采废水应当经处理后回注，同步采取切实可行措施防治污染。回注目的层应当为地质构造封闭地层，一般应当回注到现役油气藏或枯竭废弃油气藏。相关部门及油气企业应当加强采出水等污水回注的研究，重点关注回注井井位合理性、过程控制有效性、风险防控系统性等，提出从源头到末端的全过程生态环境保护及风险防控措施、监控要求。建设项目环评文件中应当包含钻井液、压裂液中重金属等有毒有害物质的相关信息，涉及商业秘密、技术秘密等情形的除外。

综上所述，从环境管理、技术政策、环保指导意见、理论研究等方面看，石油天然气行业废水回注方式环境管理要求越来越高、环境技术控制越来越精细，整体呈收缩态势，从国家和行业层面，更鼓励和支持科技创新、技术进步，将石油天然气行业废水如压裂返排液，进行处理达标后排放或者重复利用，以便于环境管理。

3.3.2.4　典型页岩气压裂返排液达标外排处理工艺流程

实验研究和现场应用表明，由于压裂返排液的难处理性和特殊性，仅凭单一的方法来使出水达标排放或重复利用是困难的或难以实现的，因此化学法与其他方法的联用在压裂返排液处理工艺中被普遍采用。韩卓等通过"破胶—微电解—混凝—压滤"工艺处理某非常规压裂返排液，处理后的水样满足回注水水质标准。万里平等采用"中和—微电解—催化氧化—活性炭吸附"四步工艺处理川中磨140井酸化压裂返排液，处理出水达到《污水综合排放标准》（GB 8978—1996）中的二级标准。我国对于页岩气勘探开发压裂返排液处理还处于实验摸索阶段，页岩气压裂返排液的处理多采用多种水处理单元组合处理，例如生物氧化法（颗粒活性污泥、SBR、SBBR、A/O、A2/O、二段接触氧化法、生物转盘、生物滴滤池、厌氧滤池等）；热处理技术（热蒸馏、蒸发和结晶）；微电解技术；高级氧化技术、膜滤技术等。典型压裂返排液处理工艺流程示意图如图3-4所示。

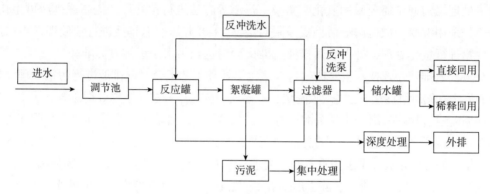

图3-4　典型压裂返排液处理工艺流程示意图

针对页岩气压裂返排液处理，2013年以前，我国并无成熟技术，也是依赖国外先进技术。国内仅仅依照常规油气田压裂返排液处理研究成果。

压裂返排液处理难点主要体现在以下几点：一是压裂返排液的成分复杂、化学剂种类多；二是压裂返排液的黏度大、乳化程度高；三是压裂返排液的高黏度对过滤器的污堵；四是压裂返排液的网格结构对悬浮物、油类的包裹难以去除。作为油气田污水的一种，压裂返排液成分复杂，稳定性强，可生化性差，在实际处理过程中通常是多种方法进行联合处理。

（1）氧化—絮凝—过滤—吸附联合处理工艺。

氧化破胶使返排液中的高分子物质氧化分解成小分子物质，降低返排液黏度，提高传质效率，增加水处理药剂的分散与分解；絮凝可以改变水中多分散体系表面电性，破坏返排液胶体的稳定性，使胶体物质脱稳、聚集；过滤/吸附去除水中不溶或微溶物，脱色除臭。氧化—絮凝—过滤—吸附是油气田污水处理常用工艺，王松等采用混凝→氧化→吸附→纳米 TiO_2 光化学氧化，工艺处理河南油田压裂返排液，现场中试表明处理后出水各项检测指标均达到回注要求，甚至有些指标达到排放标准。荆国林、韩春杰发现通过聚合氯化铝和聚丙烯酰胺混凝沉淀、过氧化氢一次氧化、活性炭吸附、二氧化氯二次氧化处理的大庆油田徐家围子压裂返排液，出水符合污水综合排放标准。涂磊等以仪陇1井压裂返排液为主要研究对象，提出了预氧化复合混凝→Fenton试剂深度氧化→二次混凝的处理工艺，处理后废液的COD降低84.8%。

（2）氧化—絮凝—电解—过滤/吸附联合处理工艺。

电解法集氧化还原、絮凝吸附、催化氧化、络合及电沉积等作用于一体，能够使大分子物质分解为小分子物质，难降解的物质转变成易降解的物质，是污水深度处理的常用方法。张爱涛等采用破胶→微波絮凝→微电解→微波氧化法处理油田酸化压裂返排液，处理后污水色度、SS 和 COD 均可达标排放，处理后污水的可生化性显著提高。万瑞瑞采用"中和→混凝→氧化→微电解"组合工艺处理庆平 13 井压裂废水，实验表明，废水的浊度和石油类去除率分别达到 97.6% 和 98%。

（3）氧化—絮凝—电解—过滤/吸附—生化联合处理工艺。

生物法是通过微生物的代谢作用来降解返排液中有机物质和有毒物质，与其他污水处理方法相比，生物法最大的特点就是无二次污染，由于压裂返排液 COD 较高，因此在使用生物法处理之前通常需要采用氧化、絮凝、过滤等方法进行预处理，提高返排液可生化性。钟显等先采用混凝→微电解→活性炭吸附对港深 11-8 井压裂返排液进行预处理，再采用好氧微生物进行生化处理，处理后返排液污染指标均达到污水一级排放标准。

综上，返排液处理技术主要通过物理、化学处理工艺组合对返排液进行污水处理，处理常用的方法有絮凝沉淀法、过滤/吸附法、电解法、酸碱中和法、生物处理法等。污水处理后重复利用需通过物理分离→化学沉淀→过滤等方式除去返排液中的悬浮固体、杂质，通过固体微粒过滤装置来降低返排液中的悬浮物含量，再进行氧化处理，使其水质满足配液水质要求，返排液处理后排放除了采用重复利用处理技术外，还需采用生物反应、膜分离、反渗透、离子交换、蒸馏等技术，进一步除去返排液中的溶解固体、有机物等，以满足外排水质标准。

3.3.3 应用实例

自 2014 年起，长宁页岩气示范区已开展压裂返排液处理及回收利用现场试验。针对返排液中硫酸盐还原菌（SRB）和产酸菌（APB）等造成返排液发黑发臭、高矿化度影响新配压裂液性能的情况而建成一套压裂液回收处理装置。现场首先经储水池集中收集返排液体，待自然沉降后，综合采用澄清＋软化＋混凝／絮凝＋斜板沉降＋袋式过滤工艺，控制阳离子及悬浮物，获得达到配制滑溜水标准的处理液体。现场流程如图 3-5 所示。处理后的液体悬浮物粒度控制在 10μm 以下（图 3-6），处理后的水质见表 3-13。现场通过对 P1 平台返排液进行回收处理，按照 40% 返排液配制滑溜水，补加适量降阻剂，返排液重复利用性能基本与清水配液接近（表 3-14），重复利用率达 90%，减少了废水转运及处理的成本。按 600 元/m^2 计算，总共节约费用 400 余万元，减少压裂施工用清水量，有利于环境保护、节约水资源。

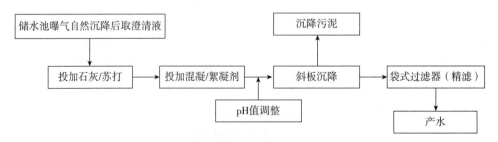

图 3-5　页岩气压裂返排液现场处理流程图

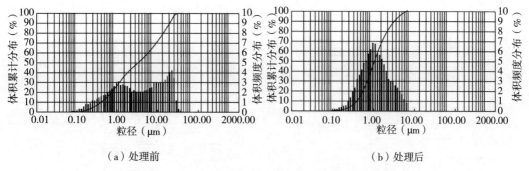

（a）处理前　　　　　　　　　　　　　　　　　　（b）处理后

图 3-6　P1 平台返排液处理前后悬浮固体粒径分布对比

表 3-13　处理前后水质对比

水质	pH值	总铁（mg/L）	COD（mg/L）	石油类（mg/L）	总悬浮固体（mg/L）
原水水质	7.8	12.2	287.0	22.68	73.00
处理后水质	7.3	0.8	98.4	1.14	29.75

表 3-14　返排液配制滑溜水与清水配制滑溜水的对比

降阻剂加量（%）	黏度（mPa·s）		
	纯返排液配制滑溜水	40%返排液配制滑溜水	清水配制滑溜水
0.09	1.01	1.31	1.89
0.15	1.21	1.84	

3.4　气田采出水处理技术

　　天然气在开采初期基本无水或只有少量凝析水产生，当进入中、后期开采时，随着气藏压力的降低，边水会逐渐浸入气藏并伴随天然气一道被采出，并使天然气产量和采收率递减加快，气田产出水也将大量涌向地面，必须采用排水或堵水采气措施提高天然气采出率。排水采气生产的水产量差异很大，平均每日从几立方米到几百立方米不等，这些气田产出水矿化度很高，含有大量的氯化物、硫化物、CO_2、悬浮物和有机物等污染物，水质复杂，如不对天然气田产出水进行有效治理，排入环境将会对周边生态环境造成严重的影响。

　　天然气持续开采，地层水易侵入气藏，当地层水与地下油层接触时，则会溶进可溶性盐类、悬浮物、有害气体等，与此同时水中也滋生地层之下的微生物和细菌，导致与天然气一同被采出的水，成分十分复杂。四川气田水含有稀少的富钾、富硼，采出的地层水是一种淡盐水，矿化度高，除含有大量氯离子外，还含有硫化物、溴、碘、硼、钾、锂、锶、铷等化学元素。

　　气田水普遍含有污染物且具有组分复杂、矿化度高等特点，图 3-7 为采出水化学成分树状图。

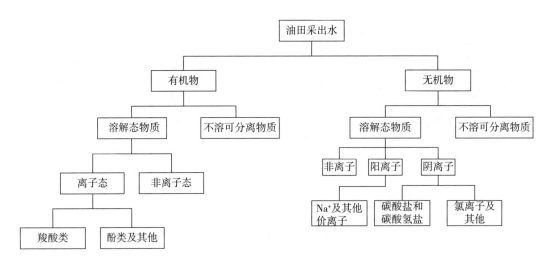

图 3-7　采出水化学成分树状图

常规 COD 检测采用重铬酸钾氯化法。由于有机物在特定紫外光波段吸收度最大，将紫外光波扫描油气田污水，选择出最大吸光度波长，通过该波长吸光度的不同，反应水体 COD 的大小，从而有效快速检测 COD。

检测水中的油，传统方法是红外光谱法或重力分析判别，之后出现气相色谱、火焰离子化检测、膜过滤和红外无溶剂方法。气田水水质特征分析见表 3-15。

表 3-15　气田水水质特征和分析表

水质指标	数值	分析方法
COD_{cr}（mg/L）	$400 \sim 600$	重铬酸盐法
石油类（mg/L）	$10 \sim 20$	红外分光光度法
硫化物（mg/L）	$100 \sim 150$	碘量法
氨氮（mg/L）	$60 \sim 90$	纳氏试剂分光光度法
SS（mg/L）	$50 \sim 80$	重量法
氯离子（mg/L）	$5 \times 10^4 \sim 6 \times 10^4$	硝酸盐滴定法
总矿化度（mg/L）	$8 \times 10^4 \sim 10 \times 10^4$	重置法
pH值	$5 \sim 6$	玻璃电极法

3.4.1　回注技术

实践经验表明，气田采出水回注地面工艺能够有效处理气田采出水，避免气田采出水造成严重的环境污染，防止其危及人民的生命和财产安全。

气田采出水回注地面工艺的主要优点如下：（1）环境友好，避免了含有有害物质的气田采出水直接排向地表，而是将其注入较深的地面，减少对环境的污染；（2）经济友好，气田采出水回注地面对技术的要求不高，处理成本较低，能有效防止气田采出水污染环境。

因此，气田采出水回注地面工艺是一种既环保、安全，又经济的气田采出水处理方法。一般来说，对于气田采出水回注地面工艺而言，对回注的地层不做严格要求，既可以是可开发的气层，也可以是干气层，只需要回注地层厚度大、可注入的范围大，且不影响周边的生产生活即可。

3.4.1.1　气田采出水回注工艺

气田采出水回注地面工艺的基本流程如下：首先，对气田采出水进行基本的预处理，初步去除有害成分，然后，通过回注进入地层，完成气田采出水的处理。

（1）优选气田采出水处理技术，制定针对性的气田采出水回注地面水质标准。回注水质指标不明确，行业内对于气田采出水回注水质的指标规范普遍过于笼统，没有很强的参考价值，起不到应有的约束作用。此外，对于不同地质构造的气田采出水使用统一的回注水质标准，本身就具有不合理性，对于延展范围较大的气田而言，涉及诸多不同的地层，那么，气田采出水的水质情况本身就有较大差异，经过水处理后，回注地面的水质差异更大。因此，需要根据气田各个地层的实际情况，考虑不同地层气田采出水的原始水质成分，采用不同的气田采出水处理技术，制定不同的气田采出水回注地面水质标准，对于原始气田采出水水质较好的地方，适当放宽气田采出水回注地层水质的标准，而不应该在气田的各个地层采用统一的水处理流程和指标。

（2）优化气田采出水的处理工艺设置。部分回注井站对于气田采出水的处理工艺设置得过于复杂，实用性和科学性不强。回注井站处理工艺设置首先需要分析气田采出水的水质情况和具体成分及含量，设置使用的气田采出水处理流程，避免不必要的烦琐处理，提高处理成本；同时，应当明确回注水质指标，行业内明确对于气田采出水回注水质的指标规范，起到应有的约束作用，对于不同地质构造的气田采出水，使用不同的回注水质标准。

（3）优化处理设备配备，降低气田采出水处理工艺成本。部分回注井站存在设备配置的问题，如某些回注井站的设备，泵的加压级数太多，甚至配备了很多实际作用不大的处理设备，如氯气再生器。因此，需要考虑气田采出水水质的实际情况，进行相同的气田采出水处理流程，优化处理设备配备，降低气田采出水处理工艺成本，实现气田采出水回注高环境效益和高经济效益。

3.4.1.2　重庆气矿气田水回注管控措施

重庆气矿生产过程中产生所有的气田水从地层采出后，储存在站场气田水池或气田水罐中，通过管道密闭输送或罐车拉运的方式转输（运）至气田水回注站，经沉淀等处理后，回注至地层。

（1）建立回注水渗漏预警机制。为摸清回注井周边地下水质情况，开展回注井地下水监测工作。通过对回注井周边水文地质勘查，重点针对回注井地表含水层进行监控，在6座回注井周边设置了19口监测井。每月开展地表水水质监测，提前预警回注水渗漏风险。

（2）多举措治理环保问题。2017—2019年，开展气田水池恶臭治理、固体废弃物处置、增压西站噪声环保隐患治理，采用环保措施技术改造对恶臭、固体废物处置、噪声超标等环保问题进行治理，实现环保合规生产。

（3）大力治理环保隐患。2017—2019年，开展气田水回注系统隐患治理和井站气田水管线隐患治理，消除多个环保隐患。

（4）持续开展气田水达标处理技术研究。针对气矿气田水处理不达标排放难等问题，优选出适合于重庆气矿的"MVR蒸发结晶"气田水处理技术，并进行气田水处理研究试验工作，使处理后的气田水全部满足国家和地方政府的排放要求，为气矿气田水处理做好技术储备。

（5）全面推进回注水系统风险评价。近年来，气矿引进微地震监测技术，对回注水体的运行情况、井筒是否穿孔并引发窜漏、回注水体与回注层露头的情况等进行监测分析，摸清回注井存在的地质风险及井筒风险。通过该项技术，发现成35井、卧22井井筒窜漏风险并实施封井。

3.4.2 恶臭治理技术

含硫气田水中因含有大量硫化物和有机硫等污染物，易挥发，恶臭味大，在气田水存储、运输及回注处理等过程中会逸出大量H_2S等有毒气体，造成安全和环境污染问题。随着国家环保法规的日益严格和人员环保安全意识的提高，对含硫气田水的处理提出了更高的要求。

四川盆地含硫气田分布广，每年会产生大量含硫气田水。特别是近年来，随着四川盆地安岳气田的发现和投产开发，含硫气田产水量越来越大。目前，高磨地区含硫气田水主要采用常压闪蒸分离后管输或拉运至回注井站进行回注处理。由于气田水转运前仅采用储罐常压闪蒸分离而未经其他处理，水中H_2S质量浓度仍较高（一般为$500 \sim 700mg/L$），恶臭味大，气田水储存、转运及回注处理等过程中存在较大的安全和环境风险。据不完全统计，截至2020年3月，高磨地区灯影组、龙王庙组气藏开发产水量累计已达$145 \times 10^4 m^3$，日均产水量达$1800m^3$，日均拉运含硫气田水为$450m^3$。为保证含硫气田安全清洁生产，解决含硫气田水储存、运输及回注处理过程中的恶臭问题至关重要。

3.4.2.1 含硫气田水脱硫除臭处理方法

目前，国内外含硫气田水脱硫除臭处理方法主要有物理法、化学法和生物法三大类，可细分为闪蒸法、气提法、抽提法、化学氧化法、化学沉淀法、电化学法和加注液体脱硫剂法等。

（1）物理法。

常用的物理法包括闪蒸法、气提法和抽提法三种。主要是利用H_2S气体在不同温度、压力条件下的溶解度不同，通过降压、气体吹扫和抽气等方式，降低污水溶液气相中的H_2S分压，使水中溶解的和游离的H_2S气体快速逸出而得以去除。同时，由于不同pH值条件下水中硫化物的存在形态不同，当水中pH值≤5.5时，水中硫化物主要以H_2S形态存在；pH值>9.8时，主要以S^{2-}形态存在；当5.5<pH值<9.8时，主要以H_2S、HS^-、S^{2-}这三种形态共存。因此，通过调节污水的pH值，使水中的硫化物转化为H_2S气体，从而提高水中硫化物的脱硫效率。闪蒸法、气提法和抽提法常用于硫化物含量较高、水量较大的含硫气田水脱硫除臭处理。闪蒸法、气提法和抽提法只能去除水中以H_2S形态存在的硫化物，实质是将硫化物从液相转移至气相，污染物形态并未发生变化，处理后产生的闪蒸气（尾气）必须通过溶液吸收法、液相氧化还原法等方式脱硫处理，或者通过放空火炬燃烧排放，存

在二次污染或后续处理问题。

（2）化学法。

常用的化学法包括化学氧化法、化学沉淀法、电化学法和加注液体脱硫剂法四种。化学氧化法是通过投加强氧化剂将硫化物氧化成单质硫、硫代硫酸盐或硫酸盐，从而去除污水中的硫化物和有机物的一种方法。化学氧化法分直接氧化法和催化氧化法两大类，前者常用的氧化剂有次氯酸钠、稳定性二氧化氯、漂白粉和过氧化氢，后者常用的有空气催化氧化法和 Fenton 试剂法。化学氧化法一般适用于中低含硫污水的脱硫处理或污水深度处理，目前在含硫气田水脱硫除臭处理中应用较为广泛。化学沉淀法是利用金属离子与二价硫离子反应生成难溶于水的硫化物沉淀，从而分离去除硫化物的方法，常用的沉淀剂主要有铁、亚铁和锌等金属盐类。由于生成的沉淀颗粒小，通常将沉淀分离与混凝法联合使用。化学沉淀法主要适用于低含硫气田水的处理，常用的混凝剂有聚合氯化铝、聚合硫酸铁和聚丙烯酰胺。电化学法是利用铁碳内电解或电解含盐水产生 Cl_2、O_2 和 ClO^- 等氧化剂氧化去除水中的硫化物和有机物等污染物的一种方法。

加注液体脱硫剂法是利用非再生型高效液体脱硫剂与 H_2S 发生不可逆反应生成水溶性硫化物，从而将含硫气田水中的硫化物脱除。相对于化学氧化法和化学沉淀法用于含硫气田水脱硫，直接加注液体脱硫剂法具有对 H_2S 脱除选择性强、环境友好，不存在二次污染等优点，主要适用于 H_2S 含量较低的气体或污水的脱硫除臭处理。近年来，液体脱硫剂在国外含硫天然气气体和液体脱硫中得到广泛使用，国内中国石油长庆气田、中国石化大牛地气田和中国海油海上气田进行现场试验及应用，均取得了较好的应用效果。目前，国内外投入工业化应用的液体脱硫剂产品主要有三嗪类、醛类、胺类及其复合型产品。

（3）生物法。

生物法是一种利用某抗硫的生物细菌来氧化处理水中硫化物、有机物的一种方法，通常适用于低含硫气田水的深度处理，分好氧生物法和厌氧生物法两种。由于硫对生化系统有毒害作用，需采用适宜的工艺以解除硫离子对微生物的抑制。在含硫污水的生化处理中，菌种的选取是关键，只有选择能在细胞外产生单质硫的细菌才能取得所需的效果，还应避免硫化物在生物作用过程中转化成硫酸盐。实际应用中通常是几种方法联合使用，以克服使用单一方法的局限性。各种处理工艺方法的优缺点及适用条件对比见表 3-16。

表 3-16 含硫气田水脱硫除臭工艺方法的优缺点及适用条件

处理方法		作用原理	优点	缺点	适用条件
物理法	闪蒸法	不同温度和压力下，水中H_2S的饱和溶解度不同	简单、节能、投资少、运行费用低	处理后水中H_2S含量仍较高，脱硫效果较差	水中H_2S含量不高，没有可利用的蒸汽或燃料气等条件
	气提法	气体与水逆向接触，降低水中H_2S的气相分压	可最大限度地降低气田水中H_2S含量，脱硫率高、投资少	能耗稍高，管道低压点存在积液	H_2S含量高、输送距离长、安全性要求高、有可利用的蒸汽或燃料气等条件
	抽提法	负压抽提原理	脱硫效果较好	对设备要求高，需要抽气设备，设备投资和运行费用较高	大型集气站集中处理

处理方法		作用原理	优点	缺点	适用条件
化学法	化学氧化法	利用强氧化剂的氧化和催化氧化作用,将硫化物氧化成单质硫	技术成熟,脱硫处理效果好,设备投资及运行费用较低	受水质变化影响较大,特别是水中有机物含量较高时	适用于中低含硫气田水的脱硫除臭
	化学沉淀法	利用金属离子与S^{2-}反应生成沉淀	反应快、效果较好,装置投资很低,占地面积小	产生大量沉淀物,存在二次污染问题	适用于低含硫污水的除硫处理
	电化学法	利用电化学原理生成氧化剂氧化去除硫化物及有机物	处理效果较好,操作简便,药剂加量少,设备占用面积小,投资及运行费用较低	设备运行耗电量较高	适用于H_2S含量较低,水量不大的污水处理
	溶液吸收法	利用H_2S与碱性溶液和醇胺溶液吸收反应,转化为可溶性硫化物	反应速度快,处理效果较好,药剂成本较低,可实现设备橇装化	需定期更换溶液,会产生大量废弃物,须再处理,运行费用较高	适用于闪蒸气、气提气等尾气的吸收处理
	加注液体脱硫剂法	利用液体脱硫剂与H_2S反应,生成可溶性硫化物	装置投资很低,不存在二次污染	受水质变化影响较大,需考虑药剂与污水的配伍性问题	适用于空间条件受限,H_2S含量较低的气田水脱硫处理
生物法	生物氧化法	利用微生物细菌的生物氧化降解作用	去除率高,运行费用较低,不存在二次污染	装置占地面积大,投资成本高	适用于低H_2S含量,水质水量稳定的条件

3.4.2.2 川东地区气田水恶臭治理实践

川东地区年产出气田水 $8.4 \times 10^4 m^3$ 左右,在用气田水回注站 25 座。气田水的处理方式主要有自然蒸发、化学药物处理后回注等。受天然气集输系统排污、车辆卸水等影响,气田水池中水体激荡,短时间内会逸散出大量恶臭气体,随水池未密封的区域扩散到大气中,造成环境空气质量差。

对川东地区部分气田水池的恶臭气体进行监测,结果见表 3-17。所测井站气田水池逸散的恶臭气体中臭气浓度最大超标 9188 倍,说明气田水池恶臭严重,恶臭气体浓度大;恶臭气体主要是含硫物质,包括 H_2S、甲硫醇、甲硫醚、二硫化碳、二甲二硫等,其次是烃类、胺类、酚类、苯系物。根据综合污染指数法评估,气田水池恶臭气体首位污染物为 H_2S,其次是甲硫醇,气田水恶臭治理主要针对 H_2S 进行消除。

表 3-17 气田水池恶臭气体监测结果表

测量项目	评价指标	双家坝气田水池内	天东71井气田水池内下
H_2S（mg/m^3）	0.1	17.6 ~ 20.3	19.8
臭气浓度	20.0	5647	183787
甲硫醇（mg/m^3）	0.007	0.619	8.73
甲硫醚（mg/m^3）	0.07	0.023	0.238
二甲二硫（mg/m^3）	0.06	0.038	0.005
二硫化碳（mg/m^3）	3.0	0.48	0.13
苯乙烯（mg/m^3）	7.0	1.50	2.13

目前我国处理恶臭气体比较成熟的方法有燃烧法、活性炭吸附法、生物分解法、药剂喷洒法、等离子法、膜技术分离法、氧化法和紫外光解法等。由于气田水恶臭气体为非组织排放，嗅觉阈值低，受其他因素影响持续时间短，浓度变化大，因此给治理带来了较大的难度。根据气井含硫量、产水量和环境因素的差异，川东地区采用了三种不同的气田水恶臭处理技术。

（1）气田水池自然蒸发。

川东地区采取自然蒸发的气田水池占 25% 左右，主要针对水量小、低含硫的气田水，收集到气田水池，有的加蓬、但不加盖，少量恶臭的气体直接排入大气。该方式的优点是费用低、设备简单。缺点是易受气象条件限制，恶臭物质排放量要很低，要求周边居民少，地方较偏僻。

（2）稀释扩散法。

川东地区气田水池采取呼吸管无动力排放占 74% 左右。这类气井所产地层水较少，一般在气井周围设置有气田水池，生产系统的排污水体进入气田水池储存，当有一定量后通过车辆拉运或水管线转运到回注站处理。气田水池用水泥板或其他玻璃钢材料进行密封，在盖板上设置有呼吸孔，同时设置高排管。高排管一般高度为 20 ~ 25m，气田水池中的恶臭气体通过高排管排入大气。通过大气的扩散稀释以及氧化反应，使其浓度降低，以减少下风向和臭气发生源附近工作和生活的人们免受恶臭的危害。该类技术主要针对产水量小、含硫量较低、恶臭影响不大的气田水池，具有费用低、设备简单的优点，缺点是若呼吸管高存在安全风险，易受气象条件限制，排放未减量。

针对云和 13 井水池存在的恶臭环保问题，重庆气矿通过对气田水池液面恶臭物质溢散通道的阻隔、溢散出恶臭物质通过放散管脱硫装置脱硫，消除天然气生产过程中气田水池产生恶臭物资对环境的影响，实现达标排放的要求。

云和 13 井气田水池未进行加盖密封，因排污过程中气田水会飞溅到池壁上，造成池壁风化严重，随着时间推移，会造成气田水池泄漏，造成环境污染。离水面 50cm 未排污时瞬时 H_2S 含量为 5mg/L，随风离排污池 2m 左右空气中 H_2S 含量为 2mg/L，强排污时 H_2S 含量为 650mg/L，产生强烈的刺激性臭味，有头晕恶心胸闷感。且离农户居住地较近，存在影响居民生活的风险。对此，作业区对气田水池进行加盖密封，浇钢筋混凝土盖板处理，污泥就地固化掩埋，对各个气田水池新做三布五油玻璃钢防腐，有效治理了恶臭，有效排除了恶臭对居民和驻井站人员的影响，减少了污染环境的风险。

治理方案包括以下六个方面。

①临时储存罐。定制成品塑料 PE 罐，铸铁钢管焊接连接，用于气田水池清淘、维修施工期间站场气田水的存积池。

②液位计。拆除气田水池液位计及支架，待气田水池改造完成后新做顶装式液位计及支架。

③气田水池污泥固化处理。人工挖污泥，污泥加水泥处理，搅拌均匀，待凝固后装入编织袋（转运至填埋池掩埋，搅拌地面加防渗膜），膨胀系数为 20%；填埋池新做 PVC 透气孔伸入固化体并开小孔，盖混凝土面层，切缝嵌油膏。

在污泥固化过程中注意事项：

a. 污泥清掏时采用机械强排风，水泥用量应严格计量，并保证搅拌均匀（均采用机械搅拌）。

b. 在污泥转运过程中，应避免损坏已修复的破损池壁和池底玻璃钢防腐层。

c. 在池体内进行污泥搅拌时，污泥内会释放有毒有害气体，每清掏半小时必须休息10min 以免长时间吸入有毒气体而中毒，必须做到一人施工一人监护。施工人员均须佩戴自吸过滤式口罩、穿戴橡胶手套和橡胶靴，同时应佩戴安全带以免掉入池内污泥中。

d. 池内需搭建简易人梯，用于紧急情况下施救和逃生。施工人员在感觉不适时，应迅速脱离施工现场至空气新鲜处，保持呼吸畅通；如呼吸困难，应立即给人员输氧；如呼吸停止，立即进行人工呼吸并迅速就医。

e. 在清掏污泥时，必须在池体旁配备 2 具灭火器。在进行人工清掏时必须使用至少 2 台防爆轴流风机对池内进行强制通风，确保池内空气良好的流通性。

④气田水池改造。拆除原钢结构彩钢棚及钢管柱，拆除砖砌池；待油泥处理后，拆除原气田水池中的防腐层及抹灰基层，对原有池内内壁凿毛，对池底、池壁做防渗水泥砂浆抹灰。

气田水池现浇钢筋混凝土隔墙，内配双层双向钢筋。盖板采用现浇钢筋混凝土盖板，盖板内配板筋双层双向，底部涂刷防腐油膏。检查口定制成品玻璃钢盖板，新做泄水孔。

⑤池体防腐防渗。池体防腐工程在污泥固化装袋之后进行，对池内进行清洗。先剔除原玻璃钢防腐层。现浇钢筋混凝土池底、池壁，内配双层双向钢筋；对整个池体池底、池壁新做水泥防渗砂浆抹灰（内掺 5% 防水胶），新做三布五油的环氧玻璃钢防腐（翻至池沿）。防腐层施工时应严格按生产厂家提供的施工说明书或施工规范进行施工。由于在进行玻璃钢防腐层施工时会散发出有毒有害气体。

在池体防腐过程中有以下注意事项。

a. 采取充分的通风换气措施，并经检测分析合格，方可作业。作业过程中要不间断采样、分析，防止突发情况对人员的危害。

b. 对受作业环境限制而不易达到充分通风换气的场所，作业人员必须配备并使用空气呼吸器或软管面具等隔离式呼吸保护器具。严禁使用过滤式面具。

c. 发现硫化氢等有毒有害危险气体时，必须立即停止作业，督促作业人员迅速撤离作业现场。

d. 安排经过培训、熟悉情况的监护人员，并配备两套空气呼吸器，密切监视作业状况。作业人员与监护人员应事先约定明确的联络信号，发现异常情况，应及时采取有效的措施。

e. 在醒目处设置安全作业牌和警示标志，明确告示作业单位名称、现场作业负责人、单位联系电话等；警示标志的内容应明确"危险场所！未经批准严禁无关人员入内"。

⑥气田水管线的改造。排污管线碰口拆除、安装需由专业人员操作。拆除原进水管、出水管，待改造完成后新接铸铁钢管进水管与出水管，以不锈钢管夹固定。

（3）处理装置脱除法。

针对恶臭影响大且环境影响比较敏感的区域，主要采用专业处理装置除臭法。其中一种是将恶臭气体收集后进入放空管与燃料气充分混合，实现完全燃烧的处理方法，净化效率高。如天东 71 井、凉风站等井站以这种方式处理，效果显著，但需要消耗天然气。该法工艺简单，操作方便，可回收热能。但处理低浓度恶臭气体时，需加入辅助燃料或预热。

同时，还采用了碱洗治理气田水恶臭，其主要是化学吸收法与活性炭吸附的结合，在峰 15 井、凉风站、天东 71 井等井站进行了试验。其工艺流程主要是气田水在进入处理系统前，经 ICDC 一体化旋流脱硫反应器化学处理，形成硫酸钙沉淀，达到消减硫化物；将气田水池、干化池产生的恶臭气体经风机输送，经 CWAH2S 强吸装置后排空。碱洗法对气田水池恶臭治理有效果，见表 3-18，峰 15 井去除率为 53%，凉风站的去除率为 67%，天东 71 井去除率为 98%。

表 3-18 碱洗法治理气田水恶臭效果对比表

对比项		峰15井	天东71	凉风站
治理投资（万元）		40	69.51	37.6
运行费用（万元/a）		6~8	6~8	6~8
治理前恶臭H₂S（mg/m³）		0.022~0.487	0.058~1.60	0.009~3.144
治理后恶臭H₂S（mg/m³）	常规运行状态	0.001~0.007	0.001~0.008	0.007~0.015
	强排污状态	0.002~0.026	0.006~0.025	0.008~1.039

碱洗法的优点是运行效果较好、无二次污染，操作实用性强、便于清理维护。缺点是生的硫酸钙沉淀增加气田水池固体废弃物量，但处理效率不是特别理想，而一般恶臭处理设施都要求很高的净化效率。此外维修成本较高，而且场站必须有人值守，对于无人值守的井站适应性较差。

3.4.3 气田水处理后达标外排

3.4.3.1 产水量区块或气田

目前重庆气矿产水量超过 50 m³/d 区块主要有四个：龙门—沙坪场区块，产水量为 260m³/d；大池干井区块，产水量为 59m³/d；大天池五百梯区块，产水量为 46m³/d；双家坝—胡家坝区块，产水量为 65m³/d。云和寨—福成寨区块，产水量为 32m³/d。

（1）龙门—沙坪场区块。

龙门—沙坪场区块产水量为 260m³/d，目前有门 7 井、天东 89 井和天东 104 井 3 口回注井在用，区块都有较完备的气田输水管网，其中龙门气田的气田水可管输至门 7 井进行回注，也可通过门浅 1—天东 100—天东 90 井输水管线至天东 89 井回注。沙坪场的气田水主要依靠内部输水管线输至天东 89 井和天东 104 井进行回注，目前能满足气田生产的需要。

从表 3-19 看出，龙门—沙坪场区块开发废水中主要有全盐量、氯化物、硫化物超标，其中 Cl⁻ 超标最多，达 64 倍，硫化物超标最少，为 4.5 倍。

表 3-19　气田产水在回注井混合后水质与外排标准对比表

农田灌溉水质标准（GB 5084—2021）							天东89	门7	天东104
序号	项目类别	单位	范围	作物种类					
				水作物	水作物	蔬菜			
1	五日生化需氧量（BOD）	mg/L	≤	60	100	40①，15②	—	—	—
2	化学需氧量（COD）	mg/L	≤	150	200	100，60	—	—	—
3	悬浮物（SS）	mg/L	≤	80	100	60，15	26.7	49.7	24.7
4	阴离子表面活性剂	mg/L	≤	5	8	5	—	—	—
5	水温	℃	≤	35			26	25	26
6	pH值		≤	5.5 ~ 8.5			6.52	6.71	6.64
7	全盐量	mg/L	≤	1000③，2000③			16512	17231	6894
8	氯化物	mg/L	≤	350			21800	22600	8420
9	硫化物	mg/L	≤	1			6.1	4.5	5.3
10	总汞	mg/L	≤	0.001			0	0	0
11	镉	mg/L	≤	0.01			0	0	0
12	铬（六价）	mg/L	≤	0.1			0.005	0.007	0.037
13	铅	mg/L	≤	0.2			0	0	0
14	石油类	mg/L	≤	5			10	1	1.95

①加工、烹调及去皮蔬菜。

②生食类蔬菜、瓜类和草本水果。

③具有一定的水利灌排设施，能保证一定的排水和地下水径流条件的地区，或有一定淡水资源能满足冲洗土体重盐分的地区，农田灌溉水质全盐量指标可以适当放宽。

由于废水中溶解性总固体和 Cl⁻ 含量较高，要达到相关排放要求，选用蒸发对其进行脱除。同时，由于原水中硬度较高，若直接进蒸发器会造成蒸发器结垢严重，无法运行，因此，进蒸发器前需要软化除硬度。

①工艺选择：石灰 + 纯碱软化 + 絮凝 + 过滤 + 高级催化氧化 + 低温多效板式蒸发浓缩结晶。

工艺流程：废水进入调节池进行均质均量后，进入高密度沉淀池，加石灰 + 纯碱的方式进行软化，去除硬度后进入多效蒸发器，固液分离后进入蒸发器进行蒸发，蒸发达标后的达标水直接外排。浓缩液进入管式结晶器进行结晶，结晶固体进行回收处理，剩余母液进入前一个环节循环结晶。

②站址选择。

依托现有输水管网利用现有回注井站进行处理，在用回注井站中天东89、天东104及门7井。由于天东90井产水量高，门浅1—天东100—天东90井输水管线反输不能满足设计输水能力。主要考虑在天东104井和天东89井进行集中处理。

天东 89 井、天东 104 周边环境及受纳水体情况分别见表 3–20 和表 3–21。

表 3–20 天东 89 井周边环境及受体统计表

大气环境	500m范围内人口数量	3km范围内人口数量	风险评估范围内的主导风向下风向场镇	
			距离（m）	人口规模
	561	—	—	—
水环境	环境风险评估范围内可能涉及的水体		环境风险评估范围内可涉水敏感区	
	名称	相对位置关系描述	名称	相对位置关系描述
	土河一级支流	井站东100m		
	民胜村无名小河	井站西南2100m		
	高家河	井站东2200m		
	石卵河	井站北230m	—	—
	土河	井站东1800m		
	山溪河一级支流	井站东2900m		
	龙兴水库	西南2900m		
	分散式饮用水源		集中式饮用水源	
	500m范围内水井数量	地下水井是否为唯一饮用水源	名称	相对位置关系描述
	12	否	—	—

表 3–21 天东 104 井周边环境及受体统计表

大气环境	500m范围内人口数量	3km范围内人口数量	风险评估范围内的主导风向下风向场镇	
			距离（m）	人口规模
	296	—	—	—
水环境	环境风险评估范围内可能涉及的水体		环境风险评估范围内可能涉及的涉水敏感区	
	名称	相对位置关系描述	名称	相对位置关系描述
	安居村无名小河	东20m		
	鹞子村无名小河	西南2200m		
	三角村无名小河	东2000m	—	—
	云阳村无名小河	东1100m		
	来家洞水库	北1800m		
	分散式饮用水源		集中式饮用水源	
	500m范围内水井数量	地下水井是否为唯一饮用水源	名称	相对位置关系描述
	7	否	—	—

根据表 3–20、表 3–21 统计，天东 89 井和天东 104 井周边以农田为主，且有多条无名小河，无饮用水库及相关的一级饮用水源。受纳水体环境满足排放要求。

综合考虑建议在天东 89 井建蒸发结晶处理装置。

（2）大池干井区块。

大池干井区块目前最大产水量为 $70m^3/d$，有宝 3 井、池浅 3 井、池浅 4 井、池 1 井（停用）、池 24 井、池 35 井、池 38 井（停用）、池 55 井、池 58 井等 9 口回注井，7 口回注井在用，区块都有较完备的气田输水管网。

池 35 井与池 55 井有输水管线连通，负责将吊钟坝、磨盘场、老湾区域气田水回注任务，回注量占气田所产开发废水 90%。

池 24 回注站：该井主要负责回注池 6、池 7、池 007-1、池 50 四口井气田水。

池浅 3 回注站：该井主要负责回注池 11、池 34 井所产气田水。

池浅 4 回注站：该井主要负责池 31、池 32、池 57、池 64 井所产气田水。

从表 3-22 可看出，大池干井开发废水中主要有，COD、全盐量等六项指标超标，其中超标最多的 Cl^- 超标 185 倍，COD 超标 10 ~ 15 倍。

表 3-22 气田产水在回注井混合后水质与外排标准对比表

农田灌溉水质标准（GB 5084—2021）							池浅3	池浅4	池35	池55
序号	项目类别	单位	范围	作物种类						
				水作物	水作物	蔬菜				
1	五日生化需氧量（BOD）	mg/L	≤	60	100	40①，15②				
2	化学需氧量（COD）	mg/L	≤	150	200	100，60	2500	804	2290	2150
3	悬浮物（SS）	mg/L	≤	80	100	60，15	84	100	700 ~ 1000	80.8
4	阴离子表面活性剂	mg/L	≤	5	8	5	—	—	—	—
5	水温	℃	≤	35			11	11	11	11
6	pH值		≤	5.5 ~ 8.5			6.9	7	6.8	6.7
7	全盐量	mg/L	≤	1000③，2000③			9261	10322	23597	21367
8	氯化物	mg/L	≤	350			13600	14300	20500/65000	31500
9	硫化物	mg/L	≤	1			111	143	13.6	3.37
10	总汞	mg/L	≤	0.001			0.1	0.1	0	0
11	镉	mg/L	≤	0.01			0.05	0.05	0	0
12	铬（六价）	mg/L	≤	0.1			0.009	0.005	0.01	0.01
13	铅	mg/L	≤	0.2			0.05	0	0	0
14	石油类	mg/L	≤	5		10	1	29	13	19.5

①加工、烹调及去皮蔬菜。

②生食类蔬菜、瓜类和草本水果。

③具有一定的水利灌排设施，能保证一定的排水和地下水径流条件的地区，或有一定淡水资源能满足冲洗土体重盐分的地区，农田灌溉水质全盐量指标可以适当放宽。

废水中溶解性总固体和 Cl⁻ 含量较高，要达到相关排放要求，选用蒸发对其进行脱除。同时，由于原水中硬度较高，若直接进蒸发器会造成蒸发器结垢严重，无法运行，因此，进蒸发器前需要软化除硬度。除 Cl⁻ 等超标外，COD 超标 10 ~ 15 倍，需要采取相应工艺，将 COD 处理至外排标准后再进行蒸发结晶。

（1）工艺选择：石灰 + 纯碱软化 + 絮凝 + 过滤 + 高级催化氧化 + 低温多效板式蒸发浓缩结晶。

具体工艺流程：废水经石灰 + 纯碱软化 + 絮凝 + 过滤把水体软化处理后，进入催化氧化池，运用臭氧或二氧化氯等氧化剂，通过金属离子催化剂的催化作用，有效生成和增加反应体系内的自由基，产生全面和激烈的氧化反应，去除或分解转化高难降解的 COD 成分。达到相关标准后，进入低温多效板式蒸发浓缩结晶，去除 Cl⁻ 盐。达标外排处理流程图如图 3-8 所示。

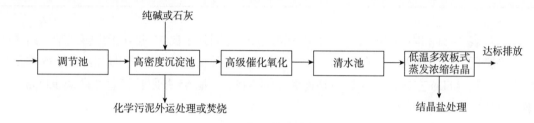

图 3-8　达标外排处理流程图

（2）站址选择。

依托现有输水管网利用现有回注井站进行处理，在用回注井站中池 35 井、池 55 井回注量占总回注量 90%。主要考虑在池 35 井、池 55 井进行集中处理。

池 35 井、池 55 井周边环境及受纳水体情况分别见表 3-23 和表 3-24。

表 3-23　池 35 井周边环境及受体统计表

大气环境	500m范围内人口数量	3km范围内人口数量	风险评估范围内的主导风向下风向场镇	
			距离（m）	人口规模
	15	—	—	—
水环境	环境风险评估范围内可能涉及的水体		环境风险评估范围内涉水敏感区	
	名称	相对位置关系描述	名称	相对位置关系描述
	无名小河（10m宽）	井站东北3000m	—	—
	小型水库	井站南1500m		
	长江	井站东4800m		
	分散式饮用水源		集中式饮用水源	
	500m范围内水井数量	地下水井是否为唯一饮用水源	名称	相对位置关系描述
	无	否	—	—

表 3-24 池 55 井周边环境及受体统计表

大气环境	500m范围内人口数量	3km范围内人口数量	风险评估范围内的主导风向下风向场镇	
			距离（m）	人口规模
	52	—		

水环境	环境风险评估范围内可能涉及的水体		环境风险评估范围内涉水敏感区	
	名称	相对位置关系描述	名称	相对位置关系描述
	长江	东9000m	—	—
	小型水库	南3200m		
	分散式饮用水源		集中式饮用水源	
	500m范围内水井数量	地下水井是否为唯一饮用水源	名称	相对位置关系描述
	无	否	—	—

通过表 3-23 和表 3-24 统计，池 35 井与池 55 井同处于池 55 井处于沟壑地带，站场处于半山腰周边以山林为主，有无名小河，无饮用水库及相关的一级饮用水源。池 35 井距长江直线距离 4.8km 左右，距与长江相连的小河 3.0km。池 55 井距长江直线距离 9.0km。受纳水体环境满足排放要求。

综合考虑建议在池 35 井建蒸发结晶处理装置。

（3）五百梯区块。

五百梯区块目前有天东 71 井 1 口回注井，目前产水量为 70m³/d 左右，气田开发废水通过管网输至天东 71 井进行回注。目前能满足气田生产的需要。

从表 3-25 可看出，五百梯区块开发废水中主要有 COD、全盐量等五项指标超标，其中超标最多的 Cl⁻ 超标 35 倍，BOD_5 和 COD 超标 7 ~ 8 倍。

表 3-25 气田产水在回注井混合后水质与外排标准对比表

农田灌溉水质标准（GB 5084—2021）							天东71
序号	项目类别	单位	范围	作物种类			
				水作物	水作物	蔬菜	
1	五日生化需氧量（BOD）	mg/L	≤	60	100	40①, 15②	463
2	化学需氧量（COD）	mg/L	≤	150	200	100, 60	1134
3	悬浮物（SS）	mg/L	≤	80	100	60, 15	45
4	阴离子表面活性剂	mg/L	≤	5	8	5	—
5	水温	℃	≤	35			26.8
6	pH值		≤	5.5 ~ 8.5			6.48
7	全盐量	mg/L	≤	1000③, 2000③			9630
8	氯化物	mg/L	≤	350			12200
9	硫化物	mg/L	≤	1			16.2
10	总汞	mg/L	≤	0.001			0

农田灌溉水质标准（GB 5084—2021）					天东71
11	镉	mg/L	≤	0.01	0
12	铬（六价）	mg/L	≤	0.1	0.004
13	铅	mg/L	≤	0.2	0
14	石油类	mg/L	≤	5	10	1

①加工、烹调及去皮蔬菜。

②生食类蔬菜、瓜类和草本水果。

③具有一定的水利灌排设施，能保证一定的排水和地下水径流条件的地区，或有一定淡水资源能满足冲洗土体重盐分的地区，农田灌溉水质全盐量指标可以适当放宽。

废水中溶解性总固体和 Cl^- 含量较高，要达到相关排放要求，选用蒸发对其进行脱除。同时，由于原水中硬度较高，若直接进蒸发器会造成蒸发器结垢严重，无法运行，因此，进蒸发器前需要软化除硬度。除 Cl^- 等超标外，BOD_5 和 COD 超标 7 ~ 8 倍，需要采取相应工艺，将 BOD_5 和 COD 处理至外排标准后再进行蒸发结晶。

（1）工艺选择：石灰＋纯碱软化＋絮凝＋过滤＋高级催化氧化＋低温多效板式蒸发浓缩结晶。

具体工艺流程：废水经石灰＋纯碱软化＋絮凝＋过滤把水体软化处理后，进入催化氧化池，运用臭氧或二氧化氯等氧化剂，通过金属离子催化剂的催化作用，有效生成和增加反应体系内的自由基，产生全面和激烈的氧化反应，去除或分解转化高难降解的 BOD_5 和 COD 成分。达到相关标准后，进入低温多效板式蒸发浓缩结晶，去除 Cl^- 盐。

（2）站址选择。

依托现有输水管网利用现有回注井站进行处理，回注井天东 71 井进行集中处理。

天东 71 井站场周边环境及受纳水体情况见表 3-26。

表 3-26 天东 71 井周边环境及受体统计表

大气环境	500m范围内人口数量	3km范围内人口数量	风险评估范围内的主导风向下风向场镇	
			距离（m）	人口规模
	250	11045	—	—
水环境	环境风险评估范围内可能涉及的水体		环境风险评估范围内可能涉及的涉水敏感区	
	名称	相对位置关系描述	名称	相对位置关系描述
	南雅河	南偏西2277m		
	鱼龙水库	南偏西1404m		
	安全水库	南2192m		
	尖山水库	南偏东2217m		
	三山水库	南偏东2514m		
	分散式饮用水源		集中式饮用水源	
	500m范围内水井数量	地下水井是否为唯一饮用水源	名称	相对位置关系描述
	—	—	—	—

通过表 3-26 统计，天东 71 井周边以农田为主，有多个水库，无一级饮用水源。受纳水体环境满足排放要求。

综合考虑建议在天东 71 井建蒸发结晶处理装置。

3.4.3.2 小产水量气田

小产水量气田目前开发废水产量在 60 ~ 80m³/d，通过车载拉运的方式将开发废水就近集中到相应的处理站场进行处理（表 3-27）。

表 3-27 小产水量气田开发废水预测表

区块名称	主要气田	产水量（m³/d）			
		2017	2018	2019	2020
卧龙河—双龙	卧龙河、铜锣峡	8	8	7	6
沙罐坪—檀木场	沙罐坪—檀木场	7	7	7	6
寨沟湾	寨沟湾—复兴场	9	9	8	7
张家场—明月北	张家场—明月北	2	2	1	1
云和寨—福成寨	云和寨、福成寨	32	32	28	27
高峰场—云安厂	三岔坪、冯家湾 大坪垭、大猫坪	23	23	21	20
石油沟	东溪	1	1	1	1
合计		82	82	73	68

3.4.3.3 修井废水

气田开发进入后期，地层压力系数降低，目前修井液都采用清水吊罐方式，修井完毕后采用盐酸进行酸化作业，酸化完毕后将残酸返排，返排液加碱（NaOH）中和后，统一处理，其特点为地层水 + 清水 + 盐酸混合，既有地层水的特点，Cl⁻ 盐还超高。

（1）工艺选择：石灰 + 纯碱软化 + 絮凝 + 过滤 + 高级催化氧化 + 低温多效板式蒸发浓缩结晶。

具体工艺流程：废水经石灰 + 纯碱软化 + 絮凝 + 过滤把水体软化处理后，进入催化氧化池，运用臭氧或二氧化氯等氧化剂，通过金属离子催化剂的催化作用，有效生成和增加反应体系内的自由基，产生全面和激烈的氧化反应，去除或分解转化高难降解的 BOD₅ 和 COD 成分。达到相关标准后，进入低温多效板式蒸发浓缩结晶，去除 Cl⁻ 盐。

（2）站址选择：可采取管输或拉运方式，就近到最近的废水处理站场进行处理。

参考文献

[1] 靳雅夕，包凯，彭柳，等 . 渝东南地区页岩气井废水来源分析及处理措施 [J]. 广州化工，2021，49（1）：79-82.

[2] 王海龙，梁天军，解双博 . 气田采出水处理及回注地面工艺技术分析 [J]. 化工管理，2020

（15）：186–187.

[3] 王茂仁．新疆油田钻井水基固液废弃物不落地处理技术研究 [D]. 成都：西南石油大学，
2017.

[4] 甄广峰．废弃油基钻井液无害化处理 [D]. 大庆：东北石油大学，2015.

[5] 杨双春，佟双鱼，李东胜，等．废弃钻井液无害化处理技术研究进展 [J]. 应用化工，2019，
48（12）：3037–3041.

[6] 钱志伟．废弃油基钻井液无害化处理技术研究 [D]. 成都：西南石油大学，2012.

[7] 陈永红．废弃油基钻井液处理技术研究 [D]. 武汉：长江大学，2012.

[8] 李盛林，蒋学彬，张敏，等．页岩气钻井废水减量化及回用技术 [J]. 油气田环境保护，
2017，27（3）：32–35，48，61.

[9] 常启新．涪陵页岩气钻井污水重复利用研究．石油与天然气化工，2016，45（5）.

[10] 魏云锦，王世彬，马倩，等．四川盆地长宁—威远页岩气开发示范区生产废水管理 [J]. 石油
与天然气化工，2018，47（4）：113–119.

[11] 刘占孟，李俊杰，张召基，等．页岩气气井产出水处理技术的比较研究．油气田地面工程，
2017，36（1）.

[12] 周晓珉．页岩气压裂返排液处理技术探索及应用．油气田环境保护，2015，25（1）.

[13] 何明舫，来轩昂，李宁军．苏里格气田压裂返排液回收处理方法 [J]. 天然气工业，2015，35
（8）：114–119.

[14] 刘文士，廖仕孟，向启贵，等．美国页岩气压裂返排液处理技术现状及启示 [J]. 天然气工
业，2013，33（12）：158–162.

[15] 韩卓，郭威，张太亮，等．非常规压裂返排液回注处理实验研究 [J]. 石油与天然气化工，
2014，43（1）：108–112.

[16] 万里平，赵立志，孟英峰，等．油田酸化废水 COD 去除方法的研究 [J]. 石油与天然气化工，
2001（6）：268，318–320.

[17] 向力，黄德彬，康建勋，等．西南地区页岩气开发压裂返排液处理现状及达标排放研究 [J].
环境保护前沿，2019，9（4）：575–583.

[18] 王松，曹明伟，丁连民，等．纳米 TiO_2 处理河南油田压裂废水技术研究 [J]. 钻井液与完井
液，2006（4）：65–68，93.

[19] 荆国林，韩春杰．火山岩深气层压裂返排废水高级氧化处理工艺研究 [J]. 钻采工艺，2007
（5）：123–125，171–172.

[20] 涂磊，王兵，杨丹丹．压裂返排液物理化学法达标治理研究 [J]. 西南石油大学学报，2007
（S2）：104–106，177.

[21] 张爱涛，卜龙利，廖建波．微波工艺处理油田酸化压裂废水的应用 [J]. 化工进展，2009，28
（S2）：138–142.

[22] 万瑞瑞．中和混凝、氧化法在油田压裂废水处理中的应用研究 [D]. 西安：西安建筑科技大
学，2012.

[23] 钟显，赵立志，杨旭，等．生化处理压裂返排液的试验研究 [J]. 石油与天然气化工，2006

（1）：70–72，88–89.

[24] 侯保才，刘振华，杜俊跃，等．压裂返排液处理技术现状及展望 [J]．油气田环境保护，2015，25（1）：41–43，61.

[25] 张玉慧．高含硫气田气井产出水深度处理探索与实践 [J]．油气田环境保护，2019，29（5）：38–41，77.

[26] 谢惠勇．含硫气田采出水综合处置技术研究 [D]．成都：西南石油大学，2018.

[27] 周厚安，熊颖，康志勤，等．高磨地区含硫气田水除臭处理技术探讨 [J]．石油与天然气化工，2020，49（6）：125–130.

[28] 吴建祥，冯小波，庞飙，等．川东地区气田水恶臭治理技术应用及效果分析 [C]．2018 年全国天然气学术年会，2018.

[29] 郭建伟，孟允．油气田污水处理技术应用及研究进展 [J]．居业，2020（6）：65，67.

[30] 潘林生．长输管道工艺站场埋地管线腐蚀原因及防护对策探讨 [J]．化工管理，2020（15）：187–188.

[31] 陈立荣，李盛林，张敏，等．钻井固废生物处理技术 [J]．油气田环境保护，2018，28（1）：25–27，61.

[32] 孟宣宇．页岩气开发压裂返排液水质特征及其处理技术研究 [D]．北京：中国石油大学（北京），2017.

[33] 田辉．气田压裂废水循环利用技术研究 [D]．西安：西安建筑科技大学，2016.

[34] 侯同飞．油田作业废液处理工艺与试验研究 [D]．北京：中国石油大学（北京），2016.

[35] 程玉生，张立权，莫天明，等．北部湾水基钻井液固相控制与重复利用技术 [J]．钻井液与完井液，2016，33（2）：60–63.

[36] 耿翠玉，乔瑞平，陈广升，等．页岩气压裂返排液处理技术 [J]．能源环境保护，2016，30（1）：12–16，56.

[37] 张祥，赵凤臣，曹晓晖，等．苏里格气田钻井液回收再利用技术 [J]．钻井液与完井液，2015，32（3）：99–102，110.

[38] 叶春松，郭京骁，周为，等．页岩气压裂返排液处理技术的研究进展 [J]．化工环保，2015，35（1）：21–26.

[39] 赵向阳，林海，张振活，等．长北气田钻井液回收重复利用实践与认识 [J]．钻井液与完井液，2013，30（1）：80–82，96.

[40] 王学川，胡艳鑫，郑书杰，等．国内外废弃钻井液处理技术研究现状 [J]．陕西科技大学学报（自然科学版），2010，28（6）：169–174.

4 天然气减排技术

由温室气体排放引起的全球气候变暖问题已经引起全球关注。为应对全球气候变暖，我国提出"二氧化碳排放力争于 2030 年前达到峰值，努力争取 2060 年前实现碳中和"等目标。

我国大部分天然气田具有"高压、高硫化氢、高二氧化碳、高产"等特点，一旦天然气钻完井过程中发生井涌井喷、采输过程中发生泄漏、火炬的放空系统不达标等都可能导致 CH_4、CO_2 或者 H_2S 排放到大气中，对环境和人畜造成巨大危害。因此，严格控制天然气的排放量（尤其是含硫开采过程中）至关重要。

4.1 天然气井喷预防

随着天然气等清洁能源产业的迅速发展，我国对于天然气的需求日益增加，对这些天然气气田尤其是含硫气田的开发技术风险高，难度大，一旦发生含硫天然气井井喷事故，首先将会面临天然气和 H_2S 的扩散问题。H_2S 是一种可燃且有剧毒的气体，能通过呼吸系统、消化系统和皮肤的少量接触进入人体，影响人体的正常代谢，从而对人体健康造成不良后果。其次，天然气混合物从井口喷出，在混合物达到爆炸下限之前或者超过爆炸上限之后在井口处点火均会导致喷射火事故。如果热辐射强度足够大，就会对周边居民和建筑物等造成伤害。如果喷出的天然气在扩散过程中与空气混合物处在爆炸极限内遇到明火，就会发生天然气爆炸事故，具体表现为爆炸火球的热辐射和爆炸波的冲击，这两者均会对周边人员、设备及建筑物造成相当大的影响和破坏。

4.1.1 天然气溢流原因

天然气发生溢流的原因可以概括为地层的非故意溢流和故意溢流两个原因。

4.1.1.1 地层的非故意溢流

在钻井过程中，由于操作或地层等方面的原因，致使地层流体进入井内，从而导致溢流，这种溢流称为地层的非故意溢流。溢流发生时，大量的地层流体进入井眼内，以致必须在井口设备承受一定压力的条件下才能关井。在正常钻进或起、下钻作业中，溢流可能在下列条件下发生：

（1）井内环形空间钻井液静液压力小于地层压力；

（2）溢流发生的地层具有必要的渗透率，允许流体流入井内。

地层压力和地层渗透率是无法控制的。为了维持初级井控状态必须保持井内有适当的钻井液静液压力。造成钻井液静液压力不够的一种或多种原因都有可能导致地层流体侵入井内。

①井眼未能完全充满钻井液。无论在什么情况下，只要井内的钻井液液面下降，钻井液的静液压力就会减小，当钻井液静液压力低于地层压力时，就会发生溢流。在起钻过程中，由于钻柱起出，钻柱在井内的体积减小，井内的钻井液液面下降，从而造成钻井液静液压力的减小。不管在裸眼井中哪一个位置，只要钻井液静液压力低于地层压力，溢流就有可能发生。在起钻过程中，向井内灌钻井液可保持钻井液的静液压力。灌入井内的钻井液的体积应等于起出钻柱的体积。如果测得的灌入体积小于计算的钻柱体积，说明地层内的流体可能进入井内，将会发生溢流。

②起钻引起的抽汲压力。只要钻具在井内上下运动就会产生抽汲压力和激动压力，至于是抽汲压力还是激动压力主要取决于钻具的运动方向。当钻具向上运动时（如起钻）以抽汲压力为主，钻井液在环形空间下落，但其下落速度常常不如钻具起出的速度快，使钻具下方的压力减小，并被地层流体充填，以补充这种压力的减少，直到压力不再减小为止，这就称为抽汲。如果吸入井内的地层流体足够多，井内钻井液的总静液压力就会降低，以致井内发生溢流。无论起钻速度多慢，抽汲作用都会产生，但能否导致溢流的发生，则要看井内环形空间的有效压力能否平衡地层压力。应该记住，只要井内环形空间的有效压力始终能够平衡地层压力，这样就可以防止溢流发生。

③循环漏失。循环漏失是指井内的钻井液漏入地层。这就引起井内液柱高度下降，静液压力减小。当下降到一定程度时，溢流就可能发生。当地层裂缝足够大，并且井内环形空间的钻井液密度超过裂缝地层流体当量密度时，就要发生循环漏失。地层裂缝可能是天然的，也可能是由钻井液静液压力过大使地层压裂而引起的。由于钻井液密度过高和下钻时的激动压力，使得作用于地层上的压力过大。在有些情况下，特别是在深井、小井眼里使用高黏度钻井液钻进，环形空间流动阻力可能高到足以引起循环漏失。以较快的钻速钻到黏土页岩时，也可能出现类似的情况。

④钻井液或固井液的密度低。钻井液的密度低是发生溢流最常见的一个原因。一般情况下，钻井液密度过低造成的溢流与其他原因造成的溢流相比，更易于发现与控制；但若控制不当也会导致井喷的发生。钻井液密度低可能是井钻到异常高压地层或断层多的地层，其特点是地层内充满地层流体。充满流体的地层发生井喷可能由于以下原因：钻井密度设计偏低、错误地解释钻井参数、施工操作不当等。因此，钻井液的静液压力不会下降得太多，井内失衡不会太严重。在地面错误处理钻井液也是造成钻井液密度降低的原因，如钻井泵上水管阀门被错误地打开，使钻井液罐中的低密度钻井液泵入井内等。钻井液发生气侵时会严重影响钻井液密度，降低了静液压力。因为气体的密度比钻井液小，所以气侵后钻井液密度会降低。一般情况下，如井内有少量的气体侵入，则流入钻井液的水比预想的多；用清水清洗振动筛都会影响钻井液的密度。雨水进入循环系统也会对钻井液密度造成很大影响，并使钻井液性能发生很大转变。由于岩屑会使井内的钻井液密度增加，需要在循环时向循环系统中加水，如果水加得太多，钻井液密度就会降至太低，造成溢流的发生。

⑤异常压力地层。在钻井的过程中，经常遇到一些异常压力地层并对钻井造成危害。世界上大部分沉积盆地都有异常的高压地层。沉积盆地中有几种异常压力形成的机理，如

压实作用、构造运动、成岩作用、密度差作用、流体运移等均可形成异常压力地层。当钻遇异常压力的地层时并不一定会直接引起初级井控失控，如用低密度钻井液钻此类地层，初级井控才可能失败。事实上，更多的井喷是发生在正常压力地层而不是异常压力地层。对有可能钻到的高压井，设计时应考虑使用更好的设备，并且需要更密切地注意防止可能发生的井涌。

4.1.1.2 地层的故意溢流

在油气勘探阶段、钻探各类深井的目的是发现和探明含油气构造或新层系。因此，在钻探过程中，遇有油气显示，需要按设计进行钻杆中途测试，以便及时地发现和评价油气层。当探井完钻后，也需应用地层测试技术进行完井测试工作，目的是及时准确地获取对油气层的全面工业性评价，为进一步扩大勘探提供翔实、准确的资料。但在测试工作中，由于测试技术本身的要求，往往需要人为地造成井底压力小于地层压力，从而让地层流体进入井内，甚至到达地面，称之为故意溢流。

（1）钻杆中途测试。在钻井过程中钻遇油气层以后，为了及时了解有关生产层性能及其所含油、气、水等具体情况，需取得有关资料后进行中途测试。中途测试是用钻杆或油管柱将地层测试仪器下到待测试层段，由于测试压差的作用，使测试层段的地层流体进入井内和测试钻杆内，甚至流至地面，通过分析、解释获得在动态条件下地层和流体的各种特性参数，从而及时、准确地对产层做出评价。在进行施工的过程中，由于是故意引导地层流体进入井内，操作不当很容易引起井喷。

（2）完井。完井是钻井工程最后一个重要环节。其主要内容包括钻开油气层，确定完井方法，安装井底及井口装置和诱导油气流。最终的目的是让地层流体故意进入井内。由于油、气所储存的地层中的能量不同，在生产层被打开以后，可能会出现两种情况：一种是在一定的液柱压力下，油井、气井能自喷；一种是在一定的液柱压力下不能自喷。

4.1.2 钻井井喷失控因素

4.1.2.1 防喷器失控引起的井喷失控

防喷器是井控设备中用于控制井口压力的核心设备。在钻井作业中，一旦发生溢流、井涌、井喷等危险情况，防喷器就必须迅速完成关井动作。事故分析表明闸板防喷器失效的主要形式为密封失效、闸板总成封不住压、无法剪短钻具和闸板开关异常等，环形防喷器失效的主要原因有胶芯脱胶、撕裂、活塞密封失效、胶芯回弹不好等。此外，在钻浅层时，由于井口未安装防喷器而导致井喷失控的事故也较多。防喷器失效导致的后果是井喷发生时防喷器无法封住井口，井内流体失去压力控制而大量喷出井眼，有时甚至将井内钻具也喷出。另一方面由于井口无法进行压力控制而不能进行压井操作，这样往往使井喷更加严重，极易导致爆炸起火甚至井喷失控。因此，在井喷发生后，井口是否安装防喷器及防喷器性能的好坏是决定是否发生井喷失控事故的重要因素。

4.1.2.2 节流和压井管汇失控引起的井喷失控

节流和压井管汇是实施油气井压力控制技术的重要辅助设备。在钻井施工中，一旦发生溢流或井喷，可通过压井管汇循环出被污染的钻井液，再泵入加重钻井液压井，以便恢复井底压力平衡，同时可利用节流管汇控制井口回压，从而维持稳定的井底压力。节流和压井管汇在压井过程中失效主要是由于钻井液和气体组成的气液混合物高速通过管汇时，节流阀阀腔和管汇内壁不断磨损，导致管汇刺穿和气体泄漏。节流压井管汇一旦失效，就会导致压井液无法顺利注入井眼，从而无法控制压井套压，造成压井失败等使井喷情况恶化；同时从管汇泄漏出的可燃气体遇到点火源极易导致爆炸起火，如果含有毒气体还会导致人员伤亡，甚至导致井喷失控事故。

4.1.2.3 套管失效引起的井喷失控

从事故分析来看，套管引起的井喷失控因素多为井身结构不合理，主要表现在套管下入深度不够和套管等级不合理，其中未下入表层套管是很常见的原因；套管磨损和套管腐蚀导致套管强度降低，承压能力下降。在井喷发生后的关井阶段，井内压力急剧升高；在压井阶段，由于加重钻井液的注入，也会导致套管承受的压力大幅增加。如果套管因无法承受高压而被压坏，井眼薄弱地层就会较易泄漏，造成钻井液漏失和井底压力下降，井底进气，同地层连通。一旦井眼内进气量增加，井喷便更加严重；同时在压井时，由于钻井液漏失，往往导致压井失效，甚至造成井喷失控事故。

4.1.2.4 井喷后爆炸起火引起的井喷失控

井喷后的爆炸起火是除井控设备和套管外，引起井喷失控的最主要原因。井喷发生后，井场周围充满油气，同时井场设备多，潜在点火源比较多，在发生井喷后容易爆炸起火。井喷后的爆炸着火不仅会造成人员伤亡和设备毁坏，还会使事故变得更加复杂，使处理事故的条件更为恶劣，当被烧毁的井架、钻机、钻具和工具等堆积在井口时，喷流和火苗到处乱窜，井口装置处于高温和重压之下很容易毁坏，人也难以靠近井口，很容易导致井喷失控。

4.1.3 井喷预防措施

4.1.3.1 管理措施

对于防井喷管理措施有以下几点：

（1）钻前做好 HSE 风险评估，找出潜在风险和存在的不利及有利件，为制订应急预案做好准备。

（2）加强硫化氢的监测及防护，如现场配备固定式和便携式 H_2S 监测设备；监测传感器分别安装在圆井、钻台上司钻操作处、循环罐等附近。

（3）应急救援行动应明确人员责任、行动计划、联系方式、附近人口聚集场所的具体位置、撤离路线、可用的安全设备等；明确井喷失控状况下应急点火程序；对于应急预案，要建立演练、检查制度。演练过程中，应通知地方政府、当地居民参加。

（4）含硫油气井的开采必须符合安全"三同时"的要求：同时保证油（气）井距学校、医院、政府所在地、大型工矿企业等人口密集性、高危性场所安全间距不应小于 500m，对高含硫油（气）井，此间距还应该适当扩大，从根本上防范 H_2S 所致公共安全问题的核心。

4.1.3.2 预防井喷失控对策

结合现有的钻井井控技术规程，预防井喷失控的对策如下：

（1）明确引起井喷失控的七个环节和防止井喷失控的三个做法。七个环节是指防喷器组失效、钻柱及钻井泵管路泄漏、节流管汇及其控制装置失效、压井管路失效、套管承压不够、地面防爆系统存在缺陷、关井与压井过程损坏井控装备；三个做法是指要确保四个硬件系统（防喷器、节流装备、压井相关设备、套管）处于良好状态，要防止油气溢出后产生爆炸着火，在关井及压井过程要保证原本性能良好的四个硬件系统继续保持良好状态。

（2）明确防止井喷失控的三个设计内容：尽管井喷失控概率小，但是其危害巨大，杜绝井喷失控应该是钻井工作者的天职，应将防止井喷失控作为钻井设计的一节内容；针对实际气藏及气井特征，钻井设计内容应该包括不放过任何可能导致井喷失控的细节，不抱侥幸心理；不同的气藏及气井，影响井喷失控的因素差异较大，钻井设计需要体现气藏及气井特征，而不是千篇一律。

（3）在日常钻井时候严格按图4-1对防喷器和节流压井管汇等井控设备的各个组成部分及安装方式等逐一进行检测，确保其功能和安装方式可靠。对防喷器和节流压井管汇的新旧和腐蚀程度进行检测，并有记录在案，确保其安全可靠。对手动控制台、司钻控制台和远程控制台也要定期进行检查，确保其在溢流井喷发生后能顺利关闭防喷器和节流压井阀。在发生井喷之后，要密切关注井口压力，防止高压憋坏防喷器，并由压井技术人员，准确控制节流速度，防止压井过程损坏节流阀。对于套管，要严格按照井身结构设计标准设计套管层次和强度，并通过试压等方式确保套管强度安全可靠，对于腐蚀比较严重的井区，通过必要手段检测套管的腐蚀情况，并记录在案。

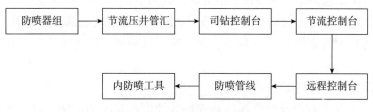

图4-1 井控日常检查流程图

（4）技术和管理队伍直接决定井控设备的操作水平，关系着井控设备在关键时刻是否可以起到应有的作用，对不同井控风险类别的井应配置相应等级的技术管理人员。Ⅰ类、Ⅱ类、Ⅲ类风险井区作业井分别由具备集团公司甲级资质、乙级以上（含）资质、丙级以上（含）资质的钻井队负责实施，并分别配备科长级、工程师级、工程师级的井控技术专家作为现场主要井控技术负责人，该井控技术专家应具有一定应急救援技术，负责制订单井详细井控措施，并监督实施。若发生溢流、井涌或井喷等紧急情况，应立即制订应对措施，并组织人员进行抢险施工。

（5）防喷演习增加试压实验，以班组为单位，落实井控责任制。作业班"逢五"或"逢十"进行不同工况的防喷演习，演习严格按照关井操作程序进行。当处于钻进作业和空井状态时应在3min内控制住井口，起下钻作业状态应在5min内控制住井口，并将演习情况记录于"防喷演习记录表"中，并"逢十"对关井的合格性进行试压检验。此外，在各次开钻前、特殊作业（取心、测试、完井作业等）前，都应进行防喷演习，达到合格要求。

4.1.4 井控装备及技术

4.1.4.1 井控装备

井控装备系统是指实施油气井压力控制技术的所有设备、专用工具、仪器仪表及管汇或者是为恢复一次井控所需的所有设备设施总称。

（1）常规井控装备。

①井口防喷器装置主要由套管头、液压防喷器组、钻井四通、过渡法兰和相应的控制系统组成。在钻井过程中，通常，油气井口所安装的部件自下而上依次为套管头、钻井四通、闸板防喷器、环形防喷器、防溢管等。套管头装在套管上，用以承受井口防喷器组件的全部重量。四通两翼连接节流与压井管汇。防溢管则导引自井筒返回的钻井液流入振动筛，防喷器动作所需压力油由控制装置提供。

②控制系统远程台、司钻台、遥控装置。

③节流节压装置主要包括节流管汇、压井管汇、放喷管线和相应的配套设备（如气液分离器、控制装置等）。节流压井装置是成功地控制井涌、保证油气井压力控制技术的可靠性而必要的设备。

④钻柱内防喷工具是装在钻具管柱上的专用工具，用来封闭钻具的中心通路，防止井筒流体回流造成钻柱内喷，使用时和井口防喷器组一起配套使用。现场常用的方钻杆旋塞阀、钻柱止回阀等工具皆属钻具内防喷工具。

⑤井控仪器仪表包括综合录井仪、液面监测仪等。

⑥钻井液净化、灌注装置钻井液净化系统、除气装置、自动灌注装置等。

⑦专用设备及工具旋转头、自封头、强行起下钻装置、清理障碍物专用工具及灭火设备等。

（2）井控设备智能监测系统。

针对传统工作方式不能及时掌握钻井现场井控设备状况的问题，以及为了实时读取井控设备的重要技术参数，及时处理出现的故障，通过在井控设备上安装数据采集系统，实时监测设备的工作状态，将实时数据在现场显示，并可通过无线网络上传数据到云服务器，管理人员可以通过手机 APP 或客户端计算机实时远程查看设备状态。该系统可以监测远程控制台内气压、电动泵电压、电流、储能器压力、管汇压力、阀位、油位高低、防喷器开关次数等参数。所有参数都可设定限制值，实现设备关键数值自动报警。维修中心可以通过实时数据协助远程诊断设备，协助排除故障。

通过该系统的应用，实现了井控设备在线监测功能，提高了井控设备管理的工作效率和使用的安全性。该项技术为今后井控设备的管理提供了重要的技术保障。

4.1.4.2 常规井控技术

在天然气井钻井过程中，当井底压力小于地层压力时，在压差作用下，地层中天然气就会进入井筒内，当压差持续增大时，进入井筒内的天然气就会越来越多，最终聚集的天然气会形成气柱，导致井喷事故。天然气由地层进入井筒大多是通过微小气泡的形式，逐渐在井筒内汇聚成气柱，由于天然气的密度远小于钻井液，在钻井液中会上窜，然后随钻井液循环向井口上返，在天然气上返过程中，所承受的压力会逐渐减小，气泡、气柱在上升过程中，体积会发生膨胀，导致一部分压井液被挤出井口，导致溢流的发生，同时井筒内钻井液密度会下降，当气泡、气柱接近井口时，体积会急剧膨胀，此时如果不能及时采取控制措施，就会导致井喷事故。

通过总结井喷失控的原因，深入研究井喷失控的过程发现，造成井喷的实质是压井过程中井口压力长时间大幅度反复变化，含有气体的钻井液高速冲刺套管、井口及地面管汇，导致套管爆炸、井口泄漏、地面管汇破裂等。因此，要加强井控措施。

（1）排除溢流压井。溢流是井喷的前兆，发现溢流要及时做好压井工作，重建井内平衡，才能大幅减少井喷失控。在压井过程中，要根据记录的钻井液数据及溢流情况，合理配制钻井液密度，保持井底压力略大于地层压力，通过一个循环周来完成压井作业。此外，发现溢流后可以关井，先使用原钻井液排除溢流，在加重钻井液压井，这种方法需要两个循环周期。起钻时抽汲作用或是空井时间过长，导致地层气体进入钻井液，为了防止这种情况发生导致溢流，可以采取以下方法：

①迅速关井，将井筒内气体排出；

②控制住井口压力，保持井筒内压力平衡，释放出压井液，使井筒内气体上升至井口排出；

③控制好套压，使用节流阀释放部分压井液，之后关井，待气体上升，然后重复释放压井液关井作业，直至井筒内的气体排出。

（2）加强钻井工艺控制。对于有浅层气的钻井，使用防喷器关井易导致井口塌陷，可以安装分流设备。当钻开浅层气后，可以采用大排量钻井液配合小井眼钻井的方法继续钻进，要密切关注井口钻井液流量变化及池体积变化情况。当出现溢流时，不能简单关井，要采取分流放喷的方法，先小幅上提钻具，然后停泵检测溢流情况，再打开分流器向下风口分流，最后将泵排量开至最大，向井筒内泵入配制好的钻井液，通过循环钻井液来控制井筒内压力。

除此之外，未来的天然气井控技术发展方向也是受到重点关注的。

（1）加强溢流监测仪器研制。

溢流是发生井喷的先兆，加强对溢流的监测显得尤为重要。分析溢流的特点发现，溢流早期烃类气体会进入钻井液，导致井筒内钻井液体积增加，相应的钻井液液面会上升。要实现对井底烃类气体的监测比较困难，由于钻井液体积小幅增加即可导致井筒内液面的大幅上升，因此监测井筒内钻井液液面上升相对容易实现，需要研究精度较高的井筒液面监测仪器，能够发现细微的井筒液面变化，然后结合开关泵及钻具下入情况，通过软件自动判断是否发生溢流，发现溢流并及时报警，达到及时准确监测溢流目的。此外，还需要加强对钻井液密度、含烃量及井筒压力仪器设备的研究，达到全方位、多参数地监测溢流。

（2）加强对井控设备研究与开发。

随着钻井条件越来越复杂，对井控设备要求越来越高，对于高压、高产油气田，井控设备需要有较高的压力等级，能够承受105MPa的井筒压力，同时考虑到天然气中常伴随有腐蚀性气体H_2S、CO_2等，需要研制耐腐蚀性井控设备。对于井控设备中易损坏部分要进行强化，节流阀要采用强度更高的材质，并且结构需要进一步优化，可以开发多级节流系统，改善节流阀工作条件，提高工作稳定性。高压管汇结构有待进一步优化，通过智能控制，减轻高压钻井液对管汇的冲蚀，延长高压管汇使用寿命。研制更高效的分离器，提高气液分离效率。此外，要加强对井控系统的研发，提高井控系统的智能化程度，能够实现自动监测井筒内压力，实时自动调节节流阀，使井筒内压力保持在合理范围。

（3）加强压力控制钻井技术研究。

随着钻井技术不断发展，气体钻井、气液两相钻井等负压钻井技术取得长足进步，在特殊钻井条件下应用越来越普遍。负压钻井技术能够提高钻井效率、有效保护油气层，但是对井筒内压力控制要求较高，现阶段由于压力控制技术还不够成熟，导致负压钻井技术应用效果受到影响。为了提高负压钻井技术应用水平，提高钻井效率、保护油气层，需要加强负压钻井全过程闭环压力循环系统研究，通过强化旋转防喷器，配置节流管汇、承压振动筛、分离器、压力监测仪器，编制相应的监测、控制软件，使井筒内压力能够保持动态平衡，保障负压钻井安全。

4.1.4.3　压井技术

按照是否能够构成循环通路，压井方法分为常规压井法与非常规压井法。常规压井法是指井底压力异常出现井涌时，可以通过关闭井口防喷器控制压力及泵入压井液循环排出溢流的方法。压井循环过程应保证一定井底压力，循环排出溢流同时保证无新溢流进入井底，从而完成压井作业。非常规压井法指发生溢流井涌时油气井不能构成压井混合流体循环通道，不同于常规压井法实施条件时所采用的压井方法。

（1）常规压井方法。

常规的压井方法包括工程师法、司钻法、边循环边加重法。

①工程师法。

工程师法是在安全关井后，由关井立管压力求得地层压力，用专门配置的压井液经一个循环周排出溢流，从而完成压井的常规压井方法（图4-2）。由于压井时间较短且最大节流压力较低，工程师法能够较好地应对溢流发生时井底的复杂工况。为保证压井顺利完成压井套压须精确计算，计算过程及计算量繁琐复杂。

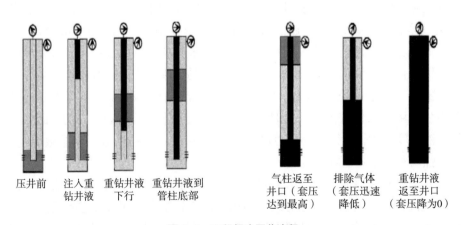

压井前　　注入重　　重钻井液　　重钻井液到　　　气柱返至　　排除气体　　重钻井液
　　　　　钻井液　　下行　　　　管柱底部　　　井口（套压　（套压迅速　返至井口
　　　　　　　　　　　　　　　　　　　　　　　达到最高）　降低）　　（套压降为0）

图4-2　工程师法压井流程

②司钻法。

司钻法压井流程是在监测到溢流并关闭井口防喷器后，在第一循环周泵入原密度钻井液将溢流顶替排出，在第二循环周再用加重压井液将循环管线中原密度钻井液排出的压井方法。为保持井底常压并略大于地层压力，压井循环过程中需调节节流阀开度，将溢流经井筒环空及节流管线排出，与工程师法最大区别在于实现成功压井的条件是需要注入两种不同比重压井液，并进行两次循环（图4-3）。

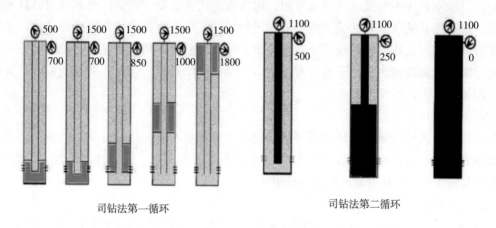

司钻法第一循环　　　　　　　　　　　　司钻法第二循环

图4-3　司钻法压井流程

③边循环边加重法。

边循环边加重法压井是指关闭井口防喷器并计算得到压井水力参数后，一边增大压井液的相对密度，一边泵入井内进行循环并最终完成压井方法。该压井法适用于需立即压井，但平台现有的加重压井液密度较高。

（2）非常规压井方法。

非常规的压井方法可概括为平衡点法、置换法、压回法、附加流速法、反循环压井、动力压井法。

①平衡点法。

平衡点法适用于天然气井发生井涌及喷空井筒的情况，是工程师法在非常规压井法中的特殊体现。应用该压井法需满足井口关闭且井底有钻具条件，循环时将井涌天然气经放喷管线排出。此方法基本原理是在压井循环时压井液到达井筒某一位置时，井筒套压与此时井筒静液柱压力之和刚好等于地层压力，此临界位置称为"平衡点"。

②置换法。

置换法又称顶部压井法。通过压井管线向将井内泵入压井液，关闭井口防喷器，待泵入压井液下落至井底后，开井排出部分气体，降低井筒套压。如此多次注入压井液并排出部分气体，直到井内充满压井液，压井液静液柱压力与地层压力在井筒中逐渐达到动态平衡，油气不再流入井筒。随后再将加重压井液从钻杆泵入井底，从而实现成功压井。置换法压井适用于井内无钻具或仅有少量钻具，井内钻井液大部分已被喷空、无法构成正常循环通路的情况，其处理方法主要包括两步：容积法排溢流和反循环压井。

③压回法。

压回法是在安全关井后，向井筒内泵入加重压井液，将井内溢流油气和含杂质钻井液强行推回地层，重新使井底压力略大于地层压力，防止地层流体进入井底。压回法适用于钻井深度浅、井口BOP能够关闭，且地层渗透率高、地层打开厚度较大、井内裸眼段较短、漏失严重无法建立循环等情况。

④附加流速法。

为降低深水井控中节流压井管线摩阻，附加流速法在安全关井后，分别通过钻杆及压井管线，泵入压井液和低密度流体两种液体进行压井。压井液排出溢流混合流体后，在防喷器位置与低密度流体混合后经节流管线排出，降低混合流体相对密度从而减小节流管线的循环摩阻。附加流速法适用于安全密度窗口狭窄的深水井涌，但在压井作业前应计算确定最佳附加流速比和压井流量。

⑤反循环压井。

与将压井液从钻杆泵入经环空循环的正循环压井相反，反循环压井将压井液从环空泵入，经钻杆循环，排出溢流。反循环压井适用于不能安全关井、天然气溢流较大的情况，作业时井筒最大套压与压井时间比常规压井方法小。

⑥动力压井法。

与其他压井方法不同，动力压井法压井原理是保证压井液与溢流在井内环空流动产生的循环摩阻与静液柱压力之和大于地层压力，而不是借助调节节流阀等装置开度产生回压以平衡地层压力。由于动力压井利用循环摩阻而非井口装置来保持井底常压，因此适用于井眼较小、井口装置故障、无法调节产生回压时的井控作业。

4.2　站场和集输管线防泄漏技术

气井生产、集输过程中发生天然气泄漏，不仅会造成不必要的天然气损失，还会因为甲烷、H_2S等气体大量排放引发一系列的环境污染与安全隐患。因此，天然气在生产、集输过程中防泄漏非常重要。

4.2.1　采气井口装置防泄漏技术

4.2.1.1　井口装置泄漏与处置措施

气田开发的后期，采气井口装置会因为服役时间过长，可能出现不同形式的漏气现象。

（1）KQ250型、KQ350型、KQ700型采气井口装置。

①楔形阀盘根泄漏和阀体与阀盖连接处泄漏。

泄漏原因分析：较早安装的KQ250型、KQ350型、KQ700型采气井口的楔形阀密封圈（动密封）和阀体与阀盖连接处的O形圈（静密封）所采用的是丁腈橡胶材质的密封件。根据现场调研，密封圈是采气井口最薄弱的环节，由于其寿命短、易损坏、是最易造成严重后果的关键元件。由于密封圈与阀杆的相对运动的摩擦而产生磨损和H_2S等介质引起的腐蚀、环境温度变化引起的老化、加之盘根处在高应力条件下工作，极易引起密封圈失效。

少数密封圈的使用寿命只有几个月甚至几天，使用多年后致使密封圈的老化，主要是因为使用时间较长，温度较高所致。由于温度变化，使本来处于高应力下的密封圈极易疲劳并加速老化，低温后其弹性恢复差，产生裂纹或变脆，并形成永久变形，不能达到密封要求。

处理措施：对于非主控阀存在的阀门密封圈泄漏和阀盖泄漏采用常规的关闭上游主控阀更换的方法解决，但对于主控阀存在的阀门密封圈泄漏和阀盖泄漏，以往的处理办法是压井后更换主控阀。该方案需要大量的准备工作，以及压井设备、设备与资金的动用比较大，且压井液对该井的产层会造成一定的伤害，同时还需要解决压井液的排放处理等不利因素。现阶段采取的是不压井更换采气井口主控阀技术。该技术自1999年在重庆气矿应用以来，已成功完成了25口气井井口装置主控阀的更换工作，节约了大量的大修资金。特别是不丢手更换气井井口主控阀的技术更是从根本上保证了该技术的可靠程度。该技术也可处理采气井口大四通顶丝泄漏、采气井口上阀盖泄漏、采气井口大四通上法兰间泄漏隐患（但前提是该采气井口必须是锥管挂连接形式）。

②采气井口阀门阀板与阀座间泄漏。

泄漏原因分析：闸板与阀座之间，由于处在 H_2S、CO_2 等腐蚀性介质中，这些腐蚀性介质对闸板与阀座产生腐蚀，在接触表面上形成一层腐蚀产物。当开关闸阀时、腐蚀产物被磨掉后，露出的新鲜表面又很快形成腐蚀产物。结果是磨损加速了腐蚀，腐蚀又促进磨损的恶性循环。对于闸板与阀座，除了磨损腐蚀之外，还有冲蚀磨损。如试油过程及井底不干净时，刚投产的一段时间内常出现冲蚀磨损造成阀板与阀座间泄漏。

处理措施：与上一种泄漏的处理方案基本一致。

③大四通上、下法兰、顶丝及升高短节泄漏。

泄漏原因分析：大四通上、下法兰钢圈、顶丝密封件及升高短节长期处于具有腐蚀性的 H_2S、CO_2 等介质中，虽然它们是处于静密封状态，但受电化学腐蚀和硫化物应力腐蚀作用，使钢圈和橡胶密封件失效而产生泄漏。

处理措施：采用粘接堵漏技术解决大四通上、下法兰泄漏和顶丝泄漏及升高短节泄漏问题。粘接堵漏技术实施较早，以往的施工技术手段比较落后，不能对高压井和采气井口阀门、大四通顶丝实施作业。通过近两年施工工艺的不断提高，对粘接剂的选型不断改进及数控机床在堵塞夹具加工过程中的使用，现采用的粘接堵漏施工工艺已经能够满足压力在 45MPa 以下、H_2S 含量在 30g 以下的气井底法兰和阀门的堵漏要求。

（2）KQ700 型采气井口。

①采气井口阀体与阀盖间泄漏。

泄漏原因分析：采气井口阀体与阀盖间的密封采用的是钢圈密封。通过现场的调研，主要是由于在平板阀的早期设计中，钢圈槽的设计深度过深，使钢圈没有起到密封作用，造成了阀体与阀盖间的泄漏。

处理措施：采用带压维修主控阀技术。该技术特别适用于高压高产井口如 KQ700 型井口主控阀的维修，其核心技术为液压堵塞技术、对施工工具的送进、封堵及解封退出实现了准确、可靠的控制。该项技术已成功应用于重庆气矿 TD30 井（油管阀）和 LD3 井（套管阀）的主控阀维修施工作业。该技术具有如下特点：

a. 该技术的主要工具为液压式堵塞器，其设计合理、结构紧凑，由于采用了液压技术，送进过程和封堵过程中能准确无误地反映出装备的压力情况，并设计有机械式保险结构，实现了安全可靠的双重保险，使该工具能满足带压维修主控阀作业的要求；

b. 该技术设计工作压力和试验压力达到 70MPa，且采用了不丢手堵塞技术，其主要工具液压堵塞器是利用井内压力形成自封的密封结构，该结构使堵塞器随井压升高而使封堵更为可靠，提高了工作安全性；

c. 采用该技术维修主控阀，无需使用压井设备，提高了气井的生产时效，减少或避免了对油气层的伤害和环境的污染。

②采气井口平板阀上的单流阀泄漏。

泄漏原因分析：采气井口平板阀上的单流阀泄漏原因主要是：由于较早的单流阀设计考虑的是用阀体内部的气流将单流阀内部的钢珠压实后产生密封作用。但现场调查发现，在单流阀注入密封脂后，由于密封脂的黏性大，钢珠往往不能复位，造成单流阀泄漏。

处理措施：将原单流阀更换为内部设有复位弹簧的单流阀。

4.2.1.2　井口装置安全管理

（1）压井更换井口装置技术。

气井井口安全隐患治理的最大难点在于如何平衡油管、油套环空的压力，以便在没有井喷、井涌的工况下进行井口装置的维修、更换、切割等作业。压井更换井口装置技术因原理最简单、技术最易行、风险最低的优势，广泛应用于气井井口安全隐患的治理作业中。

压井更换井口装置的技术原理就是利用压井装置在井筒内灌满压井液，利用压井液的有效液柱压力平衡地层流体压力，从而完成井口装置的维修、更换、切割等作业措施。该技术常用灌注法、反循环法、正循环法和挤注法进行压井。灌注法可最大限度地保护气层；反循环法多用于压力高、产量大的气井；正循环法则用于低压和产量较大的气井；对井下砂堵、蜡堵或不能循环的高压井则用挤注法压井。压井更换井口装置技术的难点在于如何确定和控制压井前气井井口的压力，目前国家和石油行业对其没有统一的规定。

（2）带压更换井口装置技术。

压井更换井口装置技术具有风险低、可行性强等优点，但投资巨大、作业周期长，且可能伤害地层、降低采收率。

①液压式堵塞器带压换阀技术。

液压式堵塞器带压换阀技术的主要原理是在油管或油管头侧孔内下入液压式封堵器封堵井口，将井口压力降为零，从而达到安全更换井口主控阀的目的。施工时在井口主控阀上安装传送结构，在井下有压力的情况下采用液压传动方式，送进液压式堵塞器，通过井内液压缸的活塞移动而产生一个轴向力，使堵塞器在油管短接内锚定，液压式堵塞器的轴向力同时使胶筒胀大并紧贴通孔的内壁，以封堵井内高压天然气，并由液压锁锁住液压式堵塞器，使其在工作状态下的压力不变。卸掉堵塞器后部的剩余压力，拆除传送机构，更换主控阀。换上新阀后再次安装传送机构，打开液压锁，取出液压式堵塞器，即完成带压换阀施工作业。

液压式堵塞器具有以下特点：液压系统的压力表能准确反映封堵张紧压力，实现对堵塞器的准确控制；液压锁能可靠地控制封堵压力和方便解锁；液压推进和液压控制技术能大幅提高堵塞器的承压能力和密封性能；井内压力形成的自封密封结构可使堵塞器随井压升高，使得封堵更为可靠。

②冷冻暂堵技术。

冷冻暂堵装备和技术是由加拿大专业化服务公司针对高压气井修井开发的一项新技术，主要用于高压气井修井中暂时封堵环空和油管。冷冻暂堵技术是通过冷冻装置的注入系统将暂堵剂注入环空和油管内，在套管周围实施降温，采用冷冻介质将套管周围的温度保持在 –70℃左右，由外层套管逐渐向油管内冷冻，直至暂堵剂与套管、油管紧密结合，形成冰冻桥塞（若环空或管内充满地层水，可直接冷冻地层水），继而密封环空和油管，封隔井内压力，达到安全更换采气井口或部分闸阀的目的。

采用冷冻技术不仅可进行井口冷冻（竖直），还可以冷冻水平或倾斜管线。该技术可在环境温度 –35 ~ 50℃下，同时暂堵多层套管环空和油管内部，且暂堵压力较高，可达70MPa；暂堵桥塞长度通常在 1m 以上，压力越高的井，其长度设计值更高，空间尺寸越大，冷冻的时间越长；另外，冰冻桥塞可人为地加热升温解堵或自然升温解堵，解堵方便。冷冻暂堵技术常用的工艺流程依次为安装冷冻盒预冷冻—注入暂堵剂—冷冻试压—换装井口—解堵。

③带压钻孔技术。

带压钻孔技术是由四川灭火中心研究成功的，该技术可钻开因腐蚀、磨损严重而无法正常打开的阀门，以便形成通路进行采气井口装置的整改，也可以在高压管路开孔。其基本原理是利用带压钻孔装置和有效密封、放喷流程，在压力管路或承压闸阀上实施带压开孔，为后期作业的开展提供有利条件。

（3）非正规井口整改技术。

非正规井口整改技术是针对失效破坏极度严重、井口装置无法正常拆除的技术。非正规井口整改技术是指对那些失效破坏极度严重、井口装置无法正常拆卸或阀门等部件无法正常打开的井口装置所进行的整改技术措施。常用的有水力喷砂切割技术、水泥浆封固技术。针对阀门等部件无法正常打开的井口装置所进行的整改技术措施，常用的有水力喷砂切割技术、水泥浆封固技术。

①水力喷砂切割技术。

在整改失效破坏严重的井口装置时，需切除井口腐蚀或变形的套管短节或套管损坏的底法兰，然后在原井口短节上重新造扣、加装相应的升高短节和标准底法兰或直接在光套管上装抢险套管头，再进一步进行井口隐患治理作业。水力喷砂切割技术能很好地解决这一问题，该技术是基于水力学的动量、冲量定律及砂粒的切割作用而实现的。当带砂流体通过喷嘴时，液流的压头被喷嘴转换为动量，以高速射流的方式射出并冲击目的物，此时动量再瞬时转换成冲量对目的物进行强有力的冲击切割。水力喷砂切割技术所形成的固液两相射流中，较少的磨料颗粒在射流过程中可以获得与水流相同的高速，可以较快地切割开材料，达到整改井口装置的目的。

水力喷砂切割技术很好地应用于切割套管、油管、法兰等采气井口装置，常用于隐患失控后的抢险作业。

②水泥浆封固技术。

对于无生产价值或无挖潜价值的井，为彻底消除井口漏气隐患，则采取永久封井的处理办法，达到长治久安的效果。水泥浆封固技术利用固井水泥，在对气层验证窜槽的基础上，对窜漏层段、层间进行水泥浆封堵；再对错断、破裂部位的套管井眼循环挤注水泥浆，永久封固漏气层井段，达到永久封固报废的目的。

（4）井下管柱及附件管理。

①井下安全阀运行管理。

a. 作业区生产办适时加强液控管线系统压力监控，严禁超压运行。

b. 每年适时进行一次井下安全阀开关实验。

②井下节流器管理。

井下节流嘴直径是基于稳定生产状态设计的，井下节流工艺井投产初期的产量一般在高于设计产量的25%～30%时进行组织生产，具体要求如下：

a. 作业区相关技术人员要全程参与井下节流器的入井，待下入完成后立即投产，确认井下节流器工作正常后，现场施队伍方可离开井站；

b. 试生产开井必须在工艺研究所和作业区（运销部）相关技术人员的指导下进行；

c. 试生产期间（产量达到设计要求，井口压力降到略高于输压的值）油压、套压、井温、输压每半小时录取一次；

d. 出现下列情况之一时应立即关井并向气矿汇报：井口油压突然上升超过1MPa且仍有上升趋势，产量突然增大超过设计产量的10%～20%（根据该井产量大小确定），井口发出异常响声。

（5）井口装置安全管理。

①新安装的井口装置管理。

要检查整体水压和气密封试验合格证、相关检验合格证、井口装置说明书等资料是否齐全；检查井口装置各相关阀门、旋塞阀的开关是否灵活、是否存在泄漏；各环空及油管压力表是否安装准确；井口装置及各阀门的名牌是否清楚，参数是否正确；方井是否积水。

②安全教育工作。

按照气矿要求对井口附近100m（高含硫气井为500m）的村民进行安全告知和宣传教育，对井口装置应设置统一的警示标识和应急联系电话。

③安全整改。

a. 对未投产的超高压（井口关井压力接近井口装置的工作压力）气井必须安装紧急放喷泄压管线，制订泄压制度，将泄压制度下发至相应的中心站，要求中心站员工加强巡检工作，确保井口压力不高于井口装置允许承受的工作压力；

b. 井口装置未使用的阀门出口端应进行物理隔离，并配齐旋塞阀（取压截止阀）和压力表，具备泄压、测压等功能，不得安装导致憋压的盲板和死堵；

c. 没有井场围墙的应在井口边修建井口围墙（围墙为花窗式、距井口中心不低于3m、高2m），井口铁门向外开，修建井口围墙应预留井下压力监测的钢丝通道，高度为正对采油树油压表补芯，左右各宽 30cm，向上高度 60cm，面向井场开阔地一侧；在门边安装统一的警示及目视化管理信息等标志。

④安全运行措施和应急预案。

对管辖的所有井口装置要有保障井口装置安全运行的措施和应急预案，建立井口装置隐患整改档案，定期巡检，发现问题及时整改，不能整改的及时上报气矿，按照应急预案要求做好监控处理工作，防止事态扩大发展。

4.2.2　采气站场天然气泄漏检测技术

在整个天然气的运行系统中，天然气站场是至关重要的环节，主要发挥天然气的处理、调配、储存和配置作用。鉴于管道内温度和压力等因素的影响，存在管道内密封失效的现象；如果处理不当，不仅会导致泄漏问题，还会造成资源的浪费，引起环境问题，甚至造成恶劣的火灾和爆炸。鉴于天然气站场内部管道工艺及设备连接的复杂性，管道泄漏问题极易发生。管道泄漏主要分为埋地管道泄漏、法兰泄漏、螺纹泄漏与阀门泄漏。一旦选取的防泄漏措施不合理，就会造成泄漏严重化，造成重大的经济损失、人员和设备的损失。因此，要依据站场特征，注重对防泄漏技术的改进，强化科学性和合理性，在根本上杜绝泄漏事故。

4.2.2.1　埋地管道泄漏检测方法

由于输气站场埋地管道发现泄漏时天然气泄漏量较小，应用红外线成像、热成像、压力、声波等检测方法效果不好；由于站内管道弯头多，内检测目前尚无法实现；由于站场内地下管道交叉多，且存在防雷防静电接地网，探地雷达、PCM 等检测法受干扰较多。目前还是以人工查找的方式为主，实践证明应用效果较好的有地面检测法、探坑法、探边法、严密性试验法。

（1）地面检测法。

地面检测法即利用可燃性气体检测仪紧贴地面，沿埋地管道走向检测有无天然气泄漏的方法，一般多采用基于接触燃烧热原理的可燃性气体检测仪。运用这种方法检测时，可燃性气体检测仪须紧贴地面进行检测，重点检测工艺管道入地处。由于站场生产区地面大多使用混凝土进行了硬化，埋地管道即使发生天然气泄漏也很难从地面溢出。因此，这种方法在大多数情况下只能初步判断某一区域是否存在泄漏。

（2）探坑法。

探坑法即沿可能发生泄漏的埋地管道并在管道上方开挖探坑。探坑规格建议为长宽各1m、深1.5m，具体深度可参考埋地管道埋深确定。开挖放置一段时间待土壤内的天然气散发后，用可燃性气体检测仪在探坑四壁和底部检测可燃性气体浓度，通过不同方向上浓度的差别和变化判断发生天然气泄漏管道的位置，再沿该方向在埋地管道上方开挖探坑进一步验证。

（3）探边法。

探边法即沿埋地管道走向在两侧用钢钎扎深 1 ～ 1.5m 的探洞，持续检测洞内可燃性气体的浓度。根据可燃性气体浓度变化及地面结构、地下管线分布情况、圈定泄漏可能出现的区域，逐渐缩小可能发生泄漏的区域；再分析该区域内所有的埋地管线，按探坑法所述的原则初步确定可能发生泄漏的管道，再开挖确认泄漏位置。使用这种方法时，必须提前确定生产区埋地管道、电缆、光缆等隐蔽设施位置走向，避免造成损伤。

（4）严密性试验法。

严密性试验法即把站场工艺管道系统按不同的设计压力等级和位置分区隔离稳压，检查是否存在泄漏。分区可根据实际情况进行调整，确保隔离区域内至少有一个压力变送器或高精度压力表，以便于监测该区域的压力变化。站场分区隔离后，先静置一段时间，待压力稳定后，再通过 SCADA 系统监测各分区压力变化趋势，对压力持续下降的区域，开挖埋地管道排查是否存在泄漏点。这种方法对阀门密封性的要求较高，试验前必须对阀门进行检查，处理阀门内漏，所有放空、排污管线上的阀门都关闭到位，地面设备设施、各连接处无泄漏。由于检测时需要管道分段停运，影响了正常生产，且检测时间较长，因此，这种方法无法用于实时监测管道运行工况。

4.2.2.2　法兰泄漏检测方法

在站场内，出现法兰泄漏的原因很多。例如，在施工过程中，一旦安装质量不过关、螺栓松紧不合适、管道工艺不合理、管道出现振动等皆会使得法兰在使用过程中出现泄漏的情况。

（1）采用降压放空技术。

对于可以停输的管道，一旦出现法兰泄漏，要迅速关闭阀门，做好放空置换，更新垫片，之后进行固定。

（2）对法兰泄漏进行堵塞。

对于不可停输的管道，一旦出现法兰泄漏，要进行及时的堵塞。首先要设计合适的密封卡，进行恰当安装，而后注入一定量的密封剂，当其固化后，就可以发挥密封的功能。

4.2.2.3　螺纹泄漏检测技术

API 锥管螺纹实现站场仪器、仪表的连接。如果螺纹出现空隙，就会导致密封出现问题。因此，采用密封胶带进行密封，但是，仍然不能完全避免螺纹泄漏现象的发生。

（1）焊接技术。

为了杜绝螺纹泄漏，可以采用焊接的形式，对干线进行连接。

（2）选用高弹性螺纹。

高弹性螺栓是一种颈缩杆型疲劳螺栓，杆部横截面积约为螺纹芯部面积的 90%，螺杆柔性大，能改善螺栓受力状况，提高疲劳性能。高弹性螺栓不仅能减小温度对螺栓强度的影响，还适用于承受较大交变载荷、振动大的部位。

4.2.2.4　阀门泄漏检测技术

站场的管道质量与阀门的使用密不可分，要避免阀门使用过程中的泄漏。阀门的泄漏主要分为外漏和内漏，一旦检测不及时，就会造成重大的事故，因此要重视对阀门泄漏的检测。声发射检测是较科学的检测方法。

声发射检测技术的原理为：当天然气管道的阀门出现气体泄漏的时候，会出现声源地泄漏的状况，此时可以对声发信号进行噪声的降低处理，借用声发射的道理，对信号进行处理，以此确定泄漏声的范围和特征，达到对判断阀门泄漏是否发生及泄漏程度的检测，有针对性地采取应对措施。声发射对阀门泄漏的检测优势为精度高、范围大，无需拆卸阀门，可避免阀门损坏。因此，这种方法十分适合用于天然气站场阀门泄漏的现场检测。

4.2.2.5　智能化站场管道泄漏检测系统

智能化站场管道泄漏检测系统基于声像技术及空气动力学原理来实现天然气站场、阀室的无人值守监控报警系统。当管道及相互连接的流程，如过滤器、阀门等静态带压体，一旦有细小的裂痕，会释放到空气中产生一定的声波，这种声波是由于管道内高压气体与机械体摩擦产生的气流在空气当中产生激波现象，利用站场周围布控的声像阵列传感器对区域内的声波特性加以识别，能对泄漏位置精确定位达到监控报警的目的，并联动声光报警系统进行复核。该报警数据与SCADA系统联动，实现油气站场管道泄漏的实时检测定位和报警，为安全生产保障提供有效手段。

4.2.3　天然气管道泄漏检测技术

油气输送管道的泄漏，会造成损失和危害，及时检测出泄漏并确定泄漏点是至关重要的。目前，国际上已有多种长输管线泄漏检测和定位方法，根据测量手段、测量媒介、检测装置所处位置和检测对象的不同大体上可分为基于硬件及软件的方法、直接检测法与间接检测法、内部检测法与外部检测法、监测管壁状况和监测内部流体状态的方法。近年来较常用的是基于硬件和软件的方法，基于硬件的方法是指利用由各种不同的物理原理设计的硬件装置，如红外线温度传感器、超声波传感器、碳氧检测装置等，将其携带或铺设在管线上，以此来检测管道的泄漏并定位；基于软件的方法则是根据计算机数据采集系统（如SCADA系统）实时采集管道的流量、压力、温度及其他数据，利用流量或压力的变化、物料或动量平衡、系统动态模型、压力梯度等原理，通过计算对泄漏进行检测和定位。

4.2.3.1　基于硬件的检漏方法

（1）直接观察法。

此种方法是依靠有经验的管道工人或经过训练的动物巡查管道。通过看、闻、听或其他方式来判断是否有泄漏发生。近年美国OIL TON公司开发出一种机载红外检测技术，由直升机携带一台高精度红外摄像机沿管道飞行，通过分析输送物资与周围土壤的细微温差确定管道是否泄漏。这类方法不能对管线进行连续检测，因此发现泄漏的实时性差。

（2）管道"猪"。

①磁通"猪"：对管壁施加一个强的磁场来检测钢管金属对磁场的损耗，用对泄漏磁通敏感的传感器检测局部金属损耗引起的磁场扰动所形成的漏磁。其使用方法简单、方便且费用低，对管道内流体不敏感，不论液体、气体还是气液两相流体均能检测。但检测精确度低，对管材敏感。由于其局限性和检测要求的提高又出现了超声"猪"。

②超声"猪"：利用超声波投射技术，即短脉冲之间的渡越时间被转换为管壁的壁厚。当有泄漏发生时，钢管壁内的渡越时间减少为零，据此可判断泄漏的发生。超声"猪"在一定程度上弥补了磁通"猪"的缺点。其检测精度高，能提供定量、绝对的数据，并且很精确；但该方法使用比较复杂，费用高。

（3）探测球法。

基于磁通、超声、涡流、录像等技术的探测球法是 20 世纪 80 年代末期发展起来的一项技术，将探测球沿管线内进行探测，利用超声技术或漏磁技术采集大量数据，并将探测所得数据存在内置的专用数据存储器中进行事后分析，以判断管道是否被腐蚀、穿孔等，即是否有泄漏点。该方法检测准确、精度较高，缺点是探测只能间断进行，易发生堵塞、停运的事故，且造价较高。

（4）半渗透检测管法。

这种检测管埋设在管道上方，气体可渗透进入真空管，并被吸到监控站进行成分检测。美国谢夫隆管道公司在天然气管道上安装了管道泄漏报警系统（LASP）。LASP 以扩散原理为基础，主要元件是一根半渗透的监测管，内有乙烯基醋酸酯（EVA）薄膜。这种膜的特点是对天然气和石油气具有很高的渗透率，但不透水。如果检测管周围存在油气，会扩散进去。检测管一端连有抽气泵，持续地从管内抽气，并进入烃类检测器，如检测到油气，则说明有泄漏。但这种方法安装和维修费用相对较高。另外，土壤中自然产生的气体（如沼气）可能会造成假指示，容易引起误报警。

（5）检漏电缆法。

检漏电缆多用于液态烃类燃料的泄漏检测。电缆与管道平行铺设，当泄漏的烃类物质渗入电缆后，会引起电缆特性的变化。目前研制出以下几种电缆：

①渗透性电缆：这种电缆与渗漏油接触就会发生电缆间的阻抗变化，在管道一端通过对阻抗分布参数的测量，即可确定管道状态及渗漏位置。

②油溶性电缆：是用非透水性但透油性的材料制成的同轴电缆，沿管道铺设。从电缆一端发射脉冲，脉冲碰到被油浸透的电缆处会反射脉冲，通过检测反射脉冲信号，可检测管道泄漏位置。

③碳氢化合物分布式传感电缆：这种电缆由报警模块和传感电缆两大部分组成。传感电缆包括一个具有导电作用的聚合体层和向内压缩的编织物保护层，当有泄漏发生时，该聚合体层接触到碳氢化合物溶剂和燃料就会膨胀，而外部的编织物保护层会限制膨胀，向内压缩，从而导致两侧传感线接触构成回路，通过测得传感导线回路电阻可确定泄漏的位置。

检漏电缆法能够快速且准确地检测管道的微小渗漏及其渗漏位置，但必须沿管道铺设，施工不方便，且发生一次泄漏后，电缆受到污染，在以后的使用中极易造成信号混乱，影响检测精度；如果重新更换电缆，将是一个不小的工程。

（6）检漏光纤法。

①塑料包覆硅光纤检漏：塑料包覆硅光纤具有化学敏感性，因其使用了一种含有特定化学成分的可渗透硅质包层，当泄漏出的被监测物质与包层中的化学成分相遇时，即可发生化学反应，使包层折射率改变，光线就会从中逸出。此时，只要沿光纤有规律地发射短的光脉冲，当光脉冲遇到泄漏处时，一部分光线就会被反射回来，通过测量发射和反射脉冲间的时间差，可确定泄漏地点。

②分布式光纤声学传感器法：利用 Sagnac 干涉仪测量泄漏所引起的声辐射的相位变化

来确定泄漏点的范围，这种传感器可用于气体或液体运输管道。这种方法是把光纤传感器放在管道内，通过接收到的泄漏液体或气体的声辐射，来确定泄漏和定位。由于是玻璃光纤，所以不会被分布沿线管道的高压所影响，也不会影响管道内液体的非传导特性，且光纤还不受腐蚀性化学物质的损害，使用寿命较长。在理论上，10km 管道的定位精度能达到±5m，反应也较灵敏、及时，但成本较高。

（7）GPS 时间标签法。

GPS 系统包括三大部分：空间部分—GPS 卫星星座、地面控制部分—地面监控系统、用户设备部分—GPS 信号接收机。GPS 的基本定位原理：卫星不间断地发送自身的星历参数和时间信息，用户接收到这些信息后，经过计算求出接收机的三维位置、三维方向及运动速度和时间信息。采用 GPS 同步时间脉冲信号是在负压波的基础上强化各传感器数据采集的信号同步关系，通过采样频率与时间标签的换算分别确定管道泄漏点上游和下游的泄漏负压波的速度，然后利用泄漏点上（下）游检测到的泄漏特征信号的时间标签差，可以确定管道泄漏的位置。采用 GPS 进行同步采集数据，泄漏定位精度可达到总管线长度的 1%之内，比传统方法精度提高近三倍。

（8）声发射技术。

当管道发生泄漏时，流体通过裂纹或者腐蚀孔向外喷射形成声源，然后通过和管道相互作用，声源向外辐射能量形成声波，这就是管道泄漏声发射现象。通过仪器对这些因泄漏引起的声发射信号进行采集和分析处理，就可以对泄漏及其位置进行判断。声发射技术具有良好的应用前景。

4.2.3.2　基于软件的检漏方法

随着计算机、信号处理、模式识别等技术的迅速发展，基于 SCADA（管道数据采集与处理）系统的实时泄漏检测技术受到了人们越来越多的关注，并逐渐发展为检漏技术的主流和趋势。这类方法主要是对实时采集的温度、流量、压力等信号进行实时分析和处理，以此来检测泄漏并定位。

（1）基于信号处理的方法。

①体积或质量平衡法。

管道在正常运行状态下，其输入和输出质量应该相等，泄漏必然产生量差。体积平衡法或质量平衡法是最基本的泄漏探测方法，可靠性较高。该方法可以直接利用已有的测量仪表，如流量计、温度计、压力表等，能连续监测管道，并发现微小泄漏。但是由于管道本身的弹性及流体性质变化等多种因素影响，首末两端的流量变化有时滞影响，所以精度不高。为了使误报率在可接受范围内，时间间隔应在 1~24h 之间，那么泄漏检测的响应时间也同样长，致使无法及时检测到泄漏而造成不必要的损失，且无法进行泄漏定位。

②压力法。

多数长输管道中间泵站均不安装流量计，只安装压力检测装置，因此就产生了只用压力信号检漏的方法。这类方法中有检测泄漏后产生的压力点分析法、泄漏时瞬态压力波动的负压波法和泄漏后的稳态压力梯度法等。

a. 压力点分析法（PPA）。可检测气体、液体和某些多相流管道泄漏，依靠分析由单一测点测取数据，极易实现。管道发生泄漏后，其压力降低，破坏了原来的稳态，因此管道开始趋向于新的稳态。在此过程中产生了一种沿管道以声波传播的扩张波，这种扩张波会引起管道沿线各点的压力变化，并将失稳的瞬态向前传播。PPA 在管道沿线设点检测压力，采用统计法分析检测到的压力值，一旦压力平均值降低超过预定值，系统就会报警。根据上下两站压力下降沿的时间差即可计算出泄漏点位置。美国谢夫隆管道公司（CPL）将 PPA 法作为其 SCADA 系统的一部分。试验结果表明，PPA 具有优良的检漏性能，能在 10min 内确定 50gal/min 的漏失。但压力点分析法要求捕捉初漏的瞬间信息，所以无法检测到微渗。压力点分析法已被证明是一种有效的检漏方法，已广泛应用于各种距离和口径的管道泄漏检测。

b. 压力梯度法。在稳定流动的条件下，压力分布呈斜直线式。当泄漏发生时，漏点前的流量变大，压力分布直线斜率变大；漏点后，流量变小，相应的斜率也变小，压力分布由直线变成折线状，折点即为泄漏点。根据上（下）游管段的压力梯度，可以计算出泄漏位置。压力梯度法需要在管道上安装多个压力检测点，而且仪表精度及间距都对定位结果有较大的影响。当然，在管线上测量点越多，性能越好。这种以线性为基础的压力梯度法，不适合"三高"（高含蜡、高凝点、高黏度）原油。

c. 负压波法。当管道发生泄漏时，泄漏处立即产生因流体物质损失而引起的局部液体密度减小，出现瞬时的压力降低，作为减压波源通过管线和流体介质向泄漏点的上（下）游以一定的速度传播，泄漏时产生的减压波就称为负压波。设置在泄漏点两端的传感器根据压力信号的变化和泄漏产生的负压波传播到上（下）游的时间差，就可以确定泄漏位置。该方法灵敏准确，无需建立管线的数学模型，原理简单，适用性很强。但它要求泄漏的发生是快速突发性的，对微小、缓慢的泄漏不是很有效。经研究，压力波的传播速度是一个变化的物理量，受液体的弹性、密度、管材弹性等因素的影响，给出了改进的算法；同时用小波变换技术提取瞬态负压波的信号边缘，对两端的测点信号进行特征点捕捉，获得了满意的效果。

d. 小波变换法。小波变换即小波分析是 20 世纪 80 年代中期发展起来新的数学理论和方法，被称为数学分析的"显微镜"，它是一种良好的时频分析工具。相关文献介绍了小波分析在故障诊断中的应用，指出利用小波分析可以检测信号的突变、去噪、提取系统波形特征、提取故障特征进行故障分类和识别等。因此，可以利用小波变换检测泄漏引发的压力突降点并对其进行消噪，以此检测泄漏并提高检测的精度。利用多尺度小波变换，突出小波变换系数的局部极值性，检测信号的小波变换系数极值的奇异性准确地反映了管道检测信号的泄漏特征，并且从局部描述了管道泄漏信号的瞬态正则性。小波变换法的优点是无需管线的数学模型，对输入信号的要求较低，计算量也不大，可以进行在线实时泄漏检测，克服噪声的能力强，是一种很有前途的泄漏检测方法。但应注意，此方法对由于工况变化及泄漏引起的压力突降难以识别，易产生误报警。

e. 互相关分析法。设上、下两站的传感器接收到的信号分别为 $x(t)$、$y(t)$。两个随机信号 $x(t)$ 和 $y(t)$ 有互相关函数 $R_{xy}(t)$。如果 $x(t)$ 和 $y(t)$ 的信号是同频率的周期信号或包含有同频率的周期成分，那么，即使 t 趋近于无穷大，互相关函数也不收敛并会出现该频率的周期成分。如果两个信号含有频率不等的周期成分，则两者不相关，及互相关函数为零。当无泄漏时，互相关函数的值在零值附近。发生泄漏后，互相关函数之间呈显著变化，以此检测泄漏。并根据互相关函数极值点位置进行泄漏点定位。用互相关分析法检漏和定位灵敏、准确，只需检测压力信号，无需数学模型，计算量小。其对快速突发性的泄漏比较敏感，对泄漏速度慢、没有明显负压波出现的泄漏很难奏效。

（2）基于管道数学模型的方法。

①Kalman 滤波器法。

该方法假设将管道分成 n 段，假定在 $1 \sim n$ 段各分段点上的泄漏量为 q_1，q_2，…，q_{n-1}。建立包含泄漏量在内的压力、流量状态空间离散模型，以上（下）游的压力和流量作为输入，以泄漏量作为输出，用扩展 Kalman 滤波器来估计这些泄漏量，运用适当的判别准则可进行泄漏检测和定位。但该方法的定位算法需假设流动是稳定的，且检测和定位精度与等分段数无关，还需要设置流量计。

②状态估计器法。

该方法属于一类时变的非线性系统，它是在假设泄漏量较小的情况下，建立管道内流体的压力、流量和泄漏量的状态方程，以被检测到的压力为输入，对两站流量的实测值和估计值的偏差信号做相关分析，便可得到定位结果。该方法仅适用于小泄漏量时的检漏和定位。

③系统辨识法。

该方法用 ARMA 模型结构增加某些非线性项来构造管线的模型结构，或建立管道的"故障灵敏模型"及"无故障模型"，然后基于故障灵敏模型，用自相关分析算法实现泄漏检测；基于无故障模型，用适当的算法进行定位，最后进行泄漏量估计。该法需在管线上施加 M 序列激励信号，对大泄漏量的定位精度更高。

（3）基于知识的方法。

①基于神经网络和模式识别的方法。

由于管道泄漏时未知因素很多，采用常规的数学模型存在一定的差异，而人工神经网络具有逼近任意非线性函数和从样本学习的能力，故在管道泄漏检测中得到越来越多的重视。通过应用 Lab-VIEW 分析单传感器在泄漏管道不同位置拾取的泄漏信号的时频域特征，来构造人工神经网络的输入矩阵，能对管道泄漏状况进行分析检测与定位，实现管道泄漏检测的单传感器定位，由于故障模式集的有限性，泄漏检测准确性和定位精度不高，多泄漏情况下更差。另外，将管道运行条件及泄漏信息作为输入，分别建立用于检漏和定位的两套神经网络，其优点是抗噪声干扰能力强，灵敏度和检测精度高，能检测到1%的微小泄漏，且保持很低的误报警率，但该技术在定位时只能定位到段，而不能进行更精确的定位。

②统计检漏法。

此方法不用管道模型，根据管道出入口的流量和压力，连续计算压力和流量之间关系的变化。无泄漏发生，仅管网工况变化时，流量和压力之间的关系不会发生变化；当泄漏发生时，流量和压力之间的关系总会变化。应用序列概率比的方法和模式识别技术，可检测识别到这种变化。这种方法中，检漏门限值的选取是关键，它直接影响泄漏检测的灵敏度和系统的误报率。利用 SCADA 系统采集来的数据进行少量的计算。该方法不受地形、周围温度的变化和测量误差的影响，具有较高的灵敏度和检测精度。但由于受管网区段的影响，流体状态系数难以准确界定，因而定位精度不高。但荷兰壳牌（Shell）公司的 Atmos 系统就采用了此技术，应用效果良好。

4.2.3.3 天然气长距离管道的智能化管理

根据天然气管道的特点，应用智能化管理系统对输气参数进行实时的采集和管理，提高天然气管道的智能化管理水平。对天然气管道系统进行实时的监测管理，及时发现管道系统存在的问题，通过自控系统的远程控制管理，避免出现天然气泄漏等事故，保证管道输送系统的正常运行。

天然气管道系统的智能化管理，应用智能化的仪器仪表设备，对管道的运行状况进行实时监测，及时发现存在的安全隐患和问题，采取报警预警的管理机制。连锁反应，可解决管道运行的安全问题，可提高输气管道的管理水平。

不同时期的智能化管理手段是不同的，在天然气管道建设初期的智能化设备的管理阶段，结合输气管道和站场的实际情况，依据施工设计要求，选择高强度的管道材质，对输气管道的焊接质量进行监控管理，对智能化仪器仪表的选择及安装质量进行监督，确保长输管道系统的智能化建设项目达到设计标准。

天然气管道智能化系统的投入运行阶段，在智能化系统建设完毕，对建设施工质量进行验收，经过试运行后，达到智能化管理的标准，才允许投入正常的使用状态。结合智能化管理系统存在的问题，进行整改，并不断改善智能化管理中的隐患和问题，提高智能化管理的水平。天然气长输管道智能化系统的正常运行阶段，在系统的正常运行时期，分析系统的软件和硬件的运行状态。对系统的运行模块进行优化，保证智能化管理系统安全平稳运行，提高天然气管道的现代化，达到最佳的管理效率，保证天然气管道输气的正常进行。

4.2.4 站场完整性管理

站场作为长输油气管道系统的重要敏感点，其安全运行与否对整个上游和下游系统产生重大影响。站场的完整性管理是整个管道系统完整性管理的重要组成部分。尽管《有害液体管道的系统完整性管理》（API 1160—2013）、《气体输送和分配管道系统》（ASME B 31.8—2018）标准均提出管道的完整性管理理念同样适用于管道的站场和终端，但并没有给出具体的技术路线和实施方法。美国机械工程师协会提出了管道的完整性管理同样适用于输气站场，管理的思路和基本原则基本相同，在具体的实施方案上存在差异。

4.2.4.1 天然气输气站场安全管理

（1）站控系统广泛应用，实现了高度自动化管理。

输气管道 SCADA 系统广泛应用，已成为国内输气管道工程的基本管理模式，它能够实现数据采集、安全监控、系统调节和诊断、远程控制，检测报警、紧急切断、事故放空等功能，可实现在调控中心远程调控。输气站设站控系统一般由过程控制系统和紧急关断系统（ESD）、通信网络和站控计算机组成，能够实现站内工艺过程的远程数据采集、监控、管理，对工艺区、燃气发电机房、可燃性气体泄漏等方面进行检测及报警，能够对进出站温度、压力等数据检测报警，对排污罐压力、液位检测报警，对火灾进行检测报警等，计量系统的运行参数通过 RS485 通信网络上传至站控系统，配电室、发电机房温度监控、电专业参数信号监测、自用气橇、水源井泵房等参数监控。站场值班人员可根据站控画面随时监测报警信息和工艺流程情况，可实现对气液联动阀门和电动阀门远程控制，可通过监控系统监控各区域情况等，站场自动化的管理为站场管理带来了极大的便利。

（2）输气站场安全评价应用普及，提高了站场安全管理水平。

天然气站安全问题有很多，包括操作人员误操作，雷暴、台风、泥石流等灾害天气，工艺控制失误，工艺流程错误，关键设备故障，突然断电等因素，种种因素容易导致天然气泄漏、站场火灾或爆炸、人员中毒或伤亡、经济损失、环境污染等各种安全事故。天然气站场因为高压性质，介质、人员、设备都不可避免地存在各种安全隐患，面对输气站严峻的运行安全风险，就需要采取系统的、科学的、有效的安全对策措施，以确保天然气站场生产安全，保障人民生命和财产安全。一是加强风险评价与分析，及时提出降低风险的安全对策措施；二是建立天然气输气站场应急管理体系。建立完善各项的应急预案，生产经营单位应急预案分为综合应急预案、专项应急预案和现场处置方案，随着国家和石化行业对应急管理工作的重视，应急管理工作也逐渐进入了制度化、规范化、法制化的轨道，应设立公司、管理处及站场级应急组织机构及职责。

根据各种危险因素，各站场需建立事故预防应急措施。为确保站场安全，一般实行巡回检查制，值班人员每两小时沿巡回检查线路巡检，重点检查工艺流程及各类仪表运行情况并记录在巡检记录本中，检查的内容应包括输供气量、压力、温度是否符合要求，调压阀、球阀、安全阀、分离器、电动执行机构、气液联动执行机构、超声波流量计、各类仪表、报警装置等站场设备的运行情况是否良好，技术参数是否在规定范围内；各类阀门开关控制是否合适；各类压力容器是否无泄漏；消防器材是否良好；供电及照明是否正常。

（3）强化站场设备监督检查，设备管理逐渐规范化。

站场管理重点工作之一是设备管理，输气站设备主要包括工艺设备、计量设备、自控及通信设备、电气设备、安全设备、生产辅助设施等，工艺设备包含压缩机、工艺阀门，过滤分离器、旋风分离器以及收发球筒排污罐、自用气橇、火炬等，计量设备主要包括超声波流量计、压力及温度变送器，压力表及温度表等，自控设备以站控系统和 PLC 机柜、可燃性气体报警器为主，电气设备包含高压低压柜燃气发电机、UPS、生产辅助水源井泵房等，加强输气站场的设备管理，合理使用与维护设备，预防设备故障，保持设备良好运行，保证整个输气工作的安全运营，提高企业的经济效益具有非常重要的意义。设备维护检修方面如 DN300 以上阀门、盲板维护、高低压柜维保等设备的检验工作可以委托专业技术服务队伍开展，对于专业性比较强的自控设备、通信设备的维修和保养工作也可以委托专门的技术服务人员开展，对设备运保单位实行合同管理，并建立考核制度，每月、每年对运保单位严格考核。

①加强日常巡检工作，站场值班人员按巡回检查制度，两小时进行巡检一次，定时、定点、定路线，巡检时要佩戴巡检工具，做到及时发现、分析并处理问题。

②按时开展月度检查、季度检查及年度检查确保设备处于安全状态。

③建立设备档案和台账，并进行动态更新。应对站场的设备逐台建立设备档案，分类建立设备台账。设备档案内容包括设备在设计、选型、购置、制造、安装、使用、维护、检测、重大修理、改造、更新全过程管理中形成的文件和文档。设备档案管理按照公司档案管理规定执行，设备档案建立遵守谁形成档案谁负责归档的原则。

④规范设备管理制度。设备使用、管理、维修和维护应建立健全设备使用、维护管理制度，制订管理处级设备操作规程和维护规程，并对实际操作人员开展培训和考核，严格执行巡回检查、维护保养等各项制度，建立设备隐患发现、分析、报告、处理等闭环管理机制。

⑤实行设备"五查"管理。检查天然气站场安全防护装置、设备安全附件、危险化学品易燃易爆品储存、不安全影响因素及新材料、新工艺、新设备是否符合规范要求。

⑥落实站场分区管理，确保生产设备实施检查落实到具体的管理人。

⑦加强设备变更管理，建立设备变更管理流程，各专业部门按职责划分实施管理，制订制度，指导监督，检查考核；各管理处（维抢修中心）是设备管理的主体，对本管理处设备全生命周期管理承担主体责任；基层站队是设备管理的落实和执行者。

⑧设备操作和维护人员严格持证上岗，上岗前必须经过理论和实践培训，设备管理部门要监督检查关键设备、重点岗位操作人员的培训情况。一些压力容器（如盲板抽堵）等设备的维修和保养可通过专业的维修和保养单位进行。

4.2.4.2 站场完整性管理技术体系

站场实施完整性管理的目的是减少环境责任事故、重大安全事故的发生，确保管道系统安全、可靠。站场的完整性管理与管道线路不同，涉及工艺安全、区域安全及设备安全三个方面，工艺安全主要考虑生产运行风险，区域安全主要考虑泄漏对人和环境的影响，设备安全则主要考虑设备的失效风险，从这三个方面构成站场基于风险管理的基本架构。

从风险管理的角度考虑，与油气介质泄漏有直接关系的动设备（如机泵、压缩机和阀门等）、静设备（如站内管道、储罐、清管器收发装置、过滤器、压力容器等）和安全仪表系统（如站控系统、井安系统、紧急关断系统等）是完整性管理的主要对象。站场完整性管理技术体系如图4-4所示。

对于静设备，采用基于风险的检测方法（Risk Based Inspection，RBI）。

对于动设备，采用基于可靠性为中心的维护技术（Reliability Centered Maintenance，RCM），建立预防性的主动维护策略。

对于安全仪表系统，采用安全完整性等级评定方法（Safety Integrity Level，SIL），维护仪表系统的可靠性。

对于站场工艺，采用危险与可操作性方法（Hazard and Operability Analysis，HAZOP），分析站场工艺危险性及其相应的安全保障措施。

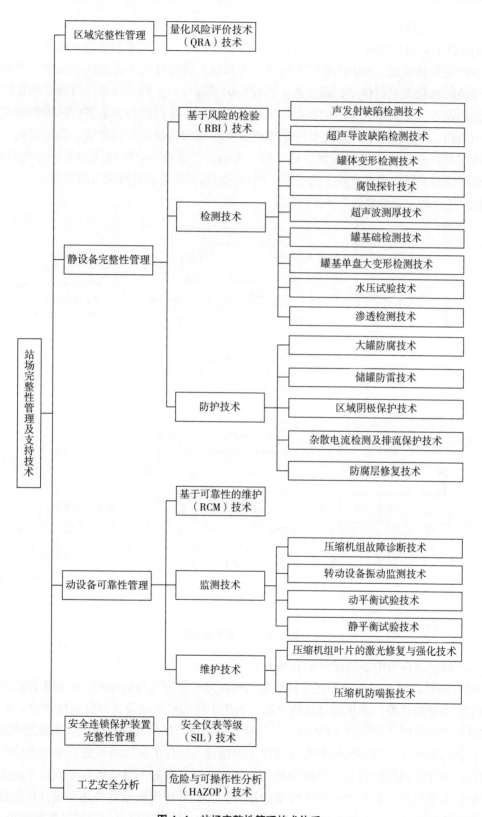

图4-4　站场完整性管理技术体系

（1）基于风险的检验（RBI）。

RBI 技术是目前国际上新兴的设备完整性管理技术，可适用于站场储罐和工艺管道等静设备的完整性管理。RBI 技术以风险评价为基础，通过对失效可能性和失效后果的评价确定设备的风险并进行排序，确定各个静设备的风险等级，然后根据风险排序确定需要重点关注的设备，为其制订相应的检测等风险减缓计划，从而使整个装置的风险控制在可接受的范围内。RBI 技术一方面充分考虑管道设备早期的检测结果和经验、服役时间、管道损伤水平和风险等级来确定检测周期；另一方面，提供合理分配检测和维修力量的基础。它能够保证对高风险设备有较多的重视，同时，对低风险设备进行适当的评估。

RBI 执行的主要步骤如图 4-5 所示。

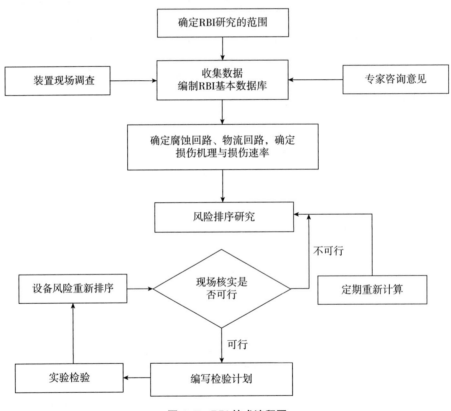

图 4-5　RBI 技术流程图

（2）以可靠性为中心的维护（RCM）。

RCM 按照以最少的资源消耗保持设备固有可靠性和安全性的原则，应用逻辑决断的方法确定设备预防性维修要求的过程或方法，可用于压缩机等动设备的完整性评价。RCM 是通过对资产失效模式及影响（FMEA）的分析，确定资产的所有失效模式、失效原因及失效后果，从而得出需要维护维修的设备部件，根据这些部件的失效特征进行相应的维护措施的制订。对于中高风险设备，详细分析失效原因，制订针对失效原因或失效根本原因的维护策略；对低风险设备则进行纠正性维护即可，其目的在于使动设备达到最佳可靠性，避免潜在的失效和非计划性停车现象，根据风险进行适当的维护以避免维护过度和维护不足。

RCM 执行流程的主要步骤如图 4-6 所示。

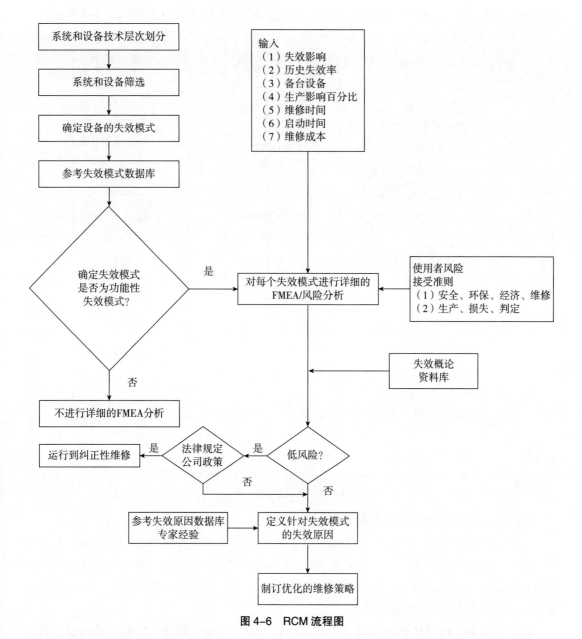

图 4-6 RCM 流程图

（3）SIL 技术。

安全完整性等级（Safety Integrity Level，SIL）是衡量安全仪表系统（Safety Instrumented System，SIS）可靠性的定量指标，表示在规定的时间周期内的所有规定条件下，安全仪表系统成功地完成所需安全功能的概率。SIL 提出了对安全仪表系统的定量要求，可以确保安全仪表系统能满足安全标准和使用者的安全要求。SIL 技术执行流程如图 4-7 所示。

（4）工艺安全分析技术。

工艺危害分析是有组织的、系统的对工艺装备或设施进行危害辨识，为消除和减

少工艺过程中的危害、减轻事故后果提供必要的决策依据。站场工艺安全分析技术包括
HAZOP、EIA、安全检查表、FMEA 等方法。工艺安全分析技术执行流程如图 4-8 所示。

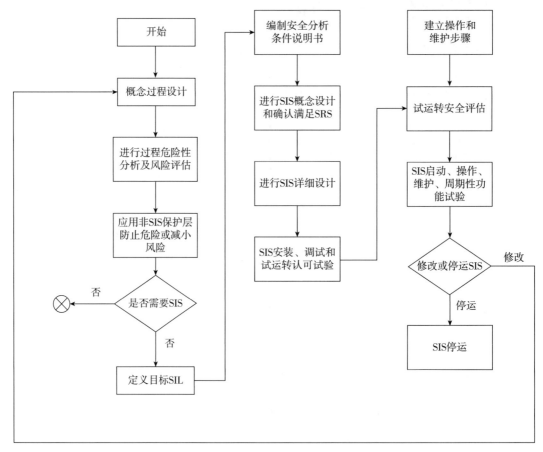

图 4-7　SIL 技术流程图

4.2.4.3　天然气站场智能化控制

智能化控制系统有站控制 RTU 系统（SCS），站控制系统完成站内的控制流程切换等控
制。独立设置过程控制 RTU、计量采集 RTU 和电动阀门控制 PLC，调压工艺区采用监控调
压器和电动调节阀的设计，以及必要的压力、温度、流量及气质分析等仪表。还包括已经
建立的调控中心 SCADA 系统平台。

智能化控制天然气场站的控制分为三级：第一级为就地控制级，场站内单体设备或子
系统的就地独立控制；第二级为站场控制级，对站内工艺变量及设备运行状态的数据采集、
监视控制及联锁保护，并与调控中心进行实时数据交换；第三级为调控中心级，调控中心
对全线及各站场进行监控、调度管理和优化运行等。

（1）无人值守智能化管控。

智能化控制系统实现了对场站的自动化、智能化管控，从场站启运开始，通过远程下
达启动命令，自动启动场站，使场站投入运行状态。场站运行过程中，站控 RTU 系统自动
监测、控制场站运行状况，包括工况数据采集、电力检测、故障报警、自动放散、调压调

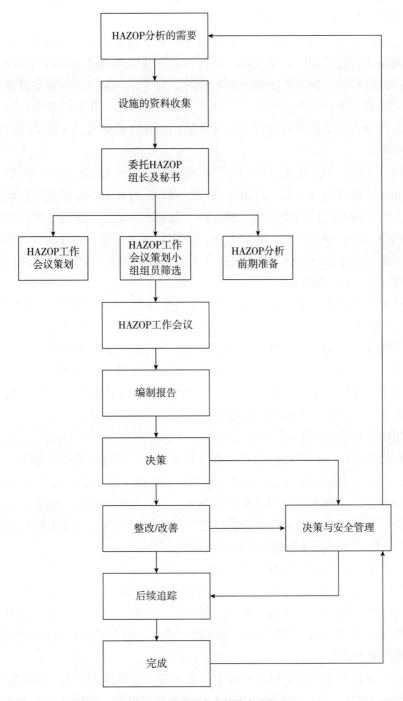

图4-8　工艺安全分析技术流程图

流控制等。在正常工况下，出于站场维护等目的，操作员可通过站控 RTU 系统下达"站正常关闭"命令，场站正常关闭，自动退出站点运行。智能联锁控制主要事项超压切断及停站、泄漏切断及停站、低温换热联锁等功能，保证天然气场站的安全、可靠运行。整个智能化控制系统在硬件配置、控制功能和安全保障上完全达到了无人值守的智能化管控能力。

（2）智能化高精度调压调流功能。

燃气调压站压力调节的传统模式一般是通过对站点自立式调压器的设定调整来达到调压的目的。调整压力设定值时，需要高压运行人员到调压站通过工具调整调压器的指挥器来调节压力，这种传统的调节方法操作起来费时、费力，且操作人员需要具备一定的调压经验，在每天需要多次调整站点压力的情况下，调压人员的工作负担较重；同时这种传统的调压方法对管道压力的调节在时间上相对滞后，响应时间迟缓，无法及时对管道压力进行实时跟踪和调节。

智能化调压系统，调压工艺区采用监控调压器和电动调节阀的设计，正常工况下通过调节调节阀开度完成对站点压力、流量的调节。调节压力和流量是采用远程调压调流控制系统，调度人员只需在上位监控系统上输入需要设定压力值或流量值，即可完成对管线压力及流量的精确调节，响应及时，操作方便，实现了自动调峰、合理供气的功能；解决了传统调压时间滞后、过长的问题，极大地提升了燃气公司的供气品质和运行安全。

（3）智能互差二选一算法。

远程调压调流控制参数为调节阀后安装的压力变送器，针对大型天然气场站调压系统，为提高调压系统的安全性、可靠性，每条调压线调节阀后安装三台压力变送器，调压控制参数的选择采用三选二的方式，取中间测量压力作为控制参数，具体算法是：三台压力变送器压力值互差后，自动放弃压力值偏差最大的那台变送器压力数据，剩下的两台压力变送器取中间测量压力作为控制参数。该工艺设计和算法确保了调控参数的精确性、可靠性，从而极大地提高了远程调压调流的调控精度。

（4）智能化设备管理功能。

系统设计将整个门站的智能化仪表、电力系统设备、阴极保护设备等统一纳入监控系统中，综合管理、全面监控设备运行状况，包括站场外电运行状态、自发电系统运行状态、站 UPS 系统运行状态、阴极保护设备状态及相关参数、气质分析仪表状态及参数、加臭系统控制及相关参数等，通过对这些设备的监控管理，使现场高压调度人员时刻掌握场站各设备运行状况，提高了站点运行的安全性和可靠性。

4.2.4.4 重庆气矿站场完整性管理实践

按照《中国石油天然气股份有限公司油田管道和站场地面生产管理规定》，针对重庆气矿范围内所管理的天然气生产站场完整性管理，制订了《重庆气矿管道和站场完整性管理实施细则》，开展了数据采集及完善、风险识别、监检测评价、维护维修及效能评价等方面的工作。

（1）数据采集与完善。

经过多年的建设，重庆气矿已经形成了一套比较完善的地面"集、输、脱"系统，集输气枢纽站场全部实现了 SCADA 远程监控和数据采集。根据《重庆气矿管道和站场完整性管理实施细则》，将站场分为三类，其中一类站场为净化厂、储气库集注站；二类站场为增压站、脱水站、气田水处理回注站；三类站场为单井站、集输气站等。

（2）风险识别。

对不同类型站场中的设备，开展不同类型的风险评价。一类站场宜对站场内的静设备、动设备、安全仪表系统分别开展 RBI、RCM、SIL 等半定量风险评价，二类站场宜对站场内的静设备和动设备开展 RBI 和 RCM 半定量风险评价，三类站场可对站场内的静设备开展 RBI 定性风险评价。

新建场站投用后三年内进行首次风险评价，其后的风险评价结合场站检验周期进行，但最长不超过五年。设备或工艺发生变化时，应及时对发生变化的设备或工艺进行风险评价。

（3）监检测评价。

开展站场工艺管道及压力容器全面检测，为监护运行或维修更换提供依据。

①检测技术适应性评价。

在检测过程中，应用外漏磁检测、超声波 C 扫描、相控阵检测、磁粉探伤、DR 数字射线等多种检测技术相结合、高比例且较为全面的检测方法，采用从定性到定量的检测思路，选择有效性高的检测手段，先筛选出缺陷的大致范围，再确定缺陷的尺寸大小及形态。对地面架空管道、设备 100% 覆盖检测，埋地管线根据基于风险的检测（RBI）评价结果进行开挖抽查。同时，针对埋地管道、焊缝质量较差的管道、存在制造缺陷的管道等适当地增加检测比例。在一定程度上解决了常规检测评价方法对腐蚀介质含量高、泄漏风险大的高含硫站场检测思路针对性不强、缺陷点检出率不高、检测手段单一、失效多发部位漏检等不适应性问题。

通过站场检测情况，对检测技术的适应性进行了总结，得出各项检测技术的适用条件（表 4-1）。结合场站检测报告、开挖验证情况，进一步优化检测流程，优选检测方法。

表 4-1 关键检测技术原理及适用条件

检测技术	技术原理	适用条件
DR数字射线	在计算机控制下直接进行数字化X射线摄影的一种新技术，即采用非晶硅平板探测器把穿透被检工件的X射线信息转化为数字信号，并由计算机重建图像及进行一系列的图像后处理。具有灵敏度高、分辨率低、射线剂量低、检测效率高、查询和统计速度快、无暗室洗片环节、环境污染小的优点	适用于弯头、三通、异径管，以及漏磁无法检测的较短直管、DN50以下的管道检测
外漏磁检测	建立在管壁铁磁性材料的高磁导率这一特性之上，管道中缺陷处磁导率远小于钢管的磁导率。若存在缺陷，磁力线发生弯曲，并且有一部分磁力线泄漏出钢管表面。利用传感器缺陷处的漏磁场，对缺陷信号进一步的处理和分析，从而可判断缺陷是否存在及缺陷有关的尺寸参数	适用于壁厚不大于10mm的较长直管段上内外壁腐蚀缺陷的粗扫描
超声导波	采用低频导波技术，从固定在管道周向的探头模块，沿管道壁以适当的声波模式发射低频超声波（20～100kHz）。该探头模块不需要液体进行耦合，超声波探头模块在管道的环向以均匀的间隔排列，使声波以管道轴芯为对称传播。利用超声波反馈回来的信号，判断管道的腐蚀程度和位置	适用于埋地、高空管线腐蚀位置的确定
超声波C扫描	是一种以灰度图形显示材料内部缺陷的一种无损检测方法，可以实现对管道壁厚的精细扫查，得到扫查范围内每一点的详细剩余壁厚数据，并在检测系统上实时成像，检测数据同时实时保存，后期也可以通过专业的数据解析软件进行数据查看或数据分析	适用于精确记录扫查范围内的腐蚀形貌和最小壁厚。对外漏磁无法覆盖的区域、发现管体内腐蚀严重缺陷时也可采用超声波C扫描仪扫描测量
超声波探伤	超声波探伤中，探伤仪显示器的横坐标是超声波在被检测材料中的传播时间或者传播距离，纵坐标是超声波反射波的幅值。利用缺陷和钢材料交界面之间的声阻抗不同，当发射的超声波遇到这个界面之后，反射回来的能量被探头接收，在显示屏中横坐标的一定位置就会显示出来一个反射波的波形，横坐标的这个位置就是缺陷在被检测材料中的深度。这个反射波的高度和形状因不同的缺陷而不同，反映了缺陷的性质	适用于容器、管线焊缝检测，确定焊缝缺陷的位置和性质，如夹渣、未焊透、气泡等

检测技术	技术原理	适用条件
磁粉探伤	通过磁粉在缺陷附近漏磁场中的堆积以检测铁磁性材料表面或近表面处缺陷的一种无损检测方法。利用了钢铁制品表面和近表面缺陷（如裂纹、夹渣、发纹等）磁导率和钢铁磁导率的差异，磁化后这些材料不连续处的磁场将发生畸变，形成部分磁通泄漏处工件表面产生了漏磁场，从而吸引磁粉形成缺陷处的磁粉堆积——磁痕，在适当的光照条件下，显现出缺陷位置和形状，对这些磁粉的堆积加以观察和解释	适用于容器、管线焊缝外表面缺陷检测
超声相控阵	通过控制各个独立阵元的延时，可生成不同指向性的超声波波束，产生不同形式的声束效果，可以模拟各种斜聚焦探头的工作，且可以电子扫描和动态聚焦，无需或少移动探头	适用于容器、管线焊缝内部缺陷检测
交流电磁	当载有交变电流的检测线圈靠近导体时，交变电流在周围的空间中产生交变磁场，被检对象表面感应出交变涡流；当表面无缺陷时，表面涡流线彼此平行，形成近似匀强涡流场，在周围空间产生近似匀强的交变电磁场；当被检对象表面存在缺陷时，由于电阻率的变化，涡流场发生畸变，匀强涡流分布受到破坏，进而匀强磁场发生变化，测量该扰动磁场的变化，即可判断出缺陷	辅助磁粉探伤检测，用于检测裂纹深度

受管道输送介质组分、输量、流速、运行环境、安装条件等因素综合影响，高含硫站场管道失效机理主要有内部减薄、外部减薄、机械损伤及环境开裂四种失效模式。对不同失效机理造成的缺陷，需选取不同的检测手段。失效机理对应有效检测手段和重点抽查部位见表4-2。

表4-2 各种失效机理对应检测部位与检测方法

失效机理	重点检测部位	检测方法
内部减薄	控制阀的下游，特别是发生汽化的位置；孔板的下游；泵出口的下游；电化学腐蚀部位；流向改变的位置，如弯头的内侧和外侧、三通、变径；管道结构件（如焊缝、温度计插孔和法兰）的下游产生湍流的部位；气水界面，如分离器积液包；介质中含硫化氢的管道；安全阀死气位置	外漏磁、超声波C扫描、DR数字射线、超声波B扫描、超声导波检测
外部减薄	架空管线宏观检查中油漆、涂层发生破损位置（如管道支撑和法兰接头涂层破损）；埋地管线防腐层破损点检测中防腐层发生破损位置，并结合土壤腐蚀性检测的结果进行优化；土壤—空气界面处管道包裹层失效位置；埋地管线入地后第一个和出地前最后一个弯头位置；曾经发生过外部减薄的管线	宏观检测、超声导波检测、防腐层破损点检测、土壤腐蚀性检测、开挖直接检测
机械损伤	泵、压缩机进出口第一道焊接接头或者相近的焊接接头；管支架失效时，支架附近的焊接接头；存在振动管线的焊接接头或者支管处焊接接头；出入地端管线焊接接头	超声相控阵检测、磁粉探伤、超声波探伤、交流电磁等
环境开裂	宏观检查中发现裂纹或者可疑情况的管道；焊缝焊接接头及其热影响区	超声相控阵检测和磁粉探伤、交流电磁、超声波探伤、硬度检测

②压力容器定期检验。

2020年，重庆气矿按照压力容器管理制度，委托重庆市特种设备检测研究院对气矿辖区内在用的且超过设计使用年限的压力容器进行检测。按照《固定式压力容器安全技术监察规程》（TSG 21—2016）进行评价，评定压力容器的安全状况等级。检测发现，近16%

的压力容器存在超过使用年限、分层、母材裂缝、焊缝凹陷、壁厚减薄等问题，并对存在问题的容器通过流程倒换、启用备用设备等方式暂时停用，其中，停用不合格分离器，通过旁通流程进行生产，气液混合输到下游场站再分离；停用不合格收发球筒，在隐患消除前，暂停收发球作业；停用有不合格压力容器的脱水装置，启用备用设备生产；部分容器无旁通流程，设备暂时停止生产，消除隐患后再恢复生产。

③定点测厚。

按照《重庆气矿油气生产设施壁厚监测实施细则（试行）》的相关要求，各作业区运销部编制了年度油气生产设施定点测厚实施方案，并按时间进度节点开展站场定点测厚工作。通过定点测厚，掌握了站场设备、管道的完整现状、腐蚀速度、存在的问题及预测安全使用时间。重庆气矿管线和容器耐蚀性总体较好，处于安全可靠的工况，对于检测出的腐蚀严重的管线和设备已及时更换，对壁厚减薄较明显点，但腐蚀不严重的点作业区将增加检测频率，加强对管线的壁厚监测及腐蚀控制。

参照相关标准，对测厚数据进行分析处理。

a. 管道的长期腐蚀速率。

腐蚀速率（L.T.）＝首次与末次检测的厚度差（mm）/ 首次与末次检测时间差（年）

b. 管道的短期腐蚀速率。

腐蚀速率（S.T.）＝上一次与末次检测的厚度差（mm）/ 上一次与末次检测的时间差（年）

参照《钢制管道内腐蚀控制规范》（GB/T 23258—2020）评价钢制管道、容器内介质腐蚀性（表4-3），并采取相应控制措施。

表 4-3　管道及容器内介质腐蚀性评价指标

项目	级别			
	低	中	较重	严重
平均腐蚀速率（mm/a）	<0.025	0.025 ~ 0.12	0.13 ~ 0.25	>0.25
点蚀率（mm/a）	<0.13	0.13 ~ 0.20	0.21 ~ 0.38	>0.38

注：以两项中的最严重结果为准。

参照《钢制管道内腐蚀控制规范》（GB/T 23258—2020）评价钢制管道内介质腐蚀性，利用定点测厚数据计算平均腐蚀速率，评价腐蚀程度。站场内、集输配气站、单井站平均腐蚀速率小于 0.025mm/a，腐蚀程度为"低"，平均腐蚀速率为 0.025 ~ 0.12mm/a，腐蚀程度为"中"，平均腐蚀速率为 0.13 ~ 0.25mm/a，腐蚀程度为"较重"，大于 0.25mm/a 的腐蚀程度为"严重"。

参照《工业金属管道设计规范》（GB 50316—2000）对管道腐蚀缺陷进行强度校核，计算管道最小安全壁厚及剩余使用寿命。

$$t_{Z-\min} = \frac{pD_0}{2([\sigma]E_j + pY)} + C \tag{4-1}$$

式中　　p——管道运行压力，MPa；

　　　　D_o——管道外径，mm；

　　　　E_j——焊接系数，取值 0.8，为增加安全系数，按较低值选取；

　　　　Y——计算系数，按标准取 0.4；

　　　　$[\sigma]$——设计温度下管道组成件金属材料的许用应力；

　　　　C——腐蚀裕量，取 2.0mm。

剩余寿命（年）= [实际的最小厚度（mm）– 最小要求厚度（mm）]/ 腐蚀速率（mm/a）。其中，比较管道的长期腐蚀速率和短期腐蚀速率，取较大值作为剩余使用寿命计算依据。

④在线腐蚀监测。

2020 年，融合探针分析软件开发了探针数据智能平台，融合气矿生产数据集成整合与智能分析系统，实现了探针数字化管理的升级。平台具备数据感知、预警预测和辅助决策三大功能，将探针数据下载周期从每年 120 天降为 4 天，年节省大修费用 70 万元以上。

⑤超声波在线壁厚监测。

重庆气矿在两路中心站安装了超声波在线壁厚监测系统，以便实时监控站场工艺管道的内腐蚀情况。该系统将先进的超声波技术与成熟的无线技术结合，将监测的壁厚数经中继器通过无线网络传输至网关，再通过局域网传输至系统服务器的数据库中进行存储及分析，实现腐蚀数据准确的远程监测。

2020 年，该系统完成安装并投入使用，从壁厚监测数据分析，除因温差对壁厚数据有较小影响外，各点壁厚值变化较稳定，结合壁厚监测数据开展腐蚀程度评价，7 处监测位置中，中度腐蚀 4 处，较重腐蚀 2 处，严重腐蚀 1 处。其中严重腐蚀位置位于相旱线进站生产弯头，该监测点剩余壁厚 17.651mm，强度校核满足要求，后期运行需继续监控该监测点腐蚀情况。

（4）效能评价。

通过精细管理，加强站场设备维护保养，开展站场全面检测及定点测厚等完整性管理手段，2020 年站场失效次数较去年同期有所下降，站场完整性管理取得了明显效果（图 4–9）。

4.2.5　管道完整性管理

天然气管道运行至中后期，将进入事故频发阶段，其失效概率大幅增加。由于天然气的易燃性、易爆性等特点，天然气管道的安全运行就显得非常重要。随着天然气管线的持续运行，也伴随出现管道腐蚀穿孔、设计缺陷、材料不适应、质量不达标等问题，这些问题的出现将严重影响到管线的安全运行。因此，管道公司面对不断变化的因素，通过管道完整性管理（Pipeline Integrity Management，PIM），对油气管道运行中面临的风险因素进行识别和评价，通过监测、检测、检验等各种方式，获取与专业管理相结合的管道完整性的信息，制订相应的风险控制对策，不断改善识别到的不利影响因素，从而将管道运行的风险水平控制在合理的、可接受的范围内，最终达到持续改进、减少和预防管道事故发生、经济且合理地保证管道安全运行的目的。

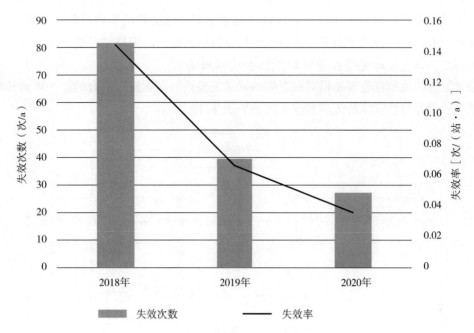

图 4-9　站场失效率变化分析图

根据《油气输送管道完整性管理规范》（GB 32167—2015），管道完整性管理分为六个环节：数据收集、高后果区识别、风险评价、完整性评价、风险削减与维修维护、效能评价。为保证这六个环节的正常实施，还需要系统的支持技术、一套与管理体系结合的体系文件及标准规范和管道完整性管理数据库及基于数据库搭建的系统平台。

4.2.5.1　管道完整性管理内涵

管道完整性管理（PIM），是对所有影响管道完整性的因素进行综合的、一体化的管理，主要包括：

（1）拟定工作计划，工作流程和工作程序文件；

（2）进行风险分析和安全评价，了解事故发生的可能性和将导致的后果，制订预防措施和应急措施；

（3）定期进行管道完整性检测与评价，了解管道可能发生的事故的原因和部位；

（4）采取修复或减轻失效威胁的措施；

（5）培训人员，不断提高人员素质。

管道完整性管理的原则为：

（1）在设计、建设和运行新管道系统时，应融入管道完整性管理的理念和做法；

（2）结合管道的特点，进行动态的完整性管理；

（3）要建立负责进行管道完整性管理机构、管理流程、配备必要的手段；

（4）要对所有与管道完整性管理相关的信息进行分析、整合；

（5）必须持续不断地对管道进行完整性管理；

（6）应当不断地在管道完整性管理过程中采用各种新技术。

管道完整性管理是一个与时俱进的连续过程，管道的失效模式是一种时间依赖的模式。

腐蚀、老化、疲劳、自然灾害、机械损伤等能够引起管道失效的多种过程，随着时间不断地侵蚀着管道，必须持续不断地对管道进行风险分析、检测、完整性评价、维修等。

4.2.5.2 油气管道完整性管理的流程和技术内涵

油气管道的完整性管理是指对所有影响管道完整性的因素进行综合的、一体化的管理。油气管道完整性管理的流程和技术内涵如图 4-10 所示。

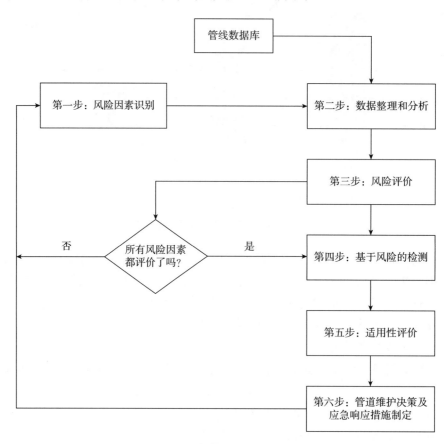

图 4-10 油气管道完整性管理流程

4.2.5.3 管道完整性管理技术

完整性管理的关键技术包括管道数据库和 GIS 技术、风险评估技术、基于风险的管道检测技术、完整性评价技术和地震及地质灾害评估技术等。

（1）管道风险评价技术。

①定性风险评价方法。

各国比较通用的做法是将失效可能性和失效后果的严重性列入 4×4 的风险矩阵中（表 4-4），按高风险、中等风险和低风险来分级。

a. 失效后果按严重性划分为Ⅰ级、Ⅱ级、Ⅲ级、Ⅳ级：

Ⅰ级（灾难的）：有人员死亡，大面积环境公害，设备损坏导致停工 90d 以上；

Ⅱ级（严重的）：致伤人员丧失工作能力，给公众造成伤害，设备损坏导致 10～90d 停工，区域性损失；

Ⅲ级（轻度的）：人员受到不丧失工作能力的伤害，环境污染小，停工 1 ～ 10d；

Ⅳ级（轻微的）：无人员伤害，设备损坏轻微。

b. 失效可能性划分为 A 级、B 级、C 级、D 级：

A 级（频繁发生）：概率 $P \geq 10^{-1}$ 次 /a；

B 级（很可能发生）：$2 \times 10^{-2}/a <$ 概率 $P \leq 10^{-1}$ 次 /a；

C 级（有时可能发生）：$2 \times 10^{-3}/a <$ 概率 $P \leq 2 \times 10^{-2}$ 次 /a；

D 级（不大可能发生）：概率 $P \leq 2 \times 10^{-3}$ 次 /a。

表 4–4　定性风险指数矩阵

失效后果＼失效可能性	A级 频繁发生	B级 很可能发生	C级 有时可能发生	D级 不太可能发生
Ⅰ级	9	8	6	4
Ⅱ级	8	7	5	3
Ⅲ级	6	5	4	2
Ⅳ级	4	3	2	1

风险矩阵中，风险指数为 9 或 8 的为高风险，是不可接受的，必须采取措施降低风险指数；7、6、5 为中等风险，需要在风险和费用中平衡；4、3、2、1 是低风险，一般是可以接受的。

②定量风险评价方法。

定量风险评价也称概率风险评价（PRA），是将失效概率 F_s 和失效后果值 C_s 代入下式，求出整个系统的总风险值：

$$\text{Risk}_{\text{system}} = \sum \text{Risk}_s = \sum (C_s \cdot F_s) \tag{4-2}$$

（2）基于风险的管道检测技术。

基于风险的检测（RBI）是以风险评价为基础，对检测程序进行优化安排和管理的一种方法。是将检测重点放在高风险（HRA）和高后果（HCA）的管段上，而把适当的力量放在较低风险部分。

管道检测技术包括智能内检测技术和外检测技术。

①内检测技术。

国际上 GE、PII、TVI 等管道完整性技术服务公司针对不同类型的管道缺陷，已开发出多种智能内检测设备和技术，包括用于管道变形检测的通径检测器，用于腐蚀缺陷检测的漏磁检测器，用于裂纹检测的超声检测器、弹性波检测器和电磁声能检测器等。

在国内，管道技术公司、新疆三叶公司等单位在借鉴国外技术的基础上开发了通径检测器和漏磁检测器，但在检测精度和系统配套性方面与国际先进技术相比还存在差距。

检测技术发展趋势为：高分辨率、尺寸规格系列化、针对不同类型的缺陷开发系列化检测器和缺陷三维尺寸等。

②外检测技术。

在管道不具备内检测条件时，可以选用外检测技术。外检测技术又称直接评估（DA）技术，包括用于外防腐层检测的 PCM、DCVG、Person 等技术；在开挖的情况下，对管体缺陷进行检测的超声、射线等无损检测技术。

目前最先进的外检测技术是超声导波技术。NACE 颁布了《外腐蚀直接评价（ECDA）标准》（NACE RP 05–02）和《内腐蚀直接评价（ICDA）标准》（NACE 01–04）。

（3）含缺陷管道适用性评价技术。

为了使含有缺陷结构的安全可靠性与经济性两者兼顾，从 20 世纪 80 年代起在国际上逐步发展形成了以"适用性"或称"合于使用"为原则的评价标准或规范。

含缺陷管道适用性评价包括含缺陷管道剩余强度评价和剩余寿命预测两个方面。

①含缺陷管道剩余强度评价。

含缺陷管道剩余强度评价是在管道缺陷检测基础上，通过严格的理论分析、试验测试和力学计算，确定管道的最大允许工作压力（MAOP）和当前工作压力下的临界缺陷尺寸，为管道的维修和更换及升降压操作提供依据。

含缺陷管道剩余强度评价的对象、类型和评价方法如图 4–11 所示。

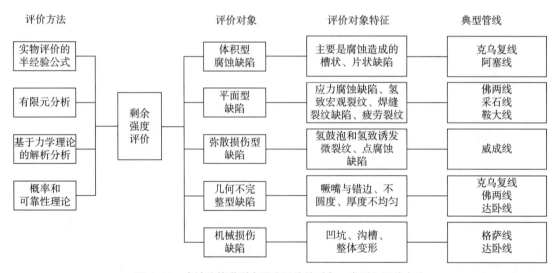

图 4–11　含缺陷管道剩余强度评价的对象、类型和评价方法

②含缺陷管道剩余寿命预测。

含缺陷管道剩余寿命预测是在研究缺陷的动力学发展规律和材料性能退化规律的基础上，给出管道的剩余安全服役时间。剩余寿命预测结果可以为管道检测周期的制订提供科学依据。含缺陷管道剩余寿命预测的对象、类型和评价方法如图 4–12 所示。

剩余强度评价主要是评价管道的现有状态，而剩余寿命预测则主要是预测管道的未来事态，显然后者的难度远大于前者，且没有前者成熟。

剩余寿命主要包括腐蚀寿命、亚临界裂纹扩展寿命和损伤寿命三大类。三者之中，除亚临界裂纹扩展寿命，尤其是疲劳裂纹扩展寿命的研究较为成熟、较易预测之外，腐蚀寿命和损伤寿命研究都远不成熟，预测难度很大。

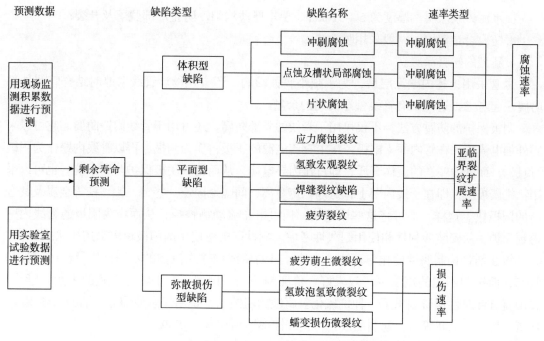

图 4-12　含缺陷管道剩余寿命预测的对象、类型和评价方法

（4）管道 GIS 技术和数据库。

管道完整性管理涉及管道沿线自然环境、地理状况、设施配置等因素，还涉及政治、经济、文化和人的行为方式等各方面信息，安全管理时必须考虑事故发生地点、周围环境等有空间特征的信息。

地理信息系统（Geographic Information System，GIS）技术在处理有空间特征的信息上有着无与伦比的优势，是实现管道数字化管理的关键技术。利用 GIS 技术可以便捷、可靠、安全地对管道沿线情况进行动态数据管理。

（5）管道地震和地质灾害评估技术。

地震和地质灾害是威胁油气长输管道安全的重要因素，会使管道发生大的位移和变形，过量的塑性变形会导致管道失效。

传统的基于应力的管道设计和评估方法不能保证地震和地质灾害多发区的管道安全，而基于应变的管道设计方法和安全性评估方法的研究得到了重视。

（6）天然气管道防腐技术。

天然气管线因其内部及外部均存在腐蚀问题，故天然气管线的防腐措施也分为内防腐技术与外防腐技术两大类。

①内防腐技术。

内壁涂层：输送介质腐蚀性较强的管线，则应选用耐腐蚀性能较好的涂料，涂于管线内壁上。常用的管线内壁涂层有以下几种：

a. 防污油、防腐的涂层，如防锈漆等；

b. 煤焦油沥青、搪瓷（珐琅）和环氧沥青等涂层，耐油性能应好，且应注意脆裂；

c. 水泥砂浆涂层，厚度为 5 ~ 10mm，要求厚薄均匀，防止局部脱落及开裂；

d. 防腐合金镀层，一般采用喷涂法；

e. 新型的塑料涂层。

尽管采用上述内壁涂层后，为了减小腐蚀影响，还应在设计管线壁厚时结合管线外部防腐一起考虑，适当留有管线壁厚的腐蚀余量。

阴极保护的防腐方法，不仅可用于管线的外部防腐，还可用于管线内壁防腐。它可以采用外加电流法，在管内插入电极，接上直流电源的正板，作为阳极，再以管线内壁作为阴极（负极），而管内输送的流体介质，即可作为导电质，从而构成阴极保护防腐系统。也可以采用牺牲阳极法，即在管线内壁上，每隔一定距离，间隔地固定一些锌、铝、镁等金属及其合金的阳极块。这样，即可将这些阳极块，通过电子流动牺牲掉，从而作为阴极的管线内壁得到保护。从安装便利性和使用耐久性考虑，牺牲阳极法使用的阳极块多采用棒状或块状。

缓蚀剂是抑制腐蚀的化学药剂，它应该针对管线内输送流体的不同性质及流体所处的状态，而选用不同的用量少、效果好、价廉的药剂。例如，对于输送含硫的天然气管线，我国就有针对性地研制出了一种抗硫化氢腐蚀的阻蚀剂，是用煤焦油馏分、油酸、硬脂酸、环氧乙烷、乙二胺等组合配制而成，可使缓蚀率达到 95% ~ 98%。

②外防腐技术。

一般对于管线外防腐均采用防腐绝缘层（一次保护）与阴极保护（二次保护）两种方法并用的措施，且很有效。主要应选好防腐绝缘材料，一般均用沥青。因为沥青为热塑性材料，受热后强度降低，在土壤或水的压力作用下易变形或流淌而堆积在管线下方，故常是在防腐绝缘层外面再包上一层混凝土保护层加以保护，以提高耐久性。防腐绝缘层的厚度要合理确定，根据我国的使用经验，厚度小于 3mm，老化速度快；而厚度大于 6mm 时，则老化速度明显缓慢。因此，天然气管线的沥青防腐层一般均采用五油四布或四油四布加强绝缘结构，厚度均在 6mm 以上。

4.2.5.4 管道防腐技术

（1）集输管道外防腐技术。

①防腐涂层。

防腐涂层的作用是一种隔断效应，通过各种措施将金属管道进行隔离，使其无法与土壤腐蚀环境接触，通过这种隔离作用，全方位或者在一定程度上避免天然气管道与土壤腐蚀环境接触，从而发生直接的反应造成了腐蚀，也就对管道起到了保护的作用，是天然气管道防腐蚀的首要措施，承担着物理层面的隔断、避免接触、全方位防护及全方位隔断的效果，同时涂层的另一个重要的作用是为阴极保护的措施提供一种可以使电子绝缘的效果，采用了这样的措施也就可以绝缘。因防腐涂层遭受复杂多样的地形和土壤环境侵扰，是腐蚀控制的薄弱环节。因此对防腐涂层提出了严苛的要求，需要具备如下性能：

a. 首先附着力一定要好，尤其是对于铁类的物质，附着力就必须好，特别要求湿膜附着力良好；

b.抵抗介质渗透性需要特别的优秀，成膜后，涂层对于水和氧及其他腐蚀因子的渗透性能够起到良好的屏蔽作用，对于它们的侵蚀能够很好地抵抗；

c.耐腐蚀性也要非常优秀，对于大气、水、酸、碱、盐、其他溶剂等介质的腐蚀，能够起到很好的耐受作用，不惧怕以上物质的侵蚀；

d.具有优异的物理机械性能，具有低的收缩率，适当的硬度、韧性、耐磨性、耐温性能等，具有良好的弹性和变形能力，能够抵御管线在土壤的蠕动，随钢管热胀冷缩、移动而不被剥离；

e.能够抵抗恶劣条件对管线涂层的影响，如地质变化、蠕动、高应力、外力冲击等，能抵抗装卸、贮存和安装正常操作可能引起的损伤，在管沟回填以后仍具有良好的完整性；

f.具有优异抗阴极剥离性，防止针孔损伤随时间扩展成大的损伤。此外，还应具备有效的电绝缘性，致密性好，能有效地保持绝缘电阻随时间恒定不变和易于补伤等性能。目前国内外用于长输管道的防腐蚀涂层主要有煤焦油瓷漆、聚乙烯二层结构（二层 PE）、聚乙烯三层结构（三层 PE）、熔结环氧粉末（FBE）、双层熔结环氧粉末（双层 FBE）覆盖层等。其中双层 FBE 和三层 PE 是天然气管道外防腐层的主要应用类型，国内外防腐层发展趋势是改进三层 PE 结构及双层熔接环氧粉末结构，以达到更好的防腐性能。

②阴极保护。

金属管道即使被涂层保护，腐蚀依然会发生，主要是由于防腐涂层本身存在一定的孔隙，孔隙会吸收环境中的水分从而产生老化，同时在运输、施工、和安装后的运行时由于意外造成防腐涂层损坏，造成了金属管道暴露在腐蚀环境中，有涂层保护的部分和裸露部分的电位不一样，裸露部分的腐蚀速度加快，更加容易穿孔。资料显示，一条埋地金属管道施工时采用涂层和阴极保护技术，十多年来运行良好；在进行另一条同规格金属管道施工时，未采用阴极保护技术，运行一年就产生了腐蚀穿孔。根据提供极化电流的方法不同，阴极保护可以分为牺牲阳极法和外加电流阴极保护两种。

a. 牺牲阳极法。

牺牲阳极保护法是采用某种金属或合金如图 4-13 所示，腐蚀电位低于被保护的金属，这样就可以和被保护的金属构成电偶电池，电位低的金属或合金会不断地溶解，溶解会产生电流，电流流向被保护的金属的阴极，由于低电位的金属或合金在体系中作为阳极，被保护的金属作为阴极，形成体系后，阳极不断腐蚀消耗，故被称作"牺牲阳极"。

图 4-13 站间管道牺牲阳极

b. 外加电流阴极保护。

外加电流阴极保护是通过在管道的外部采用直流电源放电，放出的电子流向被保护金属的阴极，使其阴极实现极化，被保护金属变成免腐蚀体。主要组成部分有辅助阳极，还有参比电极，输出为直流电源，还有用于连接的电路。

牺牲阳极阴极保护和强制电流阴极保护必须进行联合防护，才能取得良好的效果。

管道与外界的绝缘程度，是开展阴极保护系统建设的重要决定条件，采用防腐涂层可以使阴极保护所需的电流下降，同时加强电流分散能力；管道防腐层破损点不可避免，如不实施阴极保护，那么腐蚀穿孔是必然的，阴极保护可防止涂层孔隙和损伤处外露的金属发生腐蚀；防腐涂层提供了埋地金属管道外侧的全方位防护，起作用主要是应对均匀腐蚀，阴极保护的特点主要是对点的保护，保护了防腐涂层产生破损的地点；金属管道涂层损坏地点难以预测，造成防腐涂层难以及时地恢复，需要将整条管道都采用阴极保护，采用防腐涂层和阴极保护的双重保护措施，延长保护时间，有效地实施管道保护。

通过各种智能油气管道检测设备可以管道不停输在线检测。在无损管道检测理论上发展起来的管道检测技术，主要分为目视检测（VT）、漏磁检测、声发射（AE）、磁粉检测（MT）、渗透检测（PT）、超声波检测（UT）、射线照相法检测（RT）、涡流检测（ECT）、多频管中电流法检测（PCM）、直流电压梯度检测法（DCVG）及热像显示。目前普遍采用不影响管道运行、不破坏管道内壁的检测技术主要有超声波检测技术和漏磁检测技术，针对管道外壁检测，一般使用直流电压梯度检测法技术及多频管中电流法检测技术。

（2）集输管道内防腐技术。

为了保证油气集输管道安全稳定运行，需要采取合理的措施防治油气集输管道出现内腐蚀问题，促进石油行业的发展。

①涂料涂装工艺。

在油气集输管道运行中，为了对内壁腐蚀问题进行预防，可以采用涂料涂装工艺。在对油气集输管道内壁防腐处理中，所选用的涂料质量对防腐效果有很大影响，所以需要严格按照相关标准进行涂料选择。在对油气集输管道内壁防腐中，需要严格遵循涂层系统规定，对于动力工具依照 SIS055900-3 的标准进行，然后用砂轮机进行打磨平整，对焊接遗留的氧化皮和飞溅进行合理处理。在进行刷涂的时候，需要刷掉下垂，促使膜厚度均匀，形成平滑的涂层效果，更好地应对油气集输管道内壁腐蚀问题。

②阴极保护法。

在油气集输管道内壁防腐中，阴极保护法是常用的一种方法。阴极保护法可以分为牺牲阳极法和强制电流法。由于油气集输管道处于密闭状态，所以在进行阴极保护中常受到空间的限制。在油气集输管道设计时，需要对阴极保护过程中产生的氧气和氢气进行重新考虑，如果没有进行充分考虑，就可能会导致安全问题，不利于油气集输管道安全、稳定的运行。

③添加缓蚀剂。

在油气集输管道内壁防腐中，通过添加缓蚀剂，可以有效降低油气集输管道内壁腐蚀问题的发生，更好地对油气集输管道进行保护。缓蚀剂是一种能够有效降低集输管道内壁腐蚀问题的材料，通过添加到管道内，可以在油气集输管道内壁腐蚀区产生蚀剂膜，可以很好地把腐蚀气体和内壁进行有效隔离，达到降低腐蚀效果。添加缓蚀剂在油气集输管道应用中，需要制订科学的方案，保证缓蚀剂能够进入腐蚀区，达到对油气集输管道内壁腐蚀保护的效果。

4.2.5.5 管道腐蚀监测技术

（1）集输管道外防腐层监测技术。

①交流电位梯度法（ACVG）。

交流电位梯度法英文为（Alternating Current Voltage Gradient，ACVG），它的基本原理是：当向受检管道通过信号发射器施加一特定频率交流电流的时候，如果管道的防腐层有破损，信号电流就会从防腐层的破损点处流出，并在破损点处形成一个中心球形电位场（图4-14）。在地面上通过信号接收机能对这个电位场地面的电位梯度进行检测，再经过对数据分析就确定破损处电位场中心，这样就能找出防腐层破损点的具体位置。值得关注的问题就是，这种检测方法受环境因素影响较大，当周围的环境有其他较强干扰介质出现时，产生电位场可能发生较大的变化，在地面上形成的电位场中心也会发生偏移，这样就对检验结果产生影响。ACVG法是目前较准确的防腐层缺陷定位技术，该方法可以发现较小的防腐层缺陷，定位精度可达到 ±15cm。

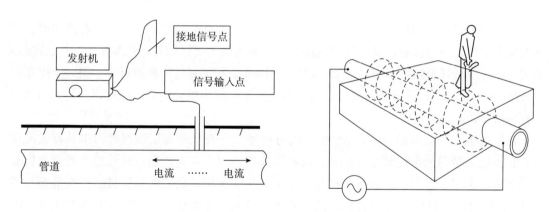

图 4-14　ACVG 法检测埋地管道原理图

ACVG方法使用较多的检验仪器设备是雷迪PCM的A字架及皮尔逊法的防腐层检漏仪，PCM的A字架是测量两固定金属地针之间的电位差，检测时将特定频率的交流信号施加到管道中，检测人员在管道上方将A字架下端插入土壤中，根据接收机上的箭头所指方向和分贝值（或电流值）的大小判断防腐层的破损的位置和相对大小，利用检测设备显示分贝值的大小来判断管道防腐层破损面积的相对大小，如图4-15所示，测量处的管中电流大小、防腐层破损程度、管道埋深情况、土壤电阻率都是影响分贝值主要因素，其中电流大小对分贝值的影响最大。

检测过程中为了使测量数据精度更高，A支架上的探针需要与长输管道上方的土壤有较好的接触。这种检验方法，可以在管线的外加强制电流阴极保护系统不断电的情况下开展检验，可以通过使用仪器自带的管道定位器定位，或人工在地面进行标记，以便

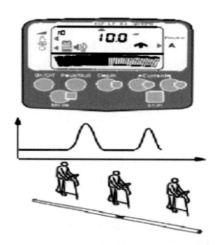

图 4-15　采用 PCM 的 A 支架定位破损点以及测量破损程度

获得准确记录测量数据。这种检测方法只能对防腐层破损处大小进行定性，但无法定量，相同的信号强度下，仪器显示的分贝数值越大，说明防腐层破损程度越大。该方法不能测试出管线的阴保效果，也不能测得管线外防腐层破损处是否已被剥离，容易受外界其他环境电流的干扰，对检验人员的技能与经验要求较高，经常显示的一些缺陷信息是虚假信息。

　　为了增大信号传输距离，提高接收机灵敏度，雷迪公司采用了大功率发射机和混合频率的交流信号，并且接收机灵敏度大幅提高。发射机最大交流信号可达到 3A，最大传输距离为 60km。发射信号是由 4Hz、8Hz、128Hz、640Hz 等频率混合叠加而成。相对于皮尔逊方法的 1000Hz 频率，传输距离大幅提高。因为频率越高，电流更容易通过管线与大地之间的容性耦合泄漏到大地中。

　　在发射机中的混频信号中，8Hz 的电流方向指示在查找防腐层漏点过程中具有较大优势，它能更加精确地定位破损点位置。仪器操作比较简单，查找漏点时注意观看接收机显示屏上的箭头指示方向，如果接收机显示屏上箭头向前指，表明防腐层破损点在前面（图4-16）；反之，接收机箭头向后指，说明防腐层破损点在后面。由于混频信号中有 128Hz 或 640Hz 高频率信号，这也使得检验时对金属管道定位精度大幅提高。

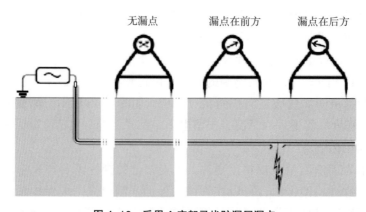

图 4-16　采用 A 字架寻找防漏层漏点

② Pearson 检测法（PS）。

在早期埋地管道检测中常用的一种检测管道外防腐层的方法是皮尔逊法（Pearson，简称 PS 法），它能检测出防腐层局部连续或不连续破损点，其工作原理如图 4-17 所示。PS 法检测埋地管道的基本原理是：当埋地金属管道施加一个交流信号时，如果管道的防腐层有漏点，电流就会在防腐层破损处泄漏，从而漏进附近土壤中，这就会在管道防腐层破损点和其附近的土壤之间形成电压差，越接近破损点处的电压差越大，用接收机在埋地管道的地面上能检测到会有电位的异常变化。通过这种异常的电位变化情况就能发现管道防腐层破损点。目前国内外以该原理为基础生产的仪器均有，在国内最具有代表性的是江苏海安生产的 SL 系列地下管道防腐层探测与检漏仪，这种检测仪是采用人体电容法来获取检测信号，它是国内长输油气管道运营与检验单位配备的基本检测仪器。

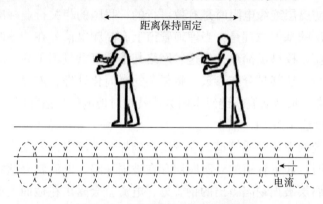

图 4-17 人体电容法寻找防漏层漏点

PS 法有一个信号发射机，检验时利用信号发射机发射一交流信号，如对连接的管道发射 1000Hz 的交流信号，如受检管道防腐层完好，无防腐层的泄漏点，则信号沿管道一直传播并逐步减弱。如果管道防腐层有破损，信号就会从防腐层破损处溢出流到土壤中，并在破损处的土壤周围产生一个信号较强的磁场，当检测人员在管道正上方持接收机检验时，接收机里的选频放大器会将信号放大，接收机就会对这一较强的磁场信号发出警报，检测人员可根据显示的电流信号值大小及音频报警声的大小来确定具体的管道防腐层破损位置。

该技术方法的主要弊端是对管道防腐层破损点检测与检测人员的经验有很大关系，有经验的检测人员几乎可测出所有的埋地管道防腐层破损点，并能判断缺陷的破损状况程度，而缺乏经验的检测人员对检验数据很难把握，得不出较为准确的结论。该方法的另一不足之处是检验过程中极易受其他环境因素干扰，对于复杂的地理环境适用性较差，检验必须要全线在管道上方行走，且只能对防腐层破损处定性，无法定量。开展检验工作时，需要两名检验人员，且必须一前一后地沿着管道上方行走，检漏仪只有当检验人员走到防腐层漏点附近时才会有反应。当走到防腐层泄漏处正上方时，接收机发出最强声响，显示最大的数值，防腐层泄漏点就在此处。由于在该检测方法中，两名检测人员的身体起到接地电极的作用，这就是该方法被称为"人体电容法（SL）"的原因。

③交流衰减法。

交流衰减法主要被用来评价管道的防腐层整体质量，并对防腐层出现的异常状况进行分析比较。该方法检验时仪器无需直接与土壤接触，管道上的电信号产生磁场可以穿透媒介来对管道防腐层的信息进行收集。该方法的基本原理是：给受检管道施加一电信号，根据设备接收的电流大小及衰减变化情况来确定防腐层破损处的位置与大小，从而来对防腐层整体质量状况进行评价，同时还可对管道的埋深情况、各支管敷设位置及与其他外部建筑物的交点进行测量等。

④变频选频法。

该方法是测量埋地金属管道外防腐层绝缘电阻率的一种技术，技术原理是：将一高频电信号施加到受检管道上，通过对信号传播的衰耗程度测量得出埋地管道外防腐层的绝缘电阻率。变频选频法测量管道防腐层绝缘电阻技术能够满足防腐层绝缘电阻检测和评价的要求，检验数据可靠性高，能为管道日常使用管理提供准确信息。经过大量实际工作的验证，该方法在测量防腐层绝缘电阻时是有效可行的，我国的相关行业标准也对这种方法有所涉及。变频选频法的基本原理是：当埋地管道上有高频电信号在传输时，可将其看作是管线—大地回路模型。模型虽简单，但这一网络却十分复杂且不平衡，网络的特性参数有很多，不仅都是变量，还都是分布参数。将复杂的事简化处理，需要把埋地管道防腐层绝缘电阻当作一次参数，那么防腐层绝缘电阻数值就是对地电位与泄漏段电流密度的比值。

⑤直流电位梯度法（DCVG）。

有阴极保护系统的埋地钢质管道或在管道上施加了直流电信号是直流电位梯度法检验的基本条件。检验时，如果管道的外防腐层存在破损缺陷，电流就会从管道附近的土壤流入钢质埋地管道防腐层破损缺陷露出的钢管处，电流就会露出在地面上形成一个电位梯度场。土壤电阻率的不同，这个电压梯度场在设备上显示的数值也不同，通常电压梯度会在十余米至四十余米的范围内根据土壤电阻率的不同而不断变化。在检验过程中，如果管道的防腐层泄漏点面积越大或越接近破损位置时，产生的电压梯度也会显得越大越集中，一般对于比较大的管道防腐层缺陷，在缺陷附近会产生 200～500mV 的电压梯度值，缺陷较小时也会产生 50～200mV 的电压梯度，电压梯度主要在离缺陷处产生的电场中心较近的区域。国内外的检验实际显示，DCVG 检验技术在所有的埋地钢质管道外防腐层缺陷检验技术中是最精确、可靠、方便的，是较好的埋地钢质管道外防腐层缺陷定位技术。

在检验过程中，为了使其他信号源的干扰程度降至最低，DCVG 检测技术通过使用不对称的直流信号施加在受检管道上，由一个安装在阴极保护装置电源极输入端的周期定时中断器来控制，周期间断的时间是 1s，有了周期间断的中断器，就能实现通过控制阴极保护电源的输出实现控制电压信号，一般阴极保护"断"的时间为 2/3s，"通"的时间为 1/3s。

DCVG 法检测埋地钢质管道时，一般通过两个接地探杖（含有 Cu/CuSO₄ 电极）开展检验工作，高灵敏度毫伏表与探杖连在一起，在管道地面上方进行检测，通过分析管道防腐层破损处产生的电压梯度变化情况后，就能确定管道破损点的精确位置和缺陷大小状况。检验管道时，两根探杖要保持 2m 左右的距离进行检测，越接近管道防腐层破损处，显示器上的毫伏表指示数值越大，走过管道防腐层破损处时毫伏表上的数值显示又越来越小。如果防腐层缺陷正好在当两探杖中间时毫伏表指示的数值为零，这时将两探杖之间的距离逐步缩小到 30cm 左右，通过反复测量可以精确地确定埋地钢质管道防腐层缺陷位置，DCVG 法还可以通过地表的电场形状来推出防腐层破损处的缺陷形状，其检测原理如图 4-18 所示。

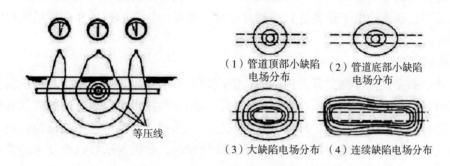

图 4-18　DCVG 检测原理图

⑥密间隔电位测试（CIPS）。

在国外，评价长输管道系统的阴极保护系统是否能有效保护管道的首选方法就是密间隔电位测试法，其基本原理是：通过在有阴保系统的管道上测量管道的管地电位，分析其沿管道的变化情况，进而来判断管道的整体防腐层的状况和阴极保护是否有效。检验过程中，检验人员可以得到两种管地电位，即管地开路时的电位和闭路时的电位，通过分析管地电位沿管道的变化趋势，可得到受检管道外防腐层的总体平均质量优劣状况。要测量一处管地电位时，可以将一个参比电极埋在地面土壤中，并将其与一块电压表相连接，电压表的另一端与被检测的管道测试桩相连，这样就可以通过电压表读取此处的管地（P/S）电位。这里测量时得到的电位数值，仅能代表 $Cu/CuSO_4$ 参比电极附近一定范围内的管地平均电位。同样，在测试桩附近测取的管地电位也不是真正的管地电位，这其中还包括了土壤 *IR* 降。

目前，CIPS 仪器产品在中国区域以加拿大公司的产品应用最为广泛。密间隔电位测量方法是目前较为复杂、科学、准确的一种防腐层检测技术，它可以记录被检验管道的阴极保护状态，同时它也能测定防腐层破损面积的大小，并具有较高的检测精度。在检验过程中，如果有杂散电流的影响，测得的闭路电位数据的准确性就不高，在砖石路面、混凝土表面、河流等区域检测时，因参比电极的接触效果差，测量效果也不太好。密间隔电位测量技术在国外的应用已经较为广泛，但我国目前还是刚刚处于研究与应用的初级阶段。

（2）集输管道内防腐层监测技术。

①测径检测法。

测径检测法主要是对被检测的管道的形状变化进行检测，通过检测数据找出形状变化的精确位置，这种检测法可以运用很多种方法检测管道的各种形状变化，如运用相关的原理和设备检查管道内部的完整情况是否有凹凸问题、管道内径有无增减等，分析出影响管道内径变化的几种因素。

②泄漏检测法。

在泄漏检测法中压差法和声波辐射方法是最主要的检测方法也是现今比较完整的检测

技术。压差法通过注入管道内的检测液体在经过自身带的测压装置仪器从而达到检测的目的。对管内压力的检测中，压力可能不相同，压力最低的区域就是泄漏处，然后运用专用的检测设备对此进行排查；声波辐射方法的关键就是用声波的反射原理对管道破损处检查，特定的声波在管道中将会发出一种特殊的声音，声波辐射法就是利用这个原理对泄漏点进行检测。运用选频率的电子设备进行检测并收集，再运用特定的装置和分析系统确定问题处的具体方位。

③漏磁通检测法。

对于管道的完整性检测尤其是内部的检测问题的相关技术有很多种类，运用漏磁通的相关知识而达到检测目的的技术是最早应用的，运用这种技术可以对管道的内部和形状受损的外部进行比较系统的检查，外部因素对其影响不是很大，既可以用在输油管道，又可以用在输气管道，还可以通过其他方式推断出涂层情况，也因为这些这个技术经常应用在管道检测中。噪声在漏磁通量运用的过程中不是绝对的，假如没有其他形式对采集的数据进行放大处理，不正常信号也很明显地记录在数据中，其在实际中的运用不是很复杂。需要考虑的问题是在漏磁通检测仪正常工作做的时候，工作人员应该对清管仪器的相关工作参数进行控制，尤其是速度问题，这种方法对于这类速度的反应很大，由于装置工作对速度的变化较为敏感，装置运用全新的传感器，但是仍然不能完全消除速度对此的影响。这项技术需要管壁达到完全磁性饱和才能对管道检测。所以对测试精度与管壁厚度都有很细致的要求，这两者间也有一定的联系，厚度增大，精度就会减小，使用此项技术有一定的限制要求，要求管壁厚度不超过 12mm。超声波检测法的准确程度要比此项技术更明显，最重要的是此项技术过于依赖工作人员的经验。

④压电超声波检测法。

电压型的超声波检测技术不同于之前的超声波检测技术，电压型的超声波检测技术主要依靠管内的液体使传感器正常工作，并和管道的内壁产生了一定的耦合现象，由此会产生一个耦合系数，通过测量这个耦合系数的大小对管道全面检测。超声波检测技术的精髓在于超声波的反射，当遇到管道有缺陷或裂痕时，使得发射效果变化，这种检测方法比传统的检测可靠性强精度高，是目前该领域对管道裂痕检测最为有保障的检测方法。但是由于声波传感器材质的问题，使得此设备在正常工作时可能出现一些质量问题，并且传感器的相关部件对与管壁连接的要求很高，在管内液体中一定要完全连接，也因为这样对管内连接剂的要求很高。所以这种方法只适用于液体的管道输送。

⑤电磁波传感检测法（EMAT）

超声波的检测原理不同于以上的检测方法原理，它用的是一种弹性导电介质，并非常规意义上的连接和液体之间的相互作用介质，而是与理论相结合，把最新的技术和最先进的设备运用于该项技术中。在管壁上的电磁波传感器作为输出端发送超声波，假若管壁是相同材质且分布均匀的，由于介质的阻碍作用的存在超声波在传播的过程中能量将会有所损耗；加入管壁出现损坏时，损坏处的阻碍作用将会发生明显的变化，会影响声波的传播，从而使之出现声阻反射、折射和漫反射，作为接收端就会得到与之变化之前完全不同的声波。以上问题的解决使得超声波测量运用于输气管道中，不同于漏磁通检测更优于此项技术，为此成为输气检测中较值得信赖的检测方法。

4.3 站场和管道泄漏应急处置

天然气集输安全高效能够避免站场和管道泄漏引起 CO_2、SO_2、H_2S 等温室气体大量排放，造成环境污染。

4.3.1 天然气泄漏后果评价

管道和站场天然气泄漏扩散规律和后果评价可为天然气泄漏应急处置预案编制和应急处置技术方案提供支撑。

天然气泄漏后果评价通常利用流体动力学软件 FLACS 和 PHAST 进行数值模拟，分析天然气泄漏扩散规律，评价天然气泄漏可能引起的火灾或者爆炸后果。

4.3.1.1 场景构建

选取四川某页岩气田的集气管道一处人群聚集地为研究场景，管线周边拥有刘家坨和坨回桥两处人群聚集场所，且有公路穿越，管线泄漏可能造成严重后果。以该条管线连接点为中心，选取大小为 400m×400m 的模拟区域，将该区域以精度 5m×5m 划分成 6400 个单元格，每个单元格都具有相应的坐标与海拔高度。

4.3.1.2 泄漏后果评价

（1）构建泄漏场景。

结合四川某页岩气管段高后果区数据，充分考虑了管道参数、管内介质参数以及该地区的气候、泄漏参数等工况条件，构建了 84 种泄漏场景（表 4-5）。其中：管道泄漏口直径选取典型的 5mm（小孔）、25mm（中孔）、100mm（大孔）、219.1mm（完全破裂）等四种情况；泄漏方向根据泄漏孔径的不同小孔、中孔、大孔选取垂直向上（Z）和与管道水平垂直的两个方向北或南（N/S），完全破裂除了以上三个方向外，增加了与管道走向同向的两个泄漏方向东或西（E/W）；风向和风速根据该地区的常年气候特征，风向选取西北（NW）和东南（SE）两个风向，风速选取 1m/s、2m/s、3m/s 作为典型风速。

表 4-5　页岩气管线泄漏场景

序号	泄漏口径（mm）	泄漏方向	风向	风速	序号	泄漏口径（mm）	泄漏方向	风向	风速
场景1	5	上（Z）	NW	1	场景9	5	北（N）	NW	3
场景2	5	上（Z）	NW	2	场景10	5	北（N）	SE	1
场景3	5	上（Z）	NW	3	场景11	5	北（N）	SE	2
场景4	5	上（Z）	SE	1	场景12	5	北（N）	SE	3
场景5	5	上（Z）	SE	2	场景13	5	南（S）	NW	1
场景6	5	上（Z）	SE	3	场景14	5	南（S）	NW	2
场景7	5	北（N）	NW	1	场景15	5	南（S）	NW	3
场景8	5	北（N）	NW	2	场景16	5	南（S）	SE	1

序号	泄漏口径（mm）	泄漏方向	风向	风速	序号	泄漏口径（mm）	泄漏方向	风向	风速
场景17	5	南（S）	SE	2	场景51	100	南（S）	NW	3
场景18	5	南（S）	SE	3	场景52	100	南（S）	SE	1
场景19	25	上（Z）	NW	1	场景53	100	南（S）	SE	2
场景20	25	上（Z）	NW	2	场景54	100	南（S）	SE	3
场景21	25	上（Z）	NW	3	场景55	219.1	上（Z）	NW	1
场景22	25	上（Z）	SE	1	场景56	219.1	上（Z）	NW	2
场景23	25	上（Z）	SE	2	场景57	219.1	上（Z）	NW	3
场景24	25	上（Z）	SE	3	场景58	219.1	上（Z）	SE	1
场景25	25	北（N）	NW	1	场景59	219.1	上（Z）	SE	2
场景26	25	北（N）	NW	2	场景60	219.1	上（Z）	SE	3
场景27	25	北（N）	NW	3	场景61	219.1	北（N）	NW	1
场景28	25	北（N）	SE	1	场景62	219.1	北（N）	NW	2
场景29	25	北（N）	SE	2	场景63	219.1	北（N）	NW	3
场景30	25	北（N）	SE	3	场景64	219.1	北（N）	SE	1
场景31	25	南（S）	NW	1	场景65	219.1	北（N）	SE	2
场景32	25	南（S）	NW	2	场景66	219.1	北（N）	SE	3
场景33	25	南（S）	NW	3	场景67	219.1	南（S）	NW	1
场景34	25	南（S）	SE	1	场景68	219.1	南（S）	NW	2
场景35	25	南（S）	SE	2	场景69	219.1	南（S）	NW	3
场景36	25	南（S）	SE	3	场景70	219.1	南（S）	SE	1
场景37	100	上（Z）	NW	1	场景71	219.1	南（S）	SE	2
场景38	100	上（Z）	NW	2	场景72	219.1	南（S）	SE	3
场景39	100	上（Z）	NW	3	场景73	219.1	东（E）	NW	1
场景40	100	上（Z）	SE	1	场景74	219.1	东（E）	NW	2
场景41	100	上（Z）	SE	2	场景75	219.1	东（E）	NW	3
场景42	100	上（Z）	SE	3	场景76	219.1	东（E）	SE	1
场景43	100	北（N）	NW	1	场景77	219.1	东（E）	SE	2
场景44	100	北（N）	NW	2	场景78	219.1	东（E）	SE	3
场景45	100	北（N）	NW	3	场景79	219.1	西（W）	NW	1
场景46	100	北（N）	SE	1	场景80	219.1	西（W）	NW	2
场景47	100	北（N）	SE	2	场景81	219.1	西（W）	NW	3
场景48	100	北（N）	SE	3	场景82	219.1	西（W）	SE	1
场景49	100	南（S）	NW	1	场景83	219.1	西（W）	SE	2
场景50	100	南（S）	NW	2	场景84	219.1	西（W）	SE	3

（2）泄漏后果评价。

同泄漏扩散模拟一样，火灾爆炸模拟也是考虑管道参数、管内介质参数及该地区的气候、泄漏参数等工况条件，模拟正交组合下的 84 种场景。天然气泄漏后果评价主要考虑两方面：热辐射和冲击波超压。

喷射火强度半径选取热辐射强度 4 kW/m²、12.5 kW/m²、37.5 kW/m² 分别作为轻伤距离、重伤距离和致死距离的划分界限。晚期爆炸最坏情况半径选取 1.70 kPa、4.40 kPa、10.00 kPa 分别作为轻伤距离、重伤距离、死亡距离的划分界限。将泄漏后形成喷射火的热辐射和爆炸产生的冲击波超压的最远距离作为安全距离的制订依据。

通过泄漏扩散、火灾爆炸模拟，得到了 84 种管道高后果区泄漏场景的热辐射伤害距离、冲击波超压伤害距离、安全距离（表 4-6）。

表 4-6 页岩气管线泄漏事故热辐射与冲击波超压距离

序号	热辐射伤害距离（m）			冲击波超压伤害距离（m）			安全距离（m）
	37.50kW/m²	12.50kW/m²	4.00kW/m²	10.00kPa	4.40kPa	1.70kPa	
场景1	0.00	0.00	0.00	0.00	0.00	0.00	<1
场景2	0.00	0.00	0.00	0.00	0.00	0.00	<1
场景3	0.00	0.00	2.31	0.00	0.00	0.00	<2.31
场景4	0.00	0.00	0.00	0.00	0.00	0.00	<1
场景5	0.00	0.00	0.00	0.00	0.00	0.00	<1
场景6	0.00	0.00	2.31	0.00	0.00	0.00	<2.31
场景7	0.00	0.00	3.94	3.32	3.51	3.90	3.94
场景8	0.00	0.00	3.86	3.31	3.50	3.89	3.89
场景9	0.00	0.00	3.81	3.87	3.49	3.87	3.87
场景10	0.00	0.00	3.94	3.32	3.51	3.90	3.94
场景11	0.00	0.00	3.86	3.31	3.50	3.89	3.89
场景12	0.00	0.00	3.81	3.87	3.49	3.87	3.87
场景13	0.00	0.00	3.94	3.32	3.51	3.90	3.94
场景14	0.00	0.00	3.86	3.31	3.50	3.89	3.89
场景15	0.00	0.00	3.81	3.87	3.49	3.87	3.87
场景16	0.00	0.00	3.94	3.32	3.51	3.90	3.94
场景17	0.00	0.00	3.86	3.31	3.50	3.89	3.89
场景18	0.00	0.00	3.81	3.87	3.49	3.87	3.87
场景19	0.00	0.00	8.28	0.00	0.00	0.00	8.28
场景20	0.00	0.00	12.09	2.03	2.35	3.02	12.09
场景21	0.00	0.00	14.24	2.04	2.36	3.04	14.24
场景22	0.00	0.00	8.28	0.00	0.00	0.00	8.28

续表

序号	热辐射伤害距离（m）			冲击波超压伤害距离（m）			安全距离（m）
	37.50kW/m²	12.50kW/m²	4.00kW/m²	10.00kPa	4.40kPa	1.70kPa	
场景23	0.00	0.00	12.09	2.03	2.35	3.02	12.09
场景24	0.00	0.00	14.24	2.04	2.36	3.04	14.24
场景25	15.74	18.97	23.00	3.31	4.00	6.67	23.00
场景26	15.80	18.94	22.85	3.29	4.35	6.59	22.85
场景27	15.85	18.92	22.70	3.26	4.31	6.50	22.70
场景28	15.74	18.97	23.00	3.31	4.00	6.67	23.00
场景29	15.80	18.94	22.85	3.29	4.35	6.59	22.85
场景30	15.85	18.92	22.70	3.26	4.31	6.50	22.70
场景31	15.74	18.97	23.00	3.31	4.00	6.67	23.00
场景32	15.80	18.94	22.85	3.29	4.35	6.59	22.85
场景33	15.85	18.92	22.70	3.26	4.31	6.50	22.70
场景34	15.74	18.97	23.00	3.31	4.00	6.67	23.00
场景35	15.80	18.94	22.85	3.29	4.35	6.59	22.85
场景36	15.85	18.92	22.70	3.26	4.31	6.50	22.70
场景37	0.00	0.00	42.51	6.94	8.09	10.51	42.51
场景38	0.00	0.00	51.26	7.20	8.51	11.27	51.26
场景39	0.00	15.45	56.25	7.40	8.83	11.83	56.25
场景40	0.00	0.00	42.51	6.94	8.09	10.51	42.51
场景41	0.00	0.00	51.26	7.20	8.51	11.27	51.26
场景42	0.00	15.45	56.25	7.40	8.83	11.83	56.25
场景43	58.54	74.04	97.40	13.01	18.08	28.70	97.40
场景44	59.65	74.61	97.47	13.10	18.21	28.96	97.47
场景45	60.71	75.16	97.50	13.09	18.20	28.92	97.50
场景46	58.54	74.04	97.40	13.01	18.08	28.70	97.40
场景47	59.65	74.61	97.47	13.10	18.21	28.96	97.47
场景48	60.71	75.16	97.50	13.09	18.20	28.92	97.50
场景49	58.54	74.04	97.40	13.01	18.08	28.70	97.40
场景50	59.65	74.61	97.47	13.10	18.21	28.96	97.47
场景51	60.71	75.16	97.50	13.09	18.20	28.92	97.50
场景52	58.54	74.04	97.40	13.01	18.08	28.70	97.40
场景53	59.65	74.61	97.47	13.10	18.21	28.96	97.47
场景54	60.71	75.16	97.50	13.09	18.20	28.92	97.50

序号	热辐射伤害距离（m）			冲击波超压伤害距离（m）			安全距离（m）
	37.50kW/m²	12.50kW/m²	4.00kW/m²	10.00kPa	4.40kPa	1.70kPa	
场景55	0.00	0.00	97.38	14.44	17.08	22.62	97.38
场景56	0.00	23.38	111.98	15.18	18.28	24.73	111.98
场景57	0.00	41.43	120.37	15.46	18.71	25.53	120.37
场景58	0.00	0.00	97.38	14.44	17.08	22.62	97.38
场景59	0.00	23.38	111.98	15.18	18.28	24.73	111.98
场景60	0.00	41.43	120.37	15.46	18.71	25.53	120.37
场景61	113.48	148.96	203.31	24.66	33.38	51.68	203.31
场景62	114.48	150.21	203.42	24.69	33.42	51.77	203.42
场景63	116.57	151.39	203.43	24.71	33.45	51.82	203.43
场景64	113.48	148.96	203.31	24.66	33.38	51.68	203.31
场景65	114.48	150.21	203.42	24.69	33.42	51.77	203.42
场景66	116.57	151.39	203.43	24.71	33.45	51.82	203.43
场景67	113.48	148.96	203.31	24.66	33.38	51.68	203.31
场景68	114.48	150.21	203.42	24.69	33.42	51.77	203.42
场景69	116.57	151.39	203.43	24.71	33.45	51.82	203.43
场景70	113.48	148.96	203.31	24.66	33.38	51.68	203.31
场景71	114.48	150.21	203.42	24.69	33.42	51.77	203.42
场景72	116.57	151.39	203.43	24.71	33.45	51.82	203.43
场景73	54.78	71.62	123.45	19.15	24.59	36.02	123.45
场景74	50.96	72.23	124.25	19.24	24.74	36.29	124.25
场景75	48.40	72.51	124.62	19.22	24.70	36.22	124.62
场景76	54.78	71.62	123.45	19.15	24.59	36.02	123.45
场景77	50.96	72.23	124.25	19.24	24.74	36.29	124.25
场景78	48.40	72.51	124.62	19.22	24.70	36.22	124.62
场景79	54.78	71.62	123.45	19.15	24.59	36.02	123.45
场景81	50.96	72.23	124.25	19.24	24.74	36.29	124.25
场景82	48.40	72.51	124.62	19.22	24.70	36.22	124.62
场景83	54.78	71.62	123.45	19.15	24.59	36.02	123.45
场景84	50.96	72.23	124.25	19.24	24.74	36.29	124.25

　　综合考虑不同气候条件（温度、湿度、风"玫瑰"、风速等）、地理条件（地形、地貌等）、管内介质（管径、压力、气体组成等）、泄漏方式（孔径、泄漏量等）等工况，对情景库中的84组情景进行了事故后果模拟。模拟结果以热辐射强度 4kW/m²、12.5 kW/m²、

$37.5~kW/m^2$ 分别作为轻伤距离、重伤距离、死亡距离的划分界限；冲击波超压伤害分别选取 1.70kPa、4.40kPa、10.00kPa 作为轻伤距离、重伤距离、死亡距离的划分界限；将泄漏后形成喷射火的热辐射和爆炸产生的冲击波超压的最远距离作为安全距离的制订依据。

可得出以下结论：

①管道的泄漏口径对热辐射伤害距离、冲击波超压伤害距离，泄漏口径越大，页岩气聚集浓度和范围增加，距离也随之增大；

②垂直泄漏和水平泄漏相比，垂直泄漏的热辐射伤害距离和冲击波超压伤害距离远小于水平泄漏，且由于页岩气从泄漏口以喷射的方式漏出，造成甲烷垂直于泄漏方向浓度聚集较慢；

③风场条件对热辐射伤害距离和冲击波超压距离有不同程度影响，但由于选取风速梯度较小，总体来说影响不是很大。影响主要在于随着风速的增加，安全间距增大；随着风速增大，热辐射的伤害距离略微增大，冲击波超压的伤害距离略微减小，这是因为环境中风速越高，气体越容易达到泄漏扩散的平衡（一定浓度的甲烷泄漏扩散的距离不随泄漏的时间增加而增加，这是因为泄漏扩散到这个距离的甲烷气体云与被周围空气稀释的甲烷气体量相同），能达到爆炸极限的甲烷气体云浓度范围变小。

后果评价根据不同泄漏口径，以热辐射强度、冲击波超压、甲烷浓度作为划分标准，取最大影响范围作为不同泄漏口径安全距离，得出研究区页岩气集气管线高后果区不同泄漏孔径（5mm、25mm、100mm，以及完全破裂）下的安全距离（表4-7）。

表 4-7　页岩气高后果区安全距离

泄漏孔径（mm）	5	25	100	219.1
安全距离（m）	3.94	23.00	97.50	203.43

4.3.2　站场天然气泄漏应急处置技术

应急处置，重在预防。天然气站场泄漏应急处置不仅需要完善的处置程序和强大的处置能力，还需完善的应急响应机制和系统自身保障能力。

（1）应急处置要点。

油气站场特别是天然气净化装置，现场设备、管道及建构筑物较多，一旦发生天然气泄漏，极有可能引发火灾爆炸，造成重大人员伤亡和财产损失。因此，预防火灾爆炸是油气站场天然气泄漏应急处置的关键。

（2）切断气源。

切断气源应从两个方面考虑：一是关闭泄漏源的进出口阀门，切断泄漏气体供给，从而达到缩小气体扩散范围，降低泄漏环境可燃气体浓度的目的；二是打开系统放空，降低泄漏源的气体容量和内部压力，同时为封堵泄漏点创造条件。当受火焰威胁，难以接近控制阀门时，可在落实堵漏措施及防复燃措施的前提下，先灭火后关阀。关阀断气时，应充分考虑阀门关闭后是否会造成系统超温超压而发生爆炸事故。

（3）控制点火源。

控制点火源应重点考虑三个方面：一是及时关停危险区域内的加热炉、焚烧炉等明火设备，关闭进风口；二是用消防水喷射泄漏点，防止天然气气流与空气摩擦导致静电打火；关闭不能断电的控制室门窗，禁止使用、开关用电设备，防止电气接触打火；三是杜绝抢险作业过程中的电火花和机械火花。

（4）火灾扑救。

干粉灭火剂是一种同时具有物理灭火和化学灭火功能的高效灭火剂，可有效扑救天然气初期火灾。一旦天然气着火，现场人员可使用干粉灭火剂迅速扑灭初起火灾。与此同时，为防止设备、管道所泄漏的余气发生复燃，抢险人员应使用消防水枪对泄漏点及大火烘烤部位进行喷水降温，同时利用高压细水雾驱散天然气，降低泄漏环境温度和可燃气体浓度，防止爆炸气云发生爆燃。

（5）抢险补漏。

抢险补漏是天然气泄漏应急处置中的临时措施，不同于正常的设备维修，其目的是消除或减缓天然气泄漏，降低危险区域爆炸气体浓度。抢险补漏不求质量，只求速度和安全。抢险补漏宜采用机械方法，并严格执行操作规程。作业过程中，抢险人员应利用高压细水雾及时吹散泄漏的天然气，防止形成爆炸蒸汽云。若事故现场已完全达到安全作业条件，应按照正常的设备维修工序开展作业活动。

（6）保护火场设备设施。

由于油气站场管道、设备较多，一旦发生天然气着火，极易引发二次事故。现场应急处置人员应及时关闭泄漏点周边特别是火焰喷射方向的管道、设备，打开放空系统，降低系统压力。气相设备应保持微正压，液相或气液两相设备，则应排空液相，保持气相微正压。同时，抢险人员迅速增加消防水枪，对被大火烘烤和灼烧的设备、管道及建构筑物进行冷却降温，防止设备、管道物理爆炸和建构筑物坍塌。冷却降温过程中要避免对设备（特别是经过热处理的设备上的角焊缝、连接件）直接喷射降温，以防设备高温遇冷后产生局部尺寸变化，形成应力集中，导致设备破裂，进而引发事故扩大。当发现设备钢材表面呈红色时，此时钢材温度已达 600 ℃以上，其钢材屈服极限仅为常温下的 1/3，抢险人员应迅速撤离至安全地带。

（7）严防设备形成负压。

当抢险人员对泄漏源或其周边易燃易爆设备进行喷水降温时，应仔细观察泄漏源余气喷射状况及周边设备、管道本体或各连接点的泄漏情况，当泄漏源或被保护设备内部压力已接近大气压力时，若泄漏源或被保护设备温度依然很高，应在继续实施降温的同时，适当补充气体介质，以防系统内部形成负压，导致空气进入，引发系统爆炸。

（8）安全防护。

抢险人员必须正确穿着防静电服和防静电鞋，使用防爆设备和工具。严禁在危险区域穿脱外衣。进入天然气扩散区域的抢险人员，必须正确使用正压空气呼吸器，以防中毒窒息。严禁任何人员在无防护措施和保护措施不全的情况下进入危险区域，从事危险作业活动。

（9）站场智能泄漏应急系统。

站场智能泄漏应急系统包括风速风向传感报警器、气体传感报警器、数据采集发送器、集中器和显示终端，所述风速风向传感报警器与数据采集发送器连接，气体传感报警器与数据采集发送器连接，数据采集发送器与集中器连接，集中器连接到显示终端。能够同时实时监测风向、风速、温度和气体等安全指示参数，用于石油天然气场站各类应急安全参数的监控和逃生路线的指示。

同时，要重点关注天然气泄漏应急处置时面临的风险：

（1）消除火种，切断气源，是预防火灾、避免人身伤亡和财产损失的关键。但由于油气站场中非防爆区域还存在诸多明火设备（如加热炉、焚烧炉等）或可散发电火花的设施（如控制室、消防泵房等），而这些设施在应急状态下却不能关闭，若天然气扩散到这些区域，将带来爆炸气云燃爆的风险。高含硫天然气还会导致人员中毒。

（2）保护火场设备，可降低事故损失，防止设备由于温度、压力升高而导致物理爆炸。但在油气站场，由于现场设备情况较为复杂，如设备内部介质、保温状况、设备材质不同等，若处置不当，有可能引发被保护设备迅速破裂，进而导致事故扩大。

（3）火灾扑灭后，火灾现场温度很高，而管道、设备中的余气将会继续泄漏，存在复燃或爆炸气云燃爆风险，抢险人员往往通过喷水降温、驱散爆炸气体的方法来消减。但也可能由此造成泄漏点内部形成负压，外部空气进入，引发设备、管道爆炸。

4.3.3 管道泄漏应急处置

4.3.3.1 泄漏事故应急响应分级

造成管道泄漏的原因有腐蚀穿孔、设计缺陷、操作失误、第三方破坏、自然灾害等，每种原因导致可能泄漏孔径不同。

腐蚀穿孔是最常见的泄漏类型，管道在长期运营过程中，存在土壤腐蚀、管内腐蚀、冲蚀点蚀等，其造成的泄漏孔径通常较小，一般为小孔泄漏。

设计缺陷通常包含螺纹泄漏、节流阀失效故障、焊接缺陷泄漏、分离器腐蚀超压，出现开裂、法兰泄漏及管道本身的缺陷导致的腐蚀穿孔，其泄漏孔径通常较小，以小孔泄漏居多，其中分离器腐蚀超压，出现开裂有可能出现中孔泄漏甚至大孔泄漏，后果严重。

操作失误通常为阀门泄漏，通常以小孔泄漏居多。

第三方破坏主要包括蓄意破坏、施工破坏（如挖机破坏），其造成泄漏孔径可能性较多，从小孔到大孔都有可能。

自然灾害通常包括山体滑坡、泥石流、高等级地震等，很可能造成大孔泄漏甚至管道断裂。

根据 4.3.1 的页岩气泄漏扩散数值模拟结果，泄漏孔径大小是影响泄漏事故后果严重程度的主要因素。泄漏孔径越大，泄漏量也就越大，能达到爆炸极限浓度的甲烷气体影响范围也越大，事故后果越严重，分为四级响应。

（1）Ⅳ级响应。

漏孔径为 5mm 时，为四级响应。管道发生小孔泄漏，天然气泄漏扩散距离有限，由作业区应急处置小组与地方政府相关部门开展应急处置行动。

（2）Ⅲ级响应。

泄漏孔径为 10 ~ 50mm 时，为三级响应。管道发生中孔泄漏后，遇到点火源，火灾影响范围为 18.97m，对人体造成轻微伤害的距离为 56.25m；与空气充分混合后，爆炸产生的冲击波距离为 11.83m，仅为井场的范围，事故等级较轻。如出现中孔泄漏，含有的甲烷浓度达到了燃烧条件的临界值，页岩气管线高后果作业区所领导的应急领导小组在组长的带领下，与地方政府相关部门现场指挥开展应急行动，并防止泄漏事故可能会进一步扩大。

（3）Ⅱ级响应。

泄漏孔径为 50 ~ 150mm 时，为二级响应。管道发生大孔泄漏后，遇到点火源，火灾影响范围为 75.16m，对人体造成轻微伤害的距离为 97.50m，与空气充分混合后，发生爆炸产生的冲击波距离为 28.92m。出现大孔泄漏，泄漏量较大，含有的甲烷浓度达到了燃烧条件的临界值，产生的后果危害范围较大，且难以控制，故由厂（矿）、分公司开展应急处置，若为特殊时段或事故朝着不可控制的方向进行，则需根据实际上升为集团公司级应急处置。

（4）Ⅰ级响应。

管道破裂时，泄漏孔径为管径，为一级响应。天然气管道完全破裂后，遇到点火源，火灾影响范围为 151.39m，对人体造成轻微伤害距离为 203.43m；与空气充分混合后，爆炸产生的冲击波距离为 51.82m，其包含的范围可能涵盖到居民住宅区、河流水域等。

4.3.3.2 人员疏散与救援

天然气的主要成分为甲烷，其比空气轻，为可燃性气体。甲烷和空气成适当比例的混合物，遇火花会发生爆炸。因此在输气管线发生泄漏应急处置中，应采取科学、稳妥、积极并有效的方法，最大限度地避免人员伤亡，严密控制泄漏的波及范围和可能造成的环境污染，减少国家和人民生命财产的损失，迅速调集专业力量。

（1）迅速调集专业力量。

上级部门接到事故报警后，应立即启动页岩气输气管线泄漏事故应急救援预案，组织专业抢险力量迅速赶赴现场，并根据事故等级，适时启动当地政府灾害事故应急处置预案，调集医疗、环保和安监等部门到场协助救援。

（2）现场事故调查。

掌握事故情况救援人员到场后，通过外部观察、询问知情人、内部侦察或仪器检测等方式，迅速了解泄漏情况，查明事故状况，重点应该了解输气管道的压力；泄漏源、泄漏体积及泄漏范围，是否已采取堵漏措施以及可采取的堵漏方法；现场实施警戒或交通管制的范围；火灾爆炸现场是否有人员伤亡或受到威胁，其所处位置及受伤人群数量，组织搜寻、营救、疏散的通道；事故处置中可能造成的环境污染，采取哪些措施可减少或防止对周围人员或者设备的破坏；现场的水源，风向、风力等情况。

（3）加强现场警戒。

根据泄漏事故现场侦察和了解的情况，根据模拟结果确定现场的警戒范围，设立警戒标识，布置警戒人员，特别是泄漏扩散的下风方向更要加强警戒，及时疏散警戒区域内的人员，严格控制无关人员进入事故现场，防止甲烷气体对现场人员的侵害。若泄漏事故发生在公路上，要特别注意防范二次交通事故的发生，及时对事故路段实施交通管制，禁止人员和车辆通行。如果现场有火源或者高压线等设施，要及时转移，防止造成火灾爆炸事故。

（4）疏散救人。

救援人员应对天然气泄漏事故警戒范围内的所有人员及时组织疏散，一般按照先泄漏源中心区域人员，再泄漏可能波及范围人员；先老、弱、病、残、妇女、儿童等人员，再行动能力较好的人员；先处在下风向的人员、再处在上风向的人员的原则进行疏散。从事故现场疏散出的人员，应集中在泄漏源上风方向较高处的安全地方，并与泄漏现场保持一定的距离。对现场伤亡人员，要及时进行抢救，并迅速送医院救治。

4.3.3.3　管道泄漏抢修方法

（1）卡具封堵法。

卡具封堵法的基本工作原理是用专用的泄漏卡具夹在管道泄漏部位并行紧螺栓，使夹具与泄漏部位外表面形成新的密封空腔，以高于泄漏介质的压力将密封剂注入密封空腔内，密封剂迅速固化，从而建立新的密封结构，达到堵漏的目的。目前常用的堵漏卡具已经能够采用焊接的方式封固到管道上，实现永久性的封堵。由于管道卡具本身的限制，每台卡具只能针对固定管径的管道使用。

由于卡具封堵法的实施步骤简单，无需对管道进行完全放空置换及长时间切割焊接作业，被广泛应用在管道破口较小且较规整、抢险时效性要求高、管道压力相对较低且较稳定的抢险过程中。随着设备技术的发展，卡具封堵效果越来越可靠，现已在大管径、高压力及永久封堵的抢险场合中得到越来越多的应用。

随着封堵技术的发展，现在又出现了另一种快速管道封堵设备——管道连接器。应用管道连接器无须要求管道的端部螺纹或其他特殊预制。当紧固螺栓和压环螺栓被旋紧到位后，就实现了管道内外间的密封，同时管道也被安全地连接到一起（非锚固状态），此时管道可在一定压力下恢复运行，待管道连接器与管道及螺检实现完全封煌后（锚固状态），再恢复到工作压力下的正常运行。由于管道连接器的快速封堵特点，也可应用到抢险中的更换短管段的快速连接场合。其基本流程如图4-19所示。

（2）换管法。

换管法是一种常用的管道封堵作业方法，用一截新的完好管道替代泄漏管线。由于换管法的实质就是管道

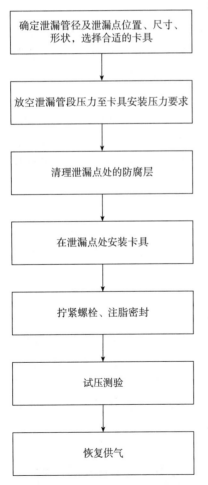

图4-19　卡具封堵法流程示意图

确定泄漏管径及泄漏点位置、尺寸、形状，选择合适的卡具

↓

放空泄漏管段压力至卡具安装压力要求

↓

清理泄漏点处的防腐层

↓

在泄漏点处安装卡具

↓

拧紧螺栓、注脂密封

↓

试压测验

↓

恢复供气

的切割、连头和焊接,因此其实施遵循管道工程建设施工的一般原则,按照《油气长输管道工程施工及验收规范》(GB 50369—2014)、《涂覆涂料前钢材表面处理 表面清洁度的目视评定》(GB/T 8923)、《石油天然气金属管道焊接工艺评定》(SY/T 0452—2012)等标准、规范要求,换管法实施起来简单,且效果是永久性的,因此被广泛应用在管道破裂口径大、局部变形严重、需更换管段较短、对抢险时效不敏感的抢险场合。但由于换管法涉及用火作业,需要对泄漏点所在的截断区间管道进行完全放空和氮气置换,耗时较长,作业危险系数较高,需要加强作业现场的安全管理。换管法流程图如图 4-20 所示。

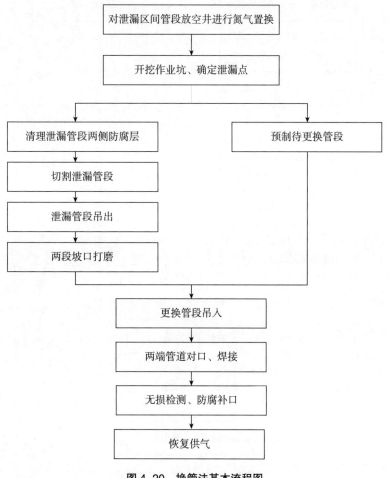

图 4-20　换管法基本流程图

(3)带压封堵越站法。

带压封堵越站法是近年来新兴起的一种管道封堵作业方法,是在泄漏点附近建立旁通管线,采用管道带压开孔机对泄漏管道进行开孔,安装"三明治"阀及封堵头封堵泄漏管道,连接旁通管线恢复生产供气。带压封堵越站法实施时应遵循《钢制管道封堵技术规程 第 1 部分:塞式、筒式封堵》(SY/T 6150.1—2017)规范要求。带压封堵越站法可以在管道泄漏区域外施工,无需对泄漏管道放空置换,安全可靠;但缺点是技术复杂,设备昂贵且调用费时，建立旁通管线耗时较长。因此本方法多用在管道泄漏段较长、泄漏点封堵困难（如泄漏点位于大型跨越、穿河隧道、定向钻中部的情况）需要进行线路改线的场合。带压封堵越站法流程如图 4-21 所示。

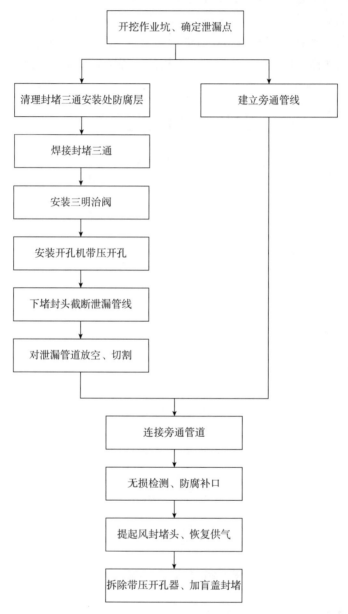

图 4-21 带压封堵越站法流程图

4.3.3.4 管道泄漏抢修作业

（1）准备阶段。

主要包括进场抢险小组、道路铺设、页岩气放空与氮气置换、现场辅助系统建立（包括通信系统、排风系统、照明系统、排水系统、逃生出口及通道等）、施工场地等相关处置。

①抢险小组主要包括：SCADA 系统及自控仪表工程师、设备工程师、电气工程师、通信系统工程师、压缩机工程师、维修工程师、基建工程师、HSE 工程师、维修队长、技术员、安全员、电气焊工、油气管线安装工等。

②进场道路铺设。根据事故现场进行进场道路铺设，若事发现场地形环境比较复杂，大型应急抢修设备难以进入事发现场，同时临时道路要有足够的承载能力，满足行车要求。

③作业坑开挖。根据管道破坏情况对作业坑进行挖掘，作业坑的长、宽和深度都应满足相关要求，并在作业坑四周适当位置修筑逃生通道；在管道穿越路段两端开挖两个（或三个）作业坑，作业坑开挖采用人工配合挖掘机进行作业，作业坑底部至少比管道低500mm。

④放空。发生大量泄漏时，需动火抢修，因此必须关断上下游干线截断阀，开启放空流程。放空参数要根据施工现场情况控制放空速度，必要时可采取间断性放空。放空时监测人员应密切关注管线压力的变化，每 10min 记录一次压力数值，每下降 1.0MPa 汇报一次；当管线压力低于 2.0MPa 时要换成量程为 2.5MPa 的精密压力表；当压力降至 1.0MPa 以下时，更换量程 1.6MPa 精密压力表，及时记录压力数据，当压力下降至 0.5MPa 时关闭放空阀门。同时，在放空的过程中，危险区域工作人员必须实时检测现场的页岩气浓度，根据浓度情况随时调整警戒区域。

⑤氮气置换。放空即将结束前，现场指挥人员通知上游阀室人员安装注氮气设备，打开注氮阀和干线出站阀，对事故管段进行氮气置换。注入氮气速度控制在 0.5m/s，保持管道处于微正压（0.05MPa）状态。同时下游阀室监测人员应密切注意压力表放空阀处的氮气浓度，当放空阀处甲烷气体的浓度小于 2% 时，停止工作并汇报结果。

⑥现场辅助系统建立。确保现场可燃气体浓度处于 20% 爆炸下限（LEL）以下，开始建立辅助系统，并用可燃气体监测仪实时检测。建立现场辅助系统主要包括建立电力系统、建立通信系统、建立通风系统、建立照明系统及当风速较大时建立风棚。

建立通信设备：设通信指挥车一辆、笔记本电脑两台、无线网卡两个、防爆对讲机和手提电喇叭，保障现场与外界的信息畅通；同时还需要设置报警器，以免在意外事故发生的情况下方便提醒现场施工人员能够及时撤离现场。

建立通风系统：在操作坑的上风侧（尽量沿管道方向）设置一个 3kW 轴流风机进行鼓风，在操作坑的下风侧也放置一个进行抽风，确保操作坑内空气流通。

建立照明系统：首先需要一台为照明系统提供动力的发电机；还应设置一辆工程抢险车，利用其防爆泛光为整个抢修过程照明；还应在操作坑上风向 5m 处设置一个自发电工作灯，操作坑旁放置两个防爆泛光灯；操作坑内放置两个备用的手提式防爆探照灯；最后在现场的其他区域还应各设置一个防爆泛光灯和一个手提式防爆探照灯，应急抢修施工人员每人还需携带一个防爆手电筒。

（2）施工阶段。

施工前期准备完成以后进入施工抢修阶段，在该阶段主要进行更换破损管段→焊口检测→防腐补扣等工作。根据页岩气泄漏的程度不同，可以采用手工焊接、机械焊接或者换管的方式对页岩气管道进行抢修。

手工焊接指的是利用焊枪直接对漏气点、漏气部位进行封堵的措施。这种方式可适用于前后断气情况下的不带气作业，或直接降压保水柱的带气作业，在泄漏点附近进行焊接作业，从而修复泄漏点；手工焊接的优点有三种：第一就是使用范围较广，几乎任何管道都可用手工焊接；第二适合于复杂环境中的管道修复，尤其是管道密集地区，在大型机械设备无法到达的情况下，使用手工焊接是最好的选择；第三是不会给管道增加新的安全隐患，避免了机械作业中管件会带来新的漏点的风险。

机械修复漏点方式是指在漏气点两侧焊接管道管件，利用膨胀桶停输两侧燃气，再进行放空修复的作业。若下游为支线或为环网，但供气量不足的情况下，可利用压力平衡孔制作临时补气跨接线，防止燃气意外中断，保证抢修过程中下游用户的正常用气。机械作业由于涉及机械设备较多，且操作比较复杂，需要专业人员严格按作业指导书进行操作，重点是前后工序、作业人员的配合衔接工作要紧密有序。该方式较为适合大管段、高压力的漏气修复，但针对密集地区的泄漏点修复，手工接切线更为适合。

当输气管线出现严重破裂或者无法修补的情况下，需要对已损坏的管道进行换管作业。

①管道切割、吊装。管段切除过程，首先要确定现场风向并插风向标观察风向；再对需要切割的破损管段两端各150mm的防腐层进行剥离，然后根据现场情况确定切割长度，并画出切割线。采用爬管式切管坡口机进行切割并不间断地使用轴流风机对作业区进行吹扫。其次将破裂管段吊至作业坑以外的指定地点，最后用泡沫球和黄油墙对管口进行隔离封堵。

②新管段预制。根据破损管道的实际情况预制新管段。使用磨光机对管口进行处理，且必须对新管段进行试压试验。

③组对。需要先对管口进行清理。采用外对口器对新管段进行根焊，整个过程至少完成管周长的一半，且分布要求必须均匀，满足组对要求后才可撤除外对口器。

④焊接。组对作业完成后才可进行焊接作业。焊接前，现场安全人员必须对作业坑内和泄漏点处的页岩气及氮气浓度再次进行检测，确认达到安全作业标准后方可进行焊接作业，焊接完成后需要对焊缝进行射线和超声波检测。

⑤防腐补口及电火花检漏。无损检测满足要求后进行防腐补口，该操作使用补口带进行防腐补口处理并进行检漏，达到要求后整个过程才算完成。

（3）恢复阶段。

成功更换管段后，需要工程技术操作工对更换的管段质量问题进行全面复查，满足要求后，应急抢修工作完成后需要对施工现场进行恢复，回填作业坑，尽量使应急施工场地恢复原有地貌，做到"工完、料尽、场地清"，尽可能降低应急抢修工作对当地环境的影响。

4.4 天然气放空减排技术

天然气放空是为了在遇到检修或事故时将管线或容器内的天然气顺利放出而采取的一种手段。当站场设备维检修或出现进出站超压时，需要对站场内设备和管路内的气体进行放空；当阀室间的管道出现故障或意外时，需要对两阀室之间的管道气进行放空。放空作业主要是通过放空立管和放空点火装置完成，按照是否点火分为冷放空和热放空。冷放空是天然气不通过点火燃烧的方式直接排入大气中或者通过回收利用技术减少天然气排放；热放空就是通过点火方式将要放空的天然气处理掉。

4.4.1 天然气热放空

采用放空燃烧方式时，火炬是采气单井站场、集气站场安全放空及环境保护的重要设施，其作用是燃烧生产过程中排放的天然气，能保证在生产过程中能及时、安全、可靠地将残存于生产装置中的可燃气体放空燃烧，避免造成大气污染，影响生态环境，其设计合理性关系到天然气管道、阀体、储罐及其他处理装置是否能够平稳运行。

同时，火炬又是能源消耗及环境污染大户，如每年通过一座中等规模（如放空量为 $390 \times 10^4 m^3/d$）的高架放空火炬因需要点火和气体密封而消耗的燃料气价值约 150 万元，包括长明灯的燃料消耗及采取气体密封需要连续吹扫气的燃料消耗，因此，优化点火方式对于减少燃料气消耗具有非常重要的环保价值。

4.4.1.1 热放空技术规范

热放空的相关技术规范主要有两项：《油气集输设计规范》（GB 50350—2015）及《输气管道工程设计规范》（GB 50251—2015）。

（1）安全截断的要求。

两个规范在安全截断方面进行了强制性要求。符合"先截断后放空"的原则，以控制放空量，避免不必要的放空。影响安全泄放的关键因素均为超压，而防止超压继续扩大的主要手段就是安全截断。规范重点在于对工艺设置的要求。而工艺配置与自动控制系统配置紧密相关，超压时系统应由压力变送器提供压力高报警，超压信号与紧急截断阀（井口安全截断阀、进出站截断阀）联锁以关断气源。具有较高自控水平的工艺系统，可减少放空概率或者避免放空。

（2）安全泄放的要求。

两个规范针对安全阀的设置做了规定。其中重点是安全阀对容器或者管道的超压保护及安全阀设定压力的规定。作为保护系统超压的最后一道屏障，安全阀应保证在规定的范围内正常开启，以避免设备或者管道发生爆炸。安全阀可以保护一个设备或整个系统，且应尽量靠近被保护设备，被保护设备应满足在发生事故时无任何与安全阀相通的隔断设施。《输气管道工程设计规范》（GB 50251—2015）规定了安全阀后泄放管的设置原则，该规定是基于对放空背压的控制。由于闭式系统的安全阀、ESD 放空阀等紧急放空阀件突然开启，阀芯部位气体处于临界状态。当放空量足够大时会形成较高的背压，安全阀的选型与背压相关，若背压太大、超压时不能完全开启，将影响放空速率，系统超压将不能有效缓解；若阀后管径太小、放空速度太快，放空阀后的反作用力可能对管路形成巨大的冲击力和破坏。另外，《输气管道工程设计规范》（GB 50251—2015）规定了紧急截断后，站场内应该实现放空阀打开的控制功能。通过 ESD 放空，不仅可以减少安全阀起跳的概率，还可以保证在火灾情况下安全泄压。

（3）放空火炬及放空管设置的要求。

两个规范对放空火炬及放空管设置的要求均执行《建筑设计防火规范》（GB 50016—2014）。

（4）火炬和放空管防火间距的要求。

两个规范规定了火炬和放空管与石油天然气站场的间距。放空气体的燃烧对周围影响通过辐射热确定，目前内部集输、长输管道工程用以确定热辐射强度的参数为 $4.73kW/m^2$ 和 $1.58\ kW/m^2$，根据现场的操作要求选取。由于携带了可燃液体的放空气体燃烧可能不充分，因此该规范对该情况在平面布置上考虑了间距 60 ~ 90m 的特别规定。

（5）火炬尺寸的要求。

火炬尺寸的设置及计算遵循《泄压和减压系统指南》（SY/T 10043—2002）的规定，考虑了放空速率（以马赫数为基准）对燃烧的影响来确定放空管管径，并采用燃烧引起的辐射热来确定火炬的高度等。

（6）放空设施的要求。

放空气体中夹带的液体会降低燃烧效率，并增加被还原的硫化物、烃类，以及不完全燃烧生成的其他产物的总量。因此，无论是临时性的（试井）或是永久性的火炬系统，若放空气体中存在液态烃、水，或其他液体从实际工程角度考虑，要求必须设置放空分液罐。

4.4.1.2　地面智能火炬系统

地面智能火炬需要具备点火系统，通常由长明灯、高效燃烧器、自动点火系统组成。各系统之间协调配合，使火炬可以在不同环境下正常燃烧。长明灯需要具备良好的抗风性能，并保证利用最少的燃料，提供最长时间的燃烧，同时要具备操作简单、易点燃、安全可靠等特点。利用自动式点火或传导式点火，就可以让点火过程更加安全。根据不同级别及结构特点，燃烧器在点火系统中对火焰的燃烧状况起决定性作用，通常燃烧结构分为单孔和多孔，而燃烧等级分为单级和多级，有明显的区分是在不同的结构中，与空气有不同程度的混合，从而对燃烧速度进行控制。利用自动多级燃烧控制系统，能够最大限度地减少燃料使用量，还可以通过对气体流量的调节来控制燃烧状况。

（1）地面火焰节能技术。

对地面火焰进行节能改造，有以下步骤：

①用 DCS 系统进行远程监控与数据回收，并配合使用 PLC 系统，完成地面火焰的集合监控；

②通过对排放气体及燃烧气体做分级管理，对燃料用量进行精准控制，并控制燃烧状况；

③当生产装置中其他火焰所排放的气体和排放量都与标准排放量相差较大时，则可以使用长明灯燃烧的方式代替其他火炬燃烧；

④在遇到紧急情况或突发事件时，造成火炬燃烧物质大量排放，则需要将各个级别的长明灯排气控制阀打开，以免出现意外。

地面火焰节能的工艺流程为：

①主管道。火炬排放器需要经过总管、分液罐、水封罐，然后进入排放集气管，完成各级燃烧任务；

②辅助管道。燃烧气体在经过特定管道与控制阀以后，与长明灯的点火枪入口连接；氮气管与总阀接口相连，用于对整个系统管线的密封；利用蒸汽管线对所产生的烟雾进行消耗，起到助燃效果。

（2）地面智能火炬节能优化技术。

对于地面智能火炬，可通过调节火炬排放器控制阀、优化点火控制方案等方式进行节能优化技术。

①火炬排放器控制阀。

根据不同的情况，火炬排放器，在正常事故及紧急情况下，会有非常大的区别，这些区别主要在于不同情况下产生的气体流量会有明显差别，从而间接地对总管的压力造成影响。但是需要注意，当总管压力不断增大时，需要将其他管线的控制阀相继打开，同时调节压力设定值，让燃烧系统上的地面燃烧器分别投入工作，以改变总压力。

②点火控制方案。

点火枪可以点燃长明灯，还可以用高压点火器进行火炬点燃。长明灯点燃方式为主要方式，点火枪只在特殊情况下使用。点火方式的选择上还分为自动点火和手动强制点火。为了维持长明灯的燃烧状况，需要按照实际方案的规划效果，满足不同的燃烧需求，以确保长明灯常燃。

③自动点火。

自动点火是长明灯的主要点火方式。在长明灯点火前，利用特殊的热电偶装置，对温度信号进行感知，从而对火焰状况进行检测。按照指定需求，PLC 系统对温度信号进行检测，同时打开控制阀，让燃气正常流入并与点火枪接触，从而触发点火枪信号进行点火；当火焰升起时，温度感应器会通过温度的变化从而控制点火枪的关闭，完成自动点火。为了维持总管压力的稳定，利用两个单独的压力变送器对压力信号进行检测，选择压力较大的信号进行控制。不同系统的压力都有设定值，当超过设定值时，则会产生相应的报警信号，进而长明灯会对燃气控制阀进行操作，长明灯被点燃后各级火炬需要打开放气控制阀，同时对燃料器控制阀进行关闭，完成点火枪的关闭。

④手动点火。

a. 操作屏手动点火。工作人员根据 PLC 操作界面以及点火时间界面的提示，按下"强制点火"按钮，强行打开燃气控制阀，让其触发点火枪完成火焰点燃工作。

b. 现场手动点火。是工作人员在手动完成燃料气阀开关的同时，完成整体点火动作。该动作因有了防爆操作箱的监控，促使点火过程更加安全。

⑤辅助控制。

a. 蒸汽消烟控制。

为了保证火炬在燃烧时有一个相对稳定的空间，需要第一时间处理烟雾，此时可以在燃烧器中利用蒸汽消除烟雾。这种方式的好处在于不会排出更多的黑烟，火炬气体排放压力也可以得到控制。

b. N_2 吹扫控制。

为保证燃烧系统的稳定，在各级中配置 N_2 吹扫，同时设置自动切断阀，让燃烧过程变得可控。对不同级别排放器信号进行分析，了解可燃性气体的实际含量。当燃烧过程中可燃气体含量值已超过设定最高值，则说明火炬会产生一定程度的爆炸威胁，这时不可以再进行点火，再利用大量的 N_2 进行吹扫，在人为确定无危险以后，才能停止吹扫。

c. 液位控制。

将冷凝液存储到分液罐内以后，要对排凝管线调节阀进行调节，确保冷凝液被安全地送到界区外，完成液位控制。水封罐是一种压力控制设备，能够起到良好的阻火效果，确保火炬燃烧过程的安全。水封罐的工作原理是：当系统内部的液体低于标准液体高度时，自动控制调节阀可以补充新鲜水，而如果液体高于标准限位，则系统内部会通过自动溢流的方式降低液位，实现液位控制。

4.4.1.3 火炬点火系统优化

为达到节能降耗、降低环境污染，需要对火炬的点火系统进行优化设计，即在火炬设施中设置自动点火功能、熄灭长明灯，采用延时点火、取消连续吹扫的气体密封等。

（1）设置自动点火设施，熄灭长明灯。

通常可以采用燃料气和空气强制混合电点火和密闭传焰的点火系统，这种点火系统主要由点火器、传焰管和长明灯组成。点火器一般布置在火炬附近的地面上，点火器上设有点火用燃料气和压缩空气的控制阀、限流孔板和压力表，用来使燃料气和压缩空气混合达到爆炸范围。升压变压器（或压电陶瓷电源）和点燃室用来产生点火的火源。通过敷设在火炬筒体或其支架上的传焰管，用于储存爆炸范围内点火用混合气体和将爆炸（爆燃）后的火种传递至火炬顶端点长明灯。

此种点火方式在设计、燃料气组分、气体质量等方面要求苛刻，它需要在传焰管内充满爆炸性气体后，方能按动按钮，发生电火花。若按动电钮发生火花后，不能点燃长明灯时，首先应分析原因，不宜连续按动按钮，一般首次发生电火花没有点燃长明灯的原因，多数是引火管内没有形成爆炸性气体或没有被爆炸性气体充满，这样电火花只能点燃传焰管下部的气体，而不能将火种传至火炬顶端点燃长明灯，为此应根据火炬高度停留的时间，使传焰管内的燃烧产物排除，输入新的燃料气和空气，待其形成的爆炸性混合气体充满传焰管后，再次按动电钮发生电火花。由于操作上的不便及紧急事故，火炬作为重要的安全措施却不能在气体放空时被及时点燃，为保证万无一失，点火就采取了长明灯不灭的方式。对一个放空量为 $390 \times 10^4 m^3/d$ 的放空火炬，需要配置三只长明灯，每只长明灯的燃料气的消耗量是 $14 m^3/h$，一年共要消耗的燃料气为 $36.79 \times 10^4 m^3$，按 2.5 元 $/m^3$ 的价格进行计算，一年要损失 92 万元，经济损失相当大。

为了减少能源的浪费，降低成本，提高经济效益，使火炬做到清洁生产和安全运行，要尽可能"消灭长明灯"，所谓"消灭长明灯"并非是不设置长明灯，在投用时要做到平时放空气不排放，长明灯熄灭；工艺生产必要时或事故状态时及时点燃火炬，安全排放火炬气。因此根据这一要求，需要对点火系统进行优化，设置自动点火设施，达到熄灭长明灯的目的。

自动点火系统主要由控制箱、压力变送器（或流量变送器）、电点火器、火焰检测装置、电磁阀等组成。

火炬的排放气管道上设置压力变送器（或流量变送器），压力（或流量）信号作为点火触发信号。火炬放空时，安装在放空管道上的压力变送器（或流量变送器）产生的压力（或流量）信号传到控制箱中的主控器，主控器控制开启引火筒燃料气阀，启动高空点火器，安装在引火筒下部的点火电嘴产生电火花，电火花点燃引火筒中的燃料气，再点燃火炬。热电偶或紫外线火焰检测器检测到火焰，将信号送至控制箱中的主控器，主控器控制关断引火筒燃料气阀、高空点火器；若由于外部环境恶劣，火炬意外熄灭，热电偶或紫外线火焰检测器将检测到的信号传至控制箱，控制箱执行报警及再次点火的动作程序。热电偶或紫外线火焰检测器在点火状态下处于检测状态，并不断进行信号反馈。点火完毕后，火焰探测器、压力（流量）变送器处于检测状态，而高空点火器、电点火器、电磁阀等处于待命状态，有效地延长了其寿命。

在石油、化工、天然气工程中，由于各站场的工况多种多样，各不相同，所以对于事故放空火炬，因其操作不频繁，当不含有 H_2S 时，采用自动点火装置代替长明灯是一个有效节能的措施。

（2）采用延时点火、取消连续吹扫的气体密封。

气体密封是用一定量的吹扫气体通过火炬，使火炬在无火炬气排放时维持正压，防止空气进入火炬系统，保证操作安全。吹扫气体主要使用氮气或燃料气。吹扫气体的用量与火炬筒体直径及吹扫气体的分子量有关。对于一个放空量为 $390 \times 10^4 m^3/d$ 的事故放空火炬，当没有氮气来源，而使用燃料气当作吹扫气体时，用 $27m^3/h$ 的天然气进行连续的吹扫，每年需要消耗 $23.65 \times 10^4 m^3$ 的天然气，按 2.5 元 $/m^3$ 的价格进行计算，一年要损失 59.1 万元，既浪费了能源、增加了环境污染，又有可能在窝风处存在安全隐患。为此在自动点火系统中，设置一延时程序，即火炬放空时，安装在放空管道上的压力变送器（或流量变送器）产生的压力（或流量）信号传到控制箱中的主控器，根据计算放空气到达火炬头顶部所需要的"安全吹扫时间"进行延时，主控器控制开启引火筒燃料气阀，启动高空点火器，点燃引火筒中的燃料气，引火筒引燃火炬。通过延时点火可使气体密封不再消耗天然气。

延时点火方法适合于放空气体排放次数不太频繁、工况稳定的情况，特别适合事故放空火炬的点火。

（3）设置气体传感器，实现低浓度持续燃烧。

在排放管线上安装气体传感器，当达到可燃临界的气体浓度时，气体传感器进行检测，从而实现自动点火。具体过程为：当气体传感器探测得到放空气体到达一定的浓度（可根据实际情况确定）时，气体传感器将信号传递给 PLC 系统，PLC 系统控制电磁阀开启，燃气通过燃气管进入；同时，PLC 系统令高温合金丝与专用高压电连接，使得点火电极产生脉冲高压电，与燃气配合形成火焰，火焰依次经过传火筒和燃烧喷嘴，将到达火炬头的放空气体点燃。当点燃后，离子火焰探测器监测到燃烧火焰时，发送信号至 PLC 系统，PLC 系统关闭电磁阀，令燃气不进入燃气管中，同时取消高温合金丝与专用高压电的连接，进而取消点火。

与延时火炬自动点火系统相比较，该系统具有以下优点：

①通过气体传感器感知可燃气体浓度临界值，实现自动点火，避免延时火炬自动点火

系统因事先设置时间过短或过长、出现提前点火动作浪费能源和放空气体泄漏对大气造成污染情况，达到节能环保的目的；

②热电偶因升温和降温需要反应时间，出现延时探测火焰温度情况；而紫外线（红外线）火焰探测器在极端天气（风、雨、雪、雾、蒸汽）可能无法探测火焰，造成误报警出现二次点火情况。离子火焰探测器可避免以上情况，可靠、稳定地反馈火炬的燃烧状态，减少点火次数。

（4）优化火炬结构，达到消烟目的。

目前火炬系统广泛采用的燃烧器均采用扩散燃烧的方式。这种燃烧方式由于排放气体未与空气进行预混合，燃烧所需的空气完全依靠扩散作用从周围大气中获得，因此在生产装置大量排放火炬气时，容易造成放空气体燃烧不完全而产生黑烟，对环境造成污染。

①合理设置火炬燃烧器尺寸。在满足火炬气的性能指标和燃烧器设计处理量的情况下，合理设置火炬燃烧器尺寸，使燃烧器内空气量足量，实现无烟燃烧。

②设置蒸汽环管。采用无烟燃烧的方式，在常用方式如注射水蒸气、强制空气助燃、夹带空气的高压天然气等方式中选取蒸汽助燃型火炬燃烧器，即按照火炬气排放量的大小，向燃烧器燃烧区域注入适量的蒸汽，起到助燃和消烟的作用。蒸汽喷管可以托高火焰，降低头部温度，延长燃烧器的使用寿命，并可增强火焰中心高温区域的紊流度，将火焰包面的中央芯体划分为几个可燃性初始区；且内部燃烧区在燃烧热量作用下发生膨胀，将火焰割裂，使火焰更均匀、更快速地燃烧，从而缩短整个火焰包面的长度，也就是说在相同的火焰高度下允许更多的火炬气被火焰燃烧，从而使燃烧器的处理能力更强。由于水煤气反应为吸热反应，蒸汽空气的混合物进入火焰的高温区，有利于反应向正方向进行，促进水蒸气的分解，提高水蒸气的利用率，从而提高燃烧器的消烟能力，并且降低了蒸汽消耗量。蒸汽和空气的同时引入可以明显增加火焰刚度，缩短火焰长度。水蒸气和预混气体从预混室喷出还可以引射足量的二次空气参与火炬气燃烧，大幅提高了燃烧器的燃烧效果，从而在大流量的情况下也可保证较高的燃尽率。

4.4.2　天然气冷放空

相关研究表明冷放空的影响范围显著小于热放空，同时冷放空产生的可燃气体云团对地表几乎无直接影响，不会产生直接危害。为避免某管段放空对其他管段的影响，减少天然气放空总量，作业管段放空时需要先关闭需放空管段上游、下游的截断阀门，然后手动开启管段上游、下游的放空阀，并调节放空量。高压力、大口径、长距离输气管道由于输送任务大、保供压力重、影响范围广，要求完成作业时间短，尽可能减小社会影响，其作业管段的天然气放空一般控制在 10 ~ 12h 内完成。放空过程中瞬时放空量较大，由于短时间内需要放空大量天然气，导致天然气气流速度大（通常超过气体临界速度），放空过程中会产生极大的噪声，对周边人员的生产、生活造成很大干扰。因此，应尽可能缩短放空时间，减少管道维抢修对周边人员生产生活和社会经济活动的影响。

实际作业或抢险过程中，冷放空分为两种方式:（1）干线不降压直接放空；（2）利用下游分输或压缩机抽吸，将干线压力降至一定压力后的降压式放空。

（1）不降压直接放空。

直接放空是指在作业管段上下游阀室关断隔离前，不对作业管段进行降压调整，直接关断作业管段上游阀室截断阀，打开线路截断阀室中的放空阀，进行放空作业（图4-22）。2016年7月，西气东输二线中卫站下游1.4km处发生第三方施工破坏事故，需进行抢险处置。该作业管段长31.4km，管径1219mm，设计压力12MPa。进行不降压直接放空操作时，开始运行压力8.8MPa，当放空至0.08MPa时开始氮气置换，整个放空作业时间约为10h。

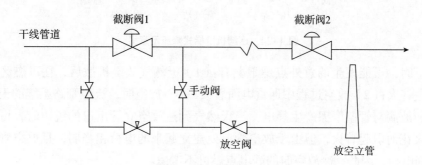

图4-22 输气管道典型的不降压直接放空作业流程图

（2）利用外接式移动压缩机回收管道放空天然气。

为减少温室气体排放量，国外部分管道运营企业采用移动式压缩机回收利用放空气，如奥地利LMF公司为欧洲开发网络（Open Gird Europe）管道推出的移动式压气站、美国索拉公司为横贯加拿大（Trans Canada）管道公司研制的移动式压气站等。由于移动式压气站的运输、安装及调试时间较长，还存在管道振动等问题，对管道维抢修的时效性有一定影响。

利用移动式压缩机进行放空天然气回收的原理是将压缩机连接至计划放空管段，利用压缩机抽吸作用，将计划放空管段内的天然气抽吸加压后注入下游管道或邻近管道，该系统主要包括节流和增压回注两大部分（图4-23）。

理论上，放空天然气回收既杜绝了天然气直接排入大气中产生的环境污染和安全风险，又减少了放空天然气的损耗，优点较多，但也存在投资高、利用率低、响应速度慢、作业时间长、无法一次性提供足够数量设备满足干线多点同时进行施工作业要求等诸多缺点。

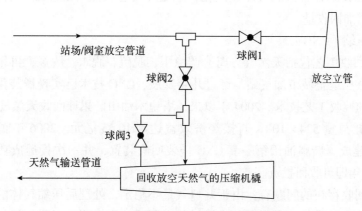

图4-23 动压缩机回收放空天然气流程图

（3）利用压缩机阶梯式降压后放空。

降压放空是指在作业管段上下游阀室关断隔离前，利用下游分输用户分输降压或利用压缩机抽吸，将干线压力降至一定压力后，再关断作业管段上（下）游阀室截断阀门进行放空作业的方式（图4-24）。

图4-24　压缩机阶梯式降压示意图

冷放空时，可能发生的意外点燃工况有：（1）天然气放空扩散后，在可燃区域内遇外部火源发生着火；（2）放空过程中遇雷电而着火；（3）放空时，流经管路系统的天然气中的固体颗粒和液滴与管壁摩擦产生静电，当天然气到达放空立管出口的锐边时，可能因静电释放产生火花而引起着火，但由于放空管口处建立起来的电荷相当弱，且放空管接地良好容易消除静电荷，因此，冷放空时的静电点燃可不考虑。

4.4.3　放空气回收减排技术

美国环保署（EPA）和美国石油协会（API）对石油天然气行业开展长期排放现状调查，2009年数据显示，气田甲烷排放量最多的是井口放空与火炬系统，达到61%，其次是生产装置（19%）、脱水（5%）、增压（5%）等。因此，气田开发试采期间，试采井井口、集输系统和净化系统的放空天然气会造成资源浪费和环境污染，因此，放空天然气回收利用既可增加产气能力，又可节约能源，还可减少环境污染。

4.4.3.1　放空天然气减排技术

（1）井口放空天然气回收技术。

在天然气井完井与开发过程中，大量测试放喷天然气及非管输天然气由于无法及时输送，常被直接放空燃烧，造成浪费。对于此类零散放空天然气，国内外通常采用移动橇装存储方式进行回收。回收方案有三类：一是现场压缩制成压缩气体，再拉运至加气站；二是通过换热制冷技术，将天然气冷却液化；三是在现有天然气压缩罐中填充多微孔材料，利用吸附原理增加回收量。

①天然气压缩（CNG）。

CNG压缩回收工艺包括天然气分离、调稳压、脱硫、脱水、脱烃，再用压缩机增压到20MPa后装车，拉运至城市加气站。经过几年发展，CNG技术已实现橇装化，逐渐成为国内油田最主要的回收工艺技术。2004年以来，塔里木油田已累计回收天然气$15.76 \times 10^8 m^3$，减少二氧化碳排放量$524 \times 10^4 t$，直接经济效益达到10.65亿元。2006年底，新疆油田在百口泉采油厂建成了新疆油田第一套CNG橇装回收装置，并一次投运成功，设计规模为$2 \times 10^4 m^3/d$，半年即可收回投资。

目前压缩回收存在的问题有：由于井口气量不稳定，处理后压缩气体的水露点和烃露点不达标，影响产品质量；在脱水、脱烃过程中所需的干燥剂等材料消耗较大，增加回收成本；节流过程容易形成水合物堵塞卸气管线。

②天然气液化（LNG）。

LNG液化工艺包括预处理、加压、制冷、储存。其核心是制冷环节，常采用的技术有透平膨胀制冷、节流制冷、用制冷剂制冷等。将气态天然气液化，可极大地提高天然气输送效率，对非管输气等零散气井，通过开发小型可橇装的液化装置进行回收，减少资源浪费。近年来国内已有较成熟的LNG橇装化装置，具有储运效率高、占地少、布设灵活、不受管网制约等优势，但目前运用此技术回收气田放空气的文献报道较少，受气源压力、产量波动影响等因素的制约，对生产过程产生安全隐患。

③天然气吸附（ANG）。

与常规天然气压缩回收工艺类似，吸附回收也要经过天然气分离、调压稳压、脱硫、脱水、吸附、运输、脱附过程。该技术关键是吸附剂与吸附方式选择，其原理是利用吸附剂表面的多微孔结构，使气体分子与之成键并附着在表面。与压缩天然气相比，其运行成本低，储罐形状和吸附剂材料选择余地大、质量轻，可以在常温、中低压下充装，使用安全方便，国产化程度高。

（2）集输系统放空天然气减排技术。

天然气长输管线中增压站和集配气站是主要排放源，放空气通常来自紧急抢修放空和计划性放空，前者随机性大，单次放空量大，回收技术条件不成熟，而后者主要指分离器排污放空和压缩机定期检修放空，具有较强的计划性和一定的规律性，具有良好的回收基础条件和回收价值。

①管线放空抽吸减排。

在管线维修或者换管过程中，常用的方法是将管线内的带压天然气放空，然后再进行维修或换管工作，造成大量天然气的损失。抽吸技术是在长输管道沿线中设置一定数量的截断阀，当在事故抢修和计划检修时，关断抢修（检修）段上（下）游的截断阀，然后利用移动压缩机将放空管段中的天然气抽吸至相邻管段，进而减少抢修时的放空量。

②压缩机减排。

压缩机作为气田开发与集输过程中的最主要设备之一，其数量庞大。在正常生产运行中通常采取管理增效与控制压缩机活塞杆密封系统泄漏两类方法实现减排。

管理增效包括以下方面：一是通过管网模拟，优化机组布设；二是根据产量的变化，配置机组数量，提高单机负荷；三是实行站场高低压分输，将低压气输入增压机组；四是降低发动机热损失，减少燃料气消耗。

控制压缩机活塞杆密封系统泄漏方法主要包括：及时监测并合理安排密封环和活塞更换；采用新型密封环材料，增加其使用寿命；设计新型密封箱结构，实现泄漏天然气循环利用。例如，GE公司在2008年设计了一套密封系统新工艺和相关的控制程序，通过现场应用，减少天然气年放空量 $1900 \times 10^4 m^3$。

（3）净化系统放空天然气减排技术。

净化厂采用TEG脱除天然气中的水分，湿净化天然气在与TEG贫液逆流接触后会脱除其中的饱和水，与此同时，少量的 CH_4 也会被TEG贫液吸收，最后TEG再生过程中被排放到大气中。

在甘醇脱水器上安装闪蒸分离器可进一步减少甲烷、挥发性有机组分（VOCs）、危险性空气污染物（HAPs）的排放量，另外，回收的天然气既可以被重新循环到压缩机吸入口处，又可以作为 TEG 再沸器和压缩机发动机的燃料。通过现场实践，在脱水装置上安装闪蒸分离器后 4 ~ 17 个月内能收回成本。

4.4.3.2　西南油气田公司放空天然气减排技术应用

（1）管道放空气回收减排。

西南油气田公司在主要输气干线管理中采用多项减排技术，例如：采用复合材料修补腐蚀管线技术，实现不停气修管作业；采用高低压倒换技术，实现不停气换管操作；采用密闭通发球代替常规引球操作，减少天然气管线清扫作业中的放空。

（2）压差回收天然气。

西南油气田公司开发了一种气举气放空回收工艺技术，其原理是利用气举管线与出站管线压力差回收放空天然气。具体方法是在气举气放空系统的两个放空阀之间开口并焊接一条连接至井站内天然气出站管线的气举气泄压管线；或在气举管线上设置三通阀，再布设一条管线与井站内天然气出站管线的气举气泄压管线连接。

西南油气田公司对 QX004-2 井进行了此项工艺改进，经现场试验，将放空气举气全部回收至出站的管线，实现气举气的零排放，减少一次性放空天然气约 4000m^3，减排 7.8t 二氧化碳，若推广到整个公司范围，每年预计可节约 $120 \times 10^4 m^3$ 天然气、减少约 2000t 的二氧化碳排放。

（3）管输系统天然气泄漏减排。

近年来，西南油气田公司已经在全省范围内开展了多项天然气泄漏减排技术研究。例如采用排水法收集泄漏天然气量，用仪器检测泄漏浓度并建立相关数据库，用模拟法计算天然气泄漏量等一系列定性与定量评估技术。通过对该类成果实践应用，西南油气田公司的设备泄漏率由 1997 年的 2.97% 下降至 2003 年的 0.43%，进一步实现降低输耗、提高输效、减少资源损失的目标。

4.5　气田水 VOCs 治理技术

VOCs（Volatile Organic Compounds）是指挥发性有机化合物。美国联邦环保署（EPA）将 VOCs 定义为挥发性有机化合物中除 CO、CO_2、H_2CO_3、金属碳化物、金属碳酸盐和碳酸铵外，任何参加大气光化学反应的碳化合物。世界卫生组织（WHO）于 1989 年将总挥发性有机化合物（TVOCs）定义为熔点低于室温而沸点在 50 ~ 260℃之间的挥发性有机化合物的总称。德国将 VOCs 定义为原则上在常温常压下能自发挥发的任何有机液体和固体。德国在做测定 VOCs 含量时，认定在通常压力条件下，沸点或初馏点低于或等于 250℃的任何有机化合物都属于挥发性有机化合物。从环境保护意义上说，VOCs 的挥发性和参加大气光化学反应是最重要的两个特征，不挥发或不参加大气光化学反应就不构成危害。

4.5.1 物理回收技术

4.5.1.1 吸附技术

VOCs 吸附是通过气态混合物跟多孔性材料（固体吸附剂）接触，利用固体本身的表面作用力，将气体混合物中的 VOCs 组分吸附在其表面，从而分离并去除 VOCs 的过程，图4-25 为活性炭吸附工艺流程。VOCs 吸附通常采用容易再生的吸附剂，在 VOCs 气体被吸附浓缩后，采用升温、减压等方式进行解吸，最终回收得到高浓度的有机气体。吸附分离中常用活性炭、沸石分子筛和吸附树脂等作为吸附剂，吸附选择性高，能够分离其他工艺难以处理的 VOCs 气体混合物，也可回收微量或痕量的有机污染物，净化效率较高，但有时达不到需要的处理效果，因此，在 VOCs 治理的实际应用中，将吸附技术与其他技术如冷凝、吸收或膜技术联合使用，提高 VOCs 的处理效果，也在很大程度上实现了吸附技术应用范围的拓宽。

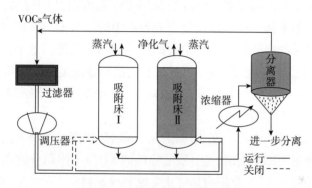

图 4-25 活性炭吸附 VOCs 流程

4.5.1.2 液体吸收技术

液体吸收采用无挥发性或挥发性很小的液体溶剂作为吸收剂，利用 VOCs 在液体吸收剂中的溶解度的差异或与吸附剂的反应特性，将 VOCs 转移至吸收剂中，达到净化有机废气的目的。一般液体吸收 VOCs 时，气体组分与溶剂不发生化学反应，属于物理吸收，通常选用柴油、煤油等油类物质、水复合吸收剂和其他溶剂作为吸收剂。常见的工艺流程如图 4-26 所示，吸收塔内装有填料，有机气体经吸收塔底部进入，吸收剂由塔顶淋下，在气液接触过程中，VOCs 溶于吸收剂中，而净化后的气体上升至塔顶后排放，溶有较多 VOCs气体的吸收剂经预热后，进入汽提塔装置，溶剂中 VOCs 组分被水蒸气带走，脱除 VOCs 的溶剂经冷却后可循环使用，而 VOCs 组分经冷凝后得到收集。吸收过程中主要受有机废气的浓度、废气在吸收剂中的溶解度、吸收塔的类型（如填料塔和喷淋塔）、操作条件（液气比、温度等参数）等因素的影响。

利用液体吸收 VOCs 时溶剂的选择十分重要，通常选择高沸点、低蒸汽压、黏度小、对气体溶解度大的液体溶剂。以苯系物 VOCs 吸收为例，在早期含苯废气治理中，吸收剂多采用非极性矿物油如轻柴油、洗油等，但安全性能差，研究者后开发出水复合吸收剂（以表面活性剂、微乳液或液体石油类物质与水混合组成水复合物），这种水复合物对非水

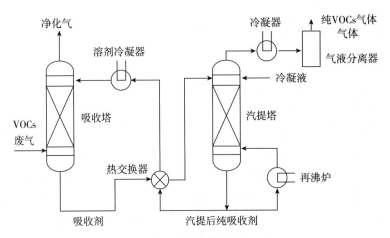

图 4-26　液体吸收 VOCs 流程

溶性 VOCs 组分吸收能力大幅增强。Lian 等使用 TXs 表面活性剂与水、甲苯制成微乳液，并引入表面活性剂助剂来提高甲苯在该复合吸收剂中的溶解能力，研究表明该表面活性剂微乳能够显著增强甲苯的吸收能力，其中表面活性剂助剂的增溶效率：胺＞醇＞酸。何璐红等以 Tween-20 与十二苯磺酸钠（SDBS）和氯化钠制备成复合水溶液吸收剂，该复配体系对甲苯的吸收效果明显较优，当水溶液中 Tween-20 的浓度达到临界胶束浓度时，甲苯的去除效果增强显著。

常温下呈液体的离子化合物，蒸汽压极小，可以替代挥发性有机溶剂，不仅能够成功脱除 SO_2、H_2S，还能够有效去除废气中浓度较低的 VOCs（体积分数在 10^{-4} ~ 10^{-3} 之间），VOCs 溶解在离子液体后，可回收作为其他化工原料或燃料。

液体吸收技术能够将吸收的 VOCs 转换为有用的产品，回收方法有加热蒸馏、膜蒸馏、汽提、空气加热吹脱、渗透汽化等，其中空气吹脱与渗透汽化工艺较复杂、成本较高，直接蒸馏加热对吸收液中 VOCs 的分离效果显著。卢光明等（2010）采用多乙苯残油作为吸收剂，将苯乙烯脱氢尾气中的苯、甲苯、乙苯及苯乙烯等物质脱除，富含芳香烃的吸收液经解析塔蒸汽汽提后，吸收液中关键组分苯和乙苯的含量很低，通过补充和调节可以实现吸收液再生。

4.5.1.3　冷凝技术

冷凝法采用降温或加压的方法，使蒸汽状态的 VOCs 通过冷凝，温度降至露点温度后形成液滴，从气体中分离出来，适用于高沸点、高浓度（体积分数大于 1%）的 VOCs 气体。冷凝法通常采用多级连续冷却，工艺流程如图 4-27 所示。其中预冷器将大部分水汽和重组分碳氢化合物去除，机械制冷能够回收大部分 VOCs 气体，液氮制冷可以回收 99% 的VOCs。气体回收后，可设置系统低温空气的余冷回收。冷凝法通常与吸附、吸收、膜系统等工艺组合使用，作为末端回收装置。传统的冷却剂有冷水、冷冻盐水、液氨等，新型冷却法采用机械制冷、半导体制冷、液氮冷凝。谢兰英等（2005）采用热电制冷器冷凝甲苯、丁醇和乙酸乙酯三种 VOCs，冷凝速率非常快，在 90s 时间内，VOCs 气体从 115℃降至 −10℃，净化后的气体中 VOCs 浓度很低，不会造成二次污染。

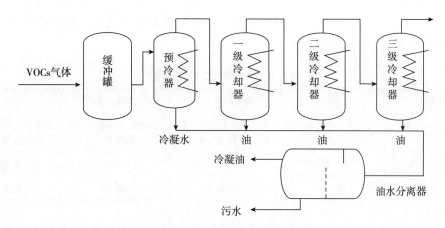

图 4-27　冷凝法油气回收流程图

4.5.1.4　膜分离技术

膜分离技术是利用特殊结构的复合膜对 VOCs 具有一定渗透选择性原理,从而回收有机蒸汽的过程,在处理有机废气时,通常根据 VOCs 的性质,将膜分离与其他方法进行组合。膜法处理 VOCs 通常采用高分子中空纤维膜,膜材料多采用聚砜、聚偏氯乙烯、聚二甲基硅氧烷等,其原理是在一定压差下,有机气体透过分离膜在另一侧富集回收,滞留侧的清洁尾气放空排入大气,膜处理 VOCs 原理如图 4-28 所示。

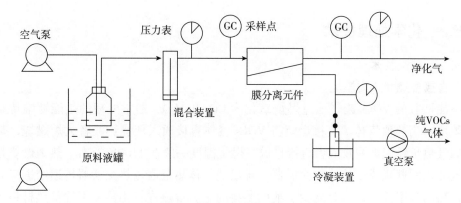

图 4-28　膜分离法回收 VOCs 原理图

目前,针对 VOCs 的膜分离方法有蒸汽渗透法(VP 法)、气体膜分离法和膜基吸收法。蒸汽渗透、气体膜分离法分别基于膜材料对各组分的透过选择性和透过速率来实现 VOCs 气体分离,蒸汽渗透与渗透汽化原理相似,但差异是整个工艺无高温和无相变,工艺更节能。膜基吸收法采用中空纤维膜和液体吸收剂,使 VOCs 气体与吸收剂在膜的两侧流动,最后在微孔内接触,使得气体被吸收剂吸附,后通过汽提脱附等工艺实现 VOCs 回收和吸收剂再生。

4.5.1.5　物理回收技术比较

活性炭吸附技术回收率高、能耗低,适合大流量、低湿度废气,同时对于温度也有较高要求。膜技术效率高,但成本也高,且安全性差。液体吸收工艺不仅复杂,还会产生二次污染。冷凝法适用于气量小、浓度较高的气体，且通常作为其他工艺的预处理或者末端回收。物理回收工艺性能比较见表4-8。

表4-8　物理回收工艺性能比较

技术指标	吸附技术	液体吸收技术	冷凝技术	膜技术
适用浓度（mg/m³）	大气量、低浓度、低湿度2000～10000	大气量、高浓度、低温变、易吸收<1000	高浓度、高沸点、小气量、纯组分>10000	高浓度、小气量、高回收价值>5000
处理气量（m³/h）	1000～150000	1000～100000	<3000	<3000
核心设备	吸附床	吸收塔	冷凝器	膜组件
适宜温度（℃）	<45	—	—	<60
安全性	低	中等	高	较低
占地面积	中等	中等	小	小
投资成本	较高	较低	中等	高
运行成本	中等	较高	高	中等
常见问题	高沸点组分难脱附	吸收液消耗	处理气量小	膜通量低不耐高温
二次污染	废吸附剂	废吸收液	不凝气	污染少

4.5.2　化学处理技术

4.5.2.1　燃烧技术

（1）直接燃烧和热力燃烧。

将不能回收的VOCs废气通过燃烧氧化为CO_2和H_2O，通常处理的是能够维持高温燃烧的高浓度、高热值气体。直接燃烧将VOCs气体直接通入焚烧炉或者火炬燃烧，焚烧后的高温烟气热量经锅炉回收或者直接排放，燃烧温度一般在1100℃左右。热力燃烧是在热氧化装置加入间壁式或蓄热式热交换器，排出的气体热量通过热交换器传递给进口处的低温气体，热回收率较高，同时减少了辅助燃料的量。蓄热式氧化器采用的蓄热材料多为陶瓷填料，成本较间壁式交换器用材（多为不锈钢或合金等）低，发展前景很好。

（2）催化燃烧。

实质是气相—固相催化氧化反应，属于无火焰燃烧技术。其原理是利用加入的催化剂，降低反应温度和活化能，使VOCs组分在燃点以下（200～400℃）发生燃烧反应，并回收热量加速后续氧化反应的进行。催化燃烧能够处理热力燃烧不能处理的低浓度的有机废气，燃烧过程能减少NO_x的生成，其能耗远远低于直接燃烧，但燃烧产物及反应后的催化剂需二次处理。

催化燃烧处理VOCs使用的催化剂有贵金属催化剂（Pt、Ag、Pb等）、过渡金属氧化物（Fe、Ti、Mn等单一或复合的金属氧化物）以及复氧化物催化剂（钙钛矿型和尖晶石型）等。催化剂载体主要有金属氧化物（Al_2O_3、SiO_2等）、分子筛和蜂窝状陶瓷载体等。催化燃烧技术在石化污水处理场废气中的应用较多，污水处理厂的有机废气经处理后，非甲烷总烃、三苯类指标可达到国家排放标准，如中石化仪征化纤聚酯生产工艺尾气处理后总烃和乙醛的浓度由原来的 2833.4mg/m³、2663.2mg/m³ 降至 54.8mg/m³、55.2mg/m³，达到排放标准。催化燃烧处理 VOCs 工艺流程如图 4-29 所示。

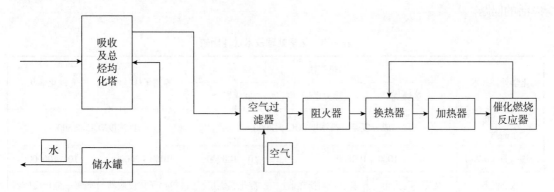

图 4-29　催化燃烧处理 VOCs 工艺流程

4.5.2.2　低温等离子体技术

通过介质放电在常温常压下产生的高能电子、O^- 和 OH^- 等高能粒子与 VOCs 分子发生物理碰撞，以及产生一系列复杂的自由基化学反应，进而将污染物转化为无害物质。低温等离子体的产生方式有电子束照射、介质阻挡放电、电晕放电以及沿面放电等方法，对 VOCs 有很好的降解效果，但由于电极腐蚀、能量浪费等问题，低温等离子体技术在工业 VOCs 废气处理中的应用较少。

低温等离子体可以有效去除乙醛、苯等有机污染物，加入催化剂既可以提高低温等离子体技术 VOCs 去除效率，又能够抑制副产物 NO_x 和 O_3 的生成，其采用介质阻挡放电技术并加入 Co-OMS-2 催化剂，乙醛的回收率可以达到 100%。

4.5.2.3　光催化氧化技术

利用半导体催化剂如 TiO_2、ZnO、Fe_2O_3 等的光催化活性，通过紫外线照射产生的 OH^- 的氧化作用，或紫外线的直接光解，使吸附在光催化剂表面的 VOCs 发生光化学反应，最终降解或去除 VOCs 的方法。纳米型 TiO_2 是最常用的光催化剂，TiO_2 光催化技术在废水处理方面得到应用广泛。有机废气光催化过程较为复杂，受反应物初始浓度、湿度、催化剂、光照强度等较多因素的影响和控制，且纳米 TiO_2 难以回收利用，在反应器设计和工业应用上受到一定的限制。工艺流程如图 4-30 所示，废气先进入水洗装置除去酸性气体，然后进入光解催化反应器，利用 UV 产生的臭氧氧化分解有机物，然后经纳米活性材料催化、氧化，挥发性有机污染物（如三苯类、乙醛、丙烯醛等）被充分分解并去除。

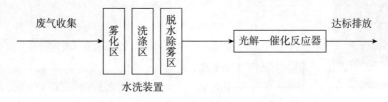

图 4-30　光催化氧化 VOCs 工艺流程

4.5.2.4 化学处理技术比较

VOCs 化学处理方法性能差异较大（表 4-9），对于成分较为复杂、不具备回收条件的高浓度 VOCs 污染物，采用燃烧法去除效率高，但会存在燃烧不稳定，催化剂容易中毒、失活的问题。

表 4-9 化学处理技术性能比较

化学处理技术	燃烧法			等离子体技术	光催化氧化
	直接燃烧	热力燃烧	催化燃烧		
使用浓度（mg/h）	成分复杂、高浓度VOCs＞2000			低浓度VOCs＜500	
处理气量（m³/h）	1000～100000		10～100000	1000～20000	10～100000
核心设备	焚烧炉与火炬	焚烧炉与换热器	催化燃烧炉	等离子体反应器	光解—催化反应器
处理温度（℃）	＞1100	700～870	300～450	＜80	＜250
占地面积	中等			小	较小
投资成本	较低	低	高	低	高
运行成本	低	高	较低	低	低
常见问题	安全性差	燃烧不稳定	催化剂中毒	离子管结痂	催化剂失活
二次污染	未完全氧化物			少量NO$_x$臭氧	少

4.5.3 生物净化技术

生物法处理 VOCs 是在适宜的条件下，通过培养和控制微生物，使废气中 VOCs 组分通过气液接触表面进入微生物悬液，利用微生物的代谢活动，在好氧条件下，降解 VOCs 的过程。处理工艺主要有生物过滤、生物滴滤、生物洗涤和生物膜反应器等。生物法处理 VOCs 效果主要受底物性质、填料、pH 值、温度、氧气、微生物等的影响。工艺流程如图 4-31 所示。

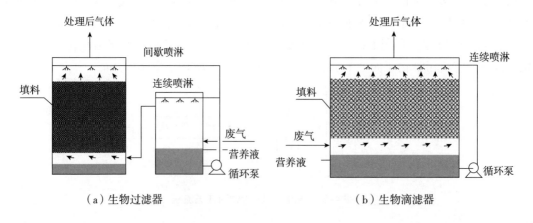

（a）生物过滤器　　　　　　　　　　　（b）生物滴滤器

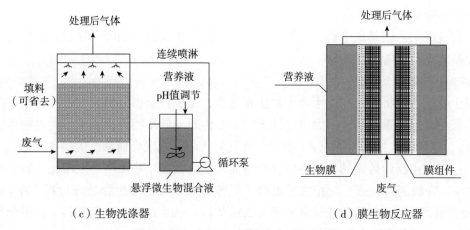

（c）生物洗涤器　　　　（d）膜生物反应器

图 4-31　生物法处理 VOCs 工艺流程

4.5.3.1　生物过滤技术

生物滤池处理 VOCs 工艺流程如图 4-31（a）所示，有机废气经加湿后进入生物过滤塔，VOCs 与填料层表面的生物膜接触经微生物吸附后降解。主要有单滤床、多滤床、开放式和封闭式等多种形式，适用于中低浓度及生物降解性好的 VOCs，填料多为天然的有机填料，如树皮、木片、泥炭等。Den 等考察了采用该技术处理三氯乙烯和四氯乙烯的降解过程，紫外光氧化将原料气降解为二氯乙酰氯、硫代磷酰氯等水溶性好、生化性高的中间产物，经生物过滤去除后，去除率达 99 ~ 100%。Moussavi 等研究了该技术对甲苯和二甲苯混合物的处理效果，通过紫外线照射，甲苯和邻二甲苯转化为可溶性、可被生物降解的甲醛、乙醛，通过生物过滤，去除率 95% 以上。

4.5.3.2　生物滴滤技术

与生物过滤塔不同，生物滴滤塔（又称生物膜填料塔）不设加湿预处理，采用连续喷淋方式，填料多为塑料、陶瓷等惰性材料。其工艺流程如图 4-31（b）所示，有机废气从底部进入塔内，连续地从上而下喷入，控制滤床层湿度的同时提供可溶性的无机营养盐和缓冲液，由塔底排出后再循环利用。生物滴滤工艺适合处理有机负荷较高的亲水性 VOCs 有机废气及卤代烃类污染物。

袁启顺等在生物滴滤塔的基础上，将固载光催化引入生物滴滤工艺，以某石化厂集污池有机废气作为研究对象，并将工艺应用于该厂的 VOCs 治理中，VOCs 经冷却、光催化预处理后提高了 VOCs 组分的水溶性和生物降解性，然后进入一级、二级生物滴滤塔，经组合工艺处理后，三苯类去除率可达 95%，非甲烷总烃去除率达 90% 以上。

4.5.3.3　生物洗涤技术（生物吸收法）

与生物过滤塔和生物滴滤塔不同，洗涤器中可省去惰性填料，不设置废气预加湿系统，系统有两个独立的吸收单元（洗涤器）和悬浮活性污泥处理系统（生物降解反应器）。其工艺流程如图 4-31（c）所示，废气首先进入洗涤器，与洗涤器顶部喷下的生物悬浮液（循环液）进行吸附、吸收，使废气中的污染物转移至液相，并部分降解，大部分溶解的有机物进入生物反应器，被悬浮污泥中的微生物降解，反应器中的泥水混合物通过循环、连续喷淋的方式不断地进入洗涤器。

生物洗涤工艺较其他生物技术复杂，为了维持生物反应器的降解性能，需要设置安装曝气设备，成本较高。

4.5.3.4 膜生物反应器

膜生物反应器将膜分离技术和生物法相结合，是一种新型有机废气处理工艺。在膜生物反应器中，通过膜材料（多为中空纤维膜）的传质和纤维膜外表面生长的生物薄膜来降解 VOCs，处理工艺如图 4-31（d）所示。废气与压缩空气混合后从反应器底部进入，气体在上升过程中由膜内传递到外层的生物膜表面，从而被微生物降解得以净化。膜生物反应器对 VOCs 降解能力较强。叶杞宏等考察了甲苯有机废气的膜生物处理过程，在 pH 值为 7.2、停留时间为 6.4s、循环液喷淋密度为 2.5m^3/（$m^2 \cdot h$）的最佳运行条件下，甲苯被分解为乙醛酸和乙烯基甲酸中间产物，最终降解为 CO_2 和 H_2O，去除率达 99%。

生物净化技术性能比较见表 4-10。

表 4-10　生物净化技术性能比较

技术指标	生物过滤	生物滴滤	生物洗涤	膜生物反应器
适用浓度（mg/h）	200～1000（浓度低，水溶性差VOCs）	1000～5000（浓度较高，亲水性VOCs）	<500（浓度低）	<500（负荷高）
处理气量（m^3/h）	1000～150000	1000～100000	<3000	<3000
适宜温度（℃）	10～45	10～45	10～45	10～45
生物相	附着型	附着型悬浮型	悬浮型	附着型
核心设备	填料床	填料床	膜组件	膜组件
填料	活性、惰性	惰性	无	无
传质面积	高	低	低	较高
占地面积	大	大	较大	较大
投资成本	低	较高	高	高
运行成本	较低	较高	高	高
常见问题	填料易老化、易堵塞	产生污泥、生物过量积累	不适合亨利系数大的VOCs	膜通量低、生物质积累

对油气田污水处理技术的改造和不断创新，不仅能够产生较大的经济价值，创造更多的财富，还能够维护自然生态环境，带来良好的社会效益。

参考文献

[1] 刘献 . 含硫天然气井井喷灾害分析 [D]. 北京：中国石油大学（北京），2018.

[2] 杜钢，于洋飞，熊朝东，等 . 钻井井喷失控因素分析及预防对策 [J]. 中国安全生产科学技

术，2014，10（2）：120-125.

[3] 邱奎，庞晓虹，刘定东 . 高含硫天然气井喷的扩散范围估计与防范对策 [J]. 石油天然气学报，2008（2）：114-118，152，643-644.

[4] 闫庆果 . 井控设备智能监测系统的研究 [J]. 西部探矿工程，2020，32（7）：58-59.

[5] 赵倩琳 . 深水天然气钻井井喷连锁风险评估与应急控制研究 [D]. 青岛：中国石油大学（华东），2015.

[6] 马骏，林盛旺 . 采气井口装置安全隐患的整改技术 [J]. 钻采工艺，2003（S1）：16，106-109.

[7] 刘忠飞，何世明，黄桢，等 . 四川地区气井井口隐患治理技术与应用 [J]. 钻采工艺，2014，37（3）：1-4，6.

[8] 中国科学院声学研究所 . 一种用于天然气站场管道泄漏检测系统及其方法：CN201711239652.0[P]. 2019-06-07.

[9] 范秉文，刘亮 . 天然气站场管道泄漏的原因分析及对策 [J]. 化工管理，2015（6）：51.

[10] 张晓钟 . 油品储运检测诊断技术综述 [J]. 油气储运，1995（6）：7，44-47，63.

[11] 焦敬品，何存富，吴斌，等 . 管道声发射泄漏检测技术研究进展 [J]. 无损检测，2003（10）：519-523.

[12] 李炜，朱芸 . 长输管线泄漏检测与定位方法分析 [J]. 天然气工业，2005（6）：105-109，179.

[13] 周小勇，叶银忠 . 小波分析在故障诊断中的应用 [J]. 控制工程，2006（1）：70-73.

[14] 苏维均，廉小亲，于重重，等 . 负压波定位理论在输油管道泄漏监测系统中应用 [J]. 微计算机信息，2003（3）：43-44.

[15] 欧国经 . 天然气长距离管道的智能化管理措施探讨 [J]. 数字化用户，2019，25（9）：149.

[16] 于丽丽，周博，解宏伟 . 天然气输气站场管理现状及存在问题分析 [J]. 辽宁化工，2019，48（9）：903-906.

[17] 朱勇 . 天然气公司输气站场完整性管理解决方案 [J]. 天然气技术与经济，2014，8（3）：71-73，80.

[18] 张晓烨，郭东，许明 . 智能化控制在大型天然气场站中的应用 [J]. 化工管理，2019（15）：130-131.

[19] 魏迎龙 . 靖边气田天然气管线完整性管理体系的建立和进展 [D]. 西安：西安石油大学，2013.

[20] 赵梓艺 . 油田站间天然气管道腐蚀与防护技术研究 [D]. 大庆：东北石油大学，2018.

[21] 沈鈫月 . 油气集输管道内腐蚀及内防腐技术 [J]. 化工设计通讯，2020，46（2）：29-30.

[22] 程浩 . 长输天然气管道外检测综合技术研究及工程应用 [D]. 合肥：合肥工业大学，2014.

[23] 郭旭航 . 埋地管道腐蚀检测的研究与应用 [D]. 大庆：东北石油大学，2013.

[24] 王洪明，潘永东 . 油气站场天然气泄漏应急处置若干问题探讨 [J]. 石油化工安全环保技术，2015，31（1）：5，15-18.

[25] 中国石油集团川庆钻探工程有限公司 . 防爆型石油天然气场站应急系统：

CN201220261534.6[P]. 2013–01–16.

[26] 贺小康 . 贵阳输气站风险评价和应急管理研究 [D]. 成都：西南石油大学，2015.

[27] 卢彦博 . 川气东送管道的应急处置技术研究 [D]. 成都：西南石油大学，2013.

[28] 余洋，黄静，陈杰，等 . 天然气站场放空系统有关标准的解读及应用 [J]. 天然气与石油，
2011，29（5）：11–14，100.

[29] 何明红 . 地面火炬的节能优化控制 [J]. 石油化工自动化，2013，49（4）：66–67.

[30] 任松，王海波，李尹建，等 . 适用于高 / 低压放空的新型火炬点火系统 [J]. 天然气与石油，
2016，34（1）：9，23–25，39.

[31] 孙立君 . 放空火炬点火系统的优化设计 [J]. 今日科苑，2008（22）：81.

[32] 古静 . 环保型废气燃烧地面火炬系统的研究 [D]. 西安：陕西科技大学，2012.

[33] 李育天，姬忠礼，蒲明，等 . 输气管道不点火放空和点火放空后果对比分析 [J]. 石油规划设
计，2017，28（6）：14–17.

[34] 李龙冬，王柏盛，李小龙，等 . 长输天然气管道干线放空方法选择 [J]. 油气储运，2021，40
（1）：71–77.

[35] 杨文川，谌贵宇，李巧，等 . 天然气长输管道线路放空系统优化设计探讨 [C]. 2013 年全国
天然气学术年会，2013：318–324.

[36] Lian Liu, Senlin Tian, Ping Ning. Phase behavior of TXs/toluene/water microemulsion systems for
solubilization absorption of toluene[j]. Journal of Environmental Sciences, 2010, 22(2).

[37] 何璐红，刘华彦，卢晗锋，等 . 复配表面活性剂水溶液处理甲苯气体的研究 [J]. 中国环境科
学，2013，33（7）：1231–1236.

[38] 卢光明，陈俊豪，闵文武 . 乙苯脱氢制苯乙烯的脱氢尾气吸收工艺的研究 [J]. 石油化工，
2010，39（9）：1036–1039.

[39] 谢兰英，罗灵爱，李忠 . 热电冷凝 VOCs[J]. 广东化工，2005（6）：11–14.

[40] DEN W, RAVINDRAN V, PIRBAZARI M. Photooxidation and biotrickling filtration for controlling
industrial emissions of trichloroethylene and perchloroethylene[J]. Chemical Engineering Science,
2006, 61(24): 7909–7923.

[41] Moussavi Gholamreza, Mohseni Madjid. Using UV pretreatment to enhance biofiltration of mixtures
of aromatic VOCs.[J]. Journal of hazardous materials, 2007, 144(1–2).

[42] 袁启顺，白明超，周质彬，等 . 生物膜填料塔组合工艺在石化厂 VOCs 治理中的应用 [J]. 广
东化工，2012，39（5）：124–125.

[43] 孙健 . 基于 VOCs 处理的高效吸附剂及其吸附特性研究 [D]. 北京：中国石油大学（北京），
2017.

[44] 廖华，向福洲 . 中国"十四五"能源需求预测与展望 [J]. 北京理工大学学报（社会科学版），
2021，23（2）：1–8.

[45] 谭清磊 . 高含硫气田集输系统完整性技术研究 [D]. 青岛：中国石油大学（华东），2013.

[46] 何峰，杨红军 . 输油管道泄漏检测技术及应用 [J]. 科技信息，2012（27）：427–428.

[47] 李玉军，任美鹏，李相方，等 . 新疆油田钻井井喷风险分级及井控管理 [J]. 中国安全生产科

学技术，2012，8（7）：113-117.

[48] 张兴全，李相方，李玉军，等.钻井井喷爆炸事故分析及对策 [J]. 中国安全生产科学技术，2012，8（6）：129-133.

[49] 胡军.海底管道完整性管理解决方案研究 [D]. 天津：天津大学，2012.

[50] 杨宏宇，朱子东，王维斌.站场管道的在线检测技术 [J]. 管道技术与设备，2011（4）：27-29，37.

[51] 方萍.基于 APDM 管道完整性数据库设计 [D]. 西安：西安科技大学，2011.

[52] 李治伟.塔里木井控装备配套技术研究 [D]. 成都：西南石油大学，2011.

[53] 张磊，陈江，李相鹏，等.管道的完整性管理在企业地下管网中的应用 [J]. 轻工机械，2010，28（6）：129-131.

[54] 张美玲.PSO 优化的模糊神经网络在管道泄漏检测中的应用研究 [D]. 兰州：兰州理工大学，2010.

[55] 吴斌.天然气输气场站 SCADA 系统的设计与实现 [D]. 济南：山东大学，2010.

[56] 李长忠，马发明，马骏，等.油气井口换阀作业安全保障技术 [J]. 石油科技论坛，2009，28（5）：53-54.

[57] 李利锋.基于小波理论的输油管道检漏与定位技术研究 [D]. 延安：延安大学，2009.

[58] 范振业.SCADA 系统在川气东送管道工程中的应用 [J]. 石油工程建设，2009，35（S1）：11，60-62.

[59] 邵松伟.RBI 技术在电站锅炉系统中的应用研究 [D]. 兰州：兰州理工大学，2009.

[60] 王晓宇，王树立.管道泄漏检测及定位技术的研究现状与发展方向 [J]. 江苏工业学院学报，2008（3）：74-78.

[61] 奚占东.新型天然气管道泄漏检测技术探讨 [J]. 化工装备技术，2008（3）：28-29.

[62] 邝鹏.基于模糊神经网络的管道泄漏测方法研究 [D]. 兰州：兰州理工大学，2008.

[63] 张春燕.输气管道系统 RBI 定量风险评价研究 [D]. 兰州：兰州理工大学，2008.

[64] 邱奎，庞晓虹，刘定东.高含硫天然气井喷的扩散范围估计与防范对策 [J]. 石油天然气学报，2008（2）：114-118，152，643-644.

[65] 刘金和.陕京输气管道完整性管理研究 [D]. 天津：河北工业大学，2007.

[66] 陈立杰，王新增.长输油气管道的完整性及其管理 [J]. 化工之友，2007（17）：11-12.

[67] 李瑾.输气管道 SCADA 系统设计及泄漏检测研究 [D]. 北京：中国石油大学，2007.

[68] 王同浩.天然气长输管线泄漏检测与定位系统的实施 [D]. 北京：北京化工大学，2006.

[69] 吴燕.油气管道腐蚀直接评价方法研究 [D]. 成都：西南石油大学，2006.

[70] 王文海.基于负压波法的长输油管线泄漏监测与研究 [D]. 南京：南京理工大学，2005.

5　节能降噪技术

随着国际油价的剧烈波动，国内能源供应日益紧张，践行"节能降耗、绿色发展"理念成为时代发展的趋势，而节能减排、降耗增效也成为石油企业追求低成本、实现可持续发展的途径之一。同时，在天然气生产过程中各个环节都有可能产生噪声，噪声会严重影响听觉器官，甚至使人丧失听力，因此，减少噪声污染是天然气开发企业应尽的社会责任。

5.1　天然气开发中的节能技术

5.1.1　钻机节能技术

钻井设备作业时需要大量能源消耗。节能新技术、新设备在钻机上的运用不仅受到了外部经济环境、成本投资的影响，还受到了设备更新换代周期的限制。因此，对现有钻机进行节能与储能技术改造，对降低企业生产的能耗有着重要的作用。

近年来，钻井公司对网电钻机改造、势能回收、油气双燃料技术改造、"油改气"技术改造等钻机节能与储能改造方面进行了技术研究与探索实践，降低了生产成本，减少了环境污染，取得了良好的经济效益和社会效益。

5.1.1.1　电动钻机网电改造

电动钻机网电改造就是利用油区的高压网电，让高压网电经变压器、无功功率补偿装置、滤波装置等进行处理，并将处理后输出的交流电输入原配的电控系统（VFD、SCR）驱动绞车、转盘和钻井泵等设备的电动机工作，实现钻井作业。电动钻机网电改造时，除了留一台柴油发电机组作为应急备用外，其余的柴油发电机组全部由网电变压器装置替换。为了适应不同钻井工况对绞车、钻井泵和转盘的转速要求，可利用电控系统（VFD、SCR）调控电动机的转速。由于沿用了原有钻机的井架、底座、游吊系统、钻井液泵组和钻井液净化系统等，钻机结构基本上没有大的变化，具有改造简单、投资少、见效快的特点。

5.1.1.2　钻机势能回收与储能改造

针对钻机作业时大量的势能通过制动系统以热能的形式消耗掉、未实现有效利用的问题，引入飞轮储能调峰运行系统，吸收钻机起钻、下钻具工况时的势能及绞车非工作条件下动力机组轻载时的富余功率，采用储能装置先储存起来，在起钻、解卡等需要消耗大功率的工况时释放，从而使柴油机组长时间处于一种相对平稳的运行状态，以达到节能减排的目的。

新型钻机势能回收与储能改造方案：充分利用钻杆和游车大钩的势能，将电磁刹车替换成既能够刹车制动、又能够回收能量发电的制动发电机。刹车制动时，制动发电机发出的电能驱动飞轮储能发电机实现升速储能，完成势能的回收、储存。当提升空游车或起钻时，飞轮储能发电机降速发电，驱动调峰电动机带动绞车提升，实现储存能量的利用。下钻时，钻杆与游车大钩下放产生的势能通过制动发电机回收并转换成电能，驱动飞轮储能发电机升速储能。利用上一次回收的能量进行下一次的提升空游车，从而实现部分柴油机停运。由于必须运行的柴油机数量减少，节约了燃油。随着钻杆数量的不断增加，下钻势能会越来越大，当下一次的提升空游车不能完全耗尽上一次下钻回收的能量时，制动发电机就会将多余的能量转化成电能，供给钻机的电力系统，减少整个井场的柴油机运行量。在起钻过程中，由于在钻杆分段提出、拆卸过程中需反复下降空游车等操作，柴油机待机运行的部分功率就可充分利用。因此，引入大容量飞轮储能机组，先将待机功率输入飞轮储能机组储存，待提升钻杆时，再将飞轮储能机组储存功率投放，实现了单台柴油机完成全过程的起钻作业。

5.1.1.3 电动钻机"油改气"技术

利用天然气发电机组替代燃油发电机组，增加升压变压器，将燃气机组额定电压AC400V升至井队额定电压AC600V；机组经升压变压器升压后，与井队原有柴油发电机组经手动切换开关接至SCR房进线柜，燃气机组与原有柴油发电机组可切换，以保障井队供电安全。同时，针对天然气发电机组运行时偏软的负荷特性及功率因数太低的问题，在井场增设无功功率补偿装置，提高功率因数，降低无功功率，并优化管理天然气发电机组的使用，确保单套机组的有功功率不低于200kW，使其既能充分发挥设备性能，又能满足负荷突变时的功率储备要求，减少天然气发电机组运转组数，减少天然气消耗，降低生产费用。

5.1.2 天然气采输中的节能技术

管道输送是天然气的主要运输方式，天然气管道已经形成国际性网络、全国性网络或地区性网络，构成了规模庞大的供气系统。大型天然气管道输送系统的能耗和损耗很大，可以用简单输气效率来衡量输气管道的经济性，它是交付与接收的天然气能量之比，达到世界先进水平的简单输气效率在99%以上。

5.1.2.1 提高天然气输送压力

根据输气管道的常用公式，压气站输气所需功率表示为：

$$N = \frac{\lambda_d}{\eta_1} G z^2 R^2 t^2 \frac{\mu^2}{2p^2 de^2} l \tag{5-1}$$

式中　N——压气站输气所需功率，kW；

　　　η_1——压气站驱动耗能相对换算效率；

　　　λ_d——设计的水力摩阻系数；

　　　G——天然气的质量流量，kg/s；

　　　z——压气站天然气的平均压缩系数；

　　　R——气体常数；

t——压气站天然气平均温度，K；

μ——天然气的质量速度，kg/（m² · s）；

p——两压气站间天然气的平均压力，MPa；

d——管道内径，mm；

l——管线的长度，km；

e——管段直线部分的水力效率。

式（5-1）表明，减小输气管道的输量（d 和 l 保持不变），输气功率和起点压力都会下降，且起点压力比输气功率下降的幅度更大，这样压气站的整个输气能耗也会升高。从物性方面考虑，提高管道压力使管道中的天然气密度增大，管道中天然气的实际流速将减小，线路摩擦消耗的能量也就减少了，因此提高管道的工作压力将是实现节能的一个主要途径。以直径为 1020mm 的管道为例，如果将工作压力从 5.5MPa 提高到 10MPa，单位投资将降低38%。

5.1.2.2　优化天然气生产流程

（1）天然气井节能技术。

天然气井生产期间，选择自喷采气工艺，受到井口节流影响，不可避免地出现压力能量损耗。基于排水采气工艺，有效控制损耗能量，使用抽汲技术来排水采气，这种技术会增加电能损耗，使用变频调速技术可以有效地改善此类问题，减少能耗，符合节能降耗要求。与此同时，减少天然气井口放空量可以减少能耗、提升产能，需要将天然气井口充分放空，点燃后烧掉，确保天然气井生产稳定，避免因压力高发生爆炸事故。另外，井口放空量有效把控，这需要相关人员具备较强的专业能力和责任意识，运用相关设备和装置实现，是提升整体经济效益的有效措施。

（2）集输过程节能降耗。

天然气集输系统是由加压装置、气体净化装置、气田及其管网和流量计量仪表等装置构成，涉及环节复杂、多样，从井口生产环节，将天然气输送到加压站处理，最后输送到外输系统，可以满足长距离管道的输气需求。对天然气加热处理，减少自然损耗，并对天然气增压处理减少能量损失，便于提升天然气生产效率和效益。另外，天然气集输期间，选择输气压缩机组始终保持高效运行状态，定期检修减少设备故障概率，减少能耗和维护成本。对于天然气的净化，选择分离技术将其中的油和水抽离，得到纯净的天然气，然后输送到用户手中。需要注意的是，天然气集输期间要选择合适加热工艺，加热炉最佳，可减少天然气加热能源耗量，还可以获得可观的加热效果，满足天然气输送需要。

（3）天然气输送降耗技术。

输送环节也是能耗较大的一个环节，为了减少气田生产中的能量损耗，节能降耗技术的选择尤为关键，为了满足节能标准，需要从技术和管理角度予以考量，选取有效措施减少能源损耗和环境污染。对增压设备、单井站节流和加热炉工艺节能改造，减少能耗，提升节能效果，创造更大的经济效益。如果是长距离管道输送天然气，其中有直接损耗，也有间接损耗，这是难以完全规避的。直接损耗是压缩机装置运行中产生的能量损耗，管道输送中摩擦造成能量损失，间接损耗则是天然气输送中"跑、冒、滴、漏"损耗。间接损耗是可以有效控制的，但是直接损耗是无法规避的。所以，长距离管道输送天然气，应做好全过程的生产管理，注重现代化信息技术运用，尽可能减少各环节的能量损耗。具体措施是结合实际需要输送管道优选，内壁涂层处理，用于减少天然气输送过程中的腐蚀和能量损耗，提升天然气输送量。优化压缩机节能设计，为天然气加压或加热处理，便于后期的天然气输送。对于加热工序，要选择节能效果良好的加热设备，以此来减少燃料损耗，提升生产效益。

如果天然气输送单位选择高压输送技术，可以大幅提升整体输送量，并且将天然气输送期间的摩擦阻力降到最低。并运用传感器和信息技术监测天然气输送情况，提升输气效率，为企业带来更大的经济效益。

5.1.2.3 提高压气站效率

（1）优化压缩机组运行状态。

为了保证输气机组用最低的消耗完成给定的输气任务，可通过对运行机组负荷的最优化分配和机组配合方案的最优化来实现。例如对串联或并联机组的负荷进行分配，使技术性能好的机组更多的承担一些任务。由于输气管线的供气不均衡性使压气站负荷也不均衡，可以发展压气站输气设备自动控制系统实现对压缩机组和管道的监控，从而自动调节压缩机状态使其达到最优化运行。

（2）提高压缩机组的效率。

压气站的原动机主要有燃气轮机、电动机和柴油机。燃气轮机和柴油机的热效率在30%左右，而电动机的效率可达到90%以上，且受工况变化影响较小。因此在电力供应充足且电价低的地区应优先考虑以电动机为原动机，可大幅提高机组效率。

（3）合理利用燃气机组的废气余热。

许多压气站都地处偏远地区，远离电网，燃气轮机安装功率占压气站原动机总功率的70%以上。燃气轮机的主要缺点是效率低，可以设置余热回收装置将压缩机组余热回收用于压气站居住区及临近地区的供暖及热水供应，或者借助再生器再生利用热能，这样可以使燃气机组的效率提高到50%以上。

5.1.2.4 减小压气站的天然气损失量

压气站连接管线和干线管道连接的密闭性差造成了大量的天然气损失，因此应当加强高压下管道连接方法的研究。另外，除尘器吹扫损失的气量也很大，损失气量与吹扫汇管口径、吹扫持续时间、除尘器内部压力及除尘器输量有关。利用吹扫比较简单的方案是：将吹扫气引入分离器，分离出水分和机械杂质，净化后的天然气进入储罐，回收利用的天然气可以作为压气站本身工艺用气或提供用户用气。

输气机组的启动、停车时有大量的天然气放空。为减少输气机组启停时的天然气损失，可以用引射器吸取放空管的天然气，进入引射器后的天然气可以通向燃料气管汇或启动气管汇。

5.1.3　电力设备节能

对于油气田企业，尤其是供电单位，设备管理不仅涉及电网的规划、设计、运行和检修的各个方面，还与线路、变电、用电等部门联系密切，加强供电设备管理，除了保证用户供电的可靠性，还应不断降低供电过程中电能损耗。电能损耗率的大小与系统的网络结构、运行方式、负荷大小、设备检修质量、用电管理、计量管理、无功功率补偿等诸多因素有关。如何降低供电过程中的电能损耗，分析损耗产生的原因，探索加强供电设备管理的措施，是目前设备管理人员需要研究的重点课题。

5.1.3.1　电力设备使用中的节能

（1）油气田供电企业电能损耗原因分析。

①电网结构配置。

近几年随着油气田企业的生产发展，油气田企业的供电半径越来越大，供电支线越来越多，用户的供电可靠性要求越来越高，造成近电远送、迂回供电、供电半径超过规定、导线截面过细、负荷分配不均衡等情况，电网结构配置不合理导致增加了电能损耗。

②电力设备因素。

a. 无功动态补偿是降低有功损耗的有效措施，无功功率补偿装置存在问题，就会造成无功功率补偿不能及时投入，造成功率因数较低。无功功率补偿不能结合变压器负荷的实际情况进行投切，造成无功功率补偿效率较低、降损效果远达不到理论估算值。此外，无功功率补偿的分组容量和总容量的确定是一个相对复杂的优化问题，与变压器容量、负荷曲线、功率因数等因素密切相关，并涉及电压水平问题。目前，变电站均按 30% 左右的容量来配置补偿容量不尽合理，造成部分补偿度不足、部分补偿容量过剩浪费的情况，供电电压合格率还有提升空间。

b. 变压器及变电站所用变容量配置过大，使变压器空载损耗比率增加；电流互感器二次阻抗超过标准阻值，电压互感器二次压降超过规定值，引起计量误差；电能表校前合格率、准确率、轮换率达不到规定要求等原因造成的能量损耗。

c. 电力设备大多属于资产性购置，前期投入成本高，经济回收期长，容易导致新型电力设备不能及时更换。以节能型变压器为例，国内已经开发出各种节能型的变压器，主要是降低变压器的空载损耗，但因其造价比传统变压器高出 30% ~ 80%，而将健康的高能耗变压器更换为节能变压器的经济回收期一般在 20 年左右，经济回收期长，从而造成更换新型电力设备的积极性并不高，此外部分用户有连续可靠供电的需求不能停电等原因也造成了新型设备不能投入使用。

③环境因素。

电力设备普遍是露天运行，由于雾霾天气造成的电晕、闪络放电现象等原因容易造成电能的损耗。电力设备能否及时有效地进行维护保养，也是影响设备的自身损耗的关键因素。

④管理因素。

对电能损耗管理重视不够，极其容易成为电能损耗管理的薄弱环节。可从以下方面进行梳理：是否建立健全科学合理的设备管理制度，是否全面针对设备运行情况开展电能损耗理论计算，是否严格落实降损办法，是否定期召开电能损耗分析会议，是否对电能损耗情况进行系统全面分析，是否建立奖惩办法等；同时，电力调度与用电企业的沟通制度是否建立、沟通渠道是否顺畅，能否及时提供准确的基础数据，电网调度部门对电力系统运行方式能否及时调整等，都是影响供电过程中能量的损耗增加的重要因素。

（2）降低油气田企业电能损耗的措施。

①合理调整运行电压。通过调整变压器分接头、在母线上投切电力电容器等手段，在保证电压质量的基础上适度地调整运行电压。因为有功损耗与电压的平方成正比关系，所以合理调整运行电压可以达到降损节电的效果。

②合理使用变压器。对所用变压器的损耗不可忽视。因此，降低变电站变压器的损耗对于降低整个电网的损耗效果非常明显。方法主要有：使用低损耗的新型变压器，合理配置变压器容量。

③平衡三相负荷。保持三相负荷平衡，将减少线路、配电变压器的损耗。

④合理投入无功功率补偿设备，优化电网无功功率分配，提高功率因数（$\cos\phi > 95\%$）。

⑤合理选择导线截面。线路的能量损耗同电阻成正比，增大导线截面可以减少能量损耗。

⑥加强设备维护，防止泄漏电流。主要是定期巡视设备，及时发现、处理设备泄漏油和接头过热事故，可以减少因接头电阻过大而引起的损失，及时更换不合格的绝缘子，还应定期清扫变压器、断路器及绝缘瓷件等，利用蓄电池充放电对直流或交流负荷进行供电。

⑦合理安排检修，提高检修质量。电力网按正常运行方式运行时，一般是既安全又经济，当设备检修时，正常运行方式遭到破坏，使线损增加。因此，设备检修要做到有计划，要提高检修质量，减少临时检修，缩短检修时间，推广带电检修、状态检修。

（3）降低电能损耗的管理手段。

①实行线损目标管理。实行线损目标管理责任制，签订责任书，开展达标考核，并纳入企业经济考核指标中，从而调动职工的节能积极性。例如建立小指标内部统计和考核制度，将电压合格率、电能损耗率、所用电指标纳入考核管理。

②定期组织线损分析会，分析线损增加的原因，并制订相应措施。

③定期对馈线电流平衡情况、三相负荷不平衡情况进行检查和调整。

④加强计量管理，做好"抄、核、收"工作。用电企业及时将计量装置停运情况汇报给电量计量单位，减少电能的计量损失。

⑤针对人员因素可能造成的电能损耗，可以通过强化管理来降低电能损耗。针对检维修人员不足的问题，可以根据设备的状态，实行设备的状态检修，减少设备停电时间，降低电能损耗；针对变电站运行人员不足，可以逐步推广无人值守，即便原来的多人值班模式变为无人值班或少人值班的运行模式，缓解人员压力；针对可能存在的计量错误，可以实行供电用户的远程抄表，避免由于人员因素造成的电能损耗。

5.1.3.2 气田全生命周期供电模式及动态监测体系

智能监控技术是近年来在油气田应用越来越广泛的一项技术，是通过有线系统或无线系统采集井口的相关数据，并在此基础上分析和判断原因，有效协助管理人员和技术人员处理异常情况，并最大限度地减少误报和漏报现象。

（1）系统简介。

单井智能化监控系统主要由井口数据传输及电子巡井系统组成，通过该系统的实施，可以实现对天然气井井口油压、套压、流量计数据、井口远程开关井装置信息等自动采集及传输，并进行开关井指令传输；电子巡井系统可以实现对井场拍照或实时监视（图5-1）。

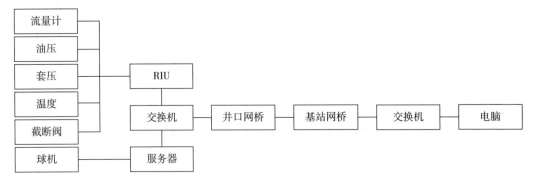

图5-1　总体系统构成图

集气站安装接收网桥终端，能接收到单井各类生产数据和实时视频监控。服务器安装数据采集软件，将采集到各项生产数值和单井视频监控显示，搭建Web服务网站平台。数据库系统提供数据缓存机制，因通信故障等原因导致数据中断后，应在本地进行数据缓存，通信恢复后再将数据自动续传至数据库。数据库系统具有自诊断和自恢复功能。

井口数据远传系统由数据采集系统、信号处理系统、无线网络传输系统、供电系统、远程语音警告系统、智能电磁阀等部分组成。

智能电磁阀远程高压开关井装置本身可在0.5～25MPa的压力下进行关闭，机械超压、欠压保护压力值可由软件设置。可根据生产需要进行间歇开关、间歇生产。

智能电磁阀开启时，首先给电磁头通电，通过先导的方式降低主阀芯内部的压差，达到内部压力平衡。再通过电动机动作给主阀芯提供提升力，将主阀芯完全开启，保证现场安全正常生产。需要紧急切断时，通过给电动机通电，主阀芯在电动机的作用力下快速向下运动，确保阀能够安全、紧急地切断。如需手动控制时，则通过蜗轮蜗杆机构来提升主阀芯；在电动的过程中，采用脱开机构，使蜗轮蜗杆处于不啮合的状态，这样既可降低摩擦力，又降低电动机的功率。

（2）现场应用。

优选两口气井安装设备进行试验，实时采集压力、温度、流量、瞬流、阀状态等生产数据，试验远程开关井操作，同时将数据处理成为标准统一的格式，建立覆盖生产天然气全过程准确、可靠的自动化采集与控制系统。

两口井数据采集频率设置为每10s采集一次，每10min存储一次，图像实时显示，并每日自动储存两次。站内软件对油压、套压、温度等数据绘制历史曲线，根据曲线判断气井采气状况，为给气井加注药剂提高准确、可靠的信息。视频采集系统对非法闯入气井生产区域人或物自动抓拍闯入画面，并自动喊话劝阻，保证气井安全生产。

按照气田有 1000 口生产气井计算，采用人工巡井模式（每 3 天完成一个轮回）所需人员最少为 40 人。采用智能化管理后仅需 6 人应急，数据实时查询无需人工抄表，历史数据可为气田科研工作提供有力的保障。

所以，单井智能化监控系统以电子巡井报警、远程启停井等智能化管理核心技术的应用大幅降低油气田一线生产劳动强度，为进一步简化生产组织机构提供了技术支撑，为降低生产安全隐患，实现企业经济效益和社会效益的双赢提供了保障。具有以下优点：

①减少巡井费用，解决投入成本低、运行成本高的问题；

②一次投入，长期受益单井设备采集数据不受外界自然因素干扰；

③采集单井实时的数据，绘制当前的井油压、套压历史曲线，采集数据的安全、准确、可靠，井口不再需要巡井；

④井口数据采集及管理自动化，对现场资料实时监测并获取连续生产数据便于技术人员及时了解气井生产情况并采取相应措施。

5.1.4　板式换热器节能

板式换热器是由一系列具有一定波纹形状的金属片叠装而成的一种高效换热器。各种板片之间形成薄矩形通道，通过板片进行热量交换。板式换热器是液—液、液—汽进行热交换的理想设备。它具有换热效率高、热损失小、结构紧凑轻巧、占地面积小、应用广泛、使用寿命长等特点。在相同压力损失情况下，其传热系数比管式换热器高 3 ~ 5 倍，占地面积为管式换热器的三分之一，热回收率可高达 90% 以上。

5.1.4.1　工作原理

由一系列具有一定波纹形状的金属板叠装而成，各板片之间形成许多小流通断面的流道。流体从管口进入金属波纹板之间的通道，冷、热流体进入相邻的通道，热量通过薄金属板进行换热，波纹板使通道内的流体形成紊流，从而提高换热效率，工作原理如图 5-2 所示。

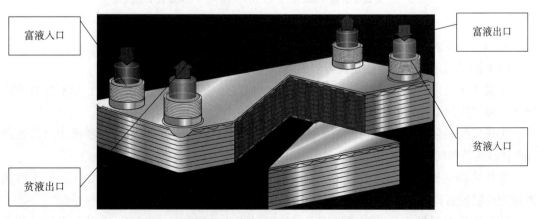

图 5-2　AN76 型板式换热器原理图

5.1.4.2　生产工艺

将钢卷剪裁为板片并压制而成型，在板片之间放置熔接片，将板片叠成板片组，然后将板片组配上框架板和管线接口，最后将设备放进精确控制的高温真空炉进行熔焊，当设备冷却后，所有板片间的接触点都熔焊在一起，使设备能承受很高的压力。

5.1.4.3　流程简介

扩建 $100 \times 10^4 m^3$ 脱水装置安装板式换热器后流程为：TEG 富液从吸收塔出来→精馏柱换热（第一次换热）→闪蒸罐→活性炭、机械过滤器→板式换热器换热（第二次换热）→再生器缓冲罐换热（第三次换热）→甘醇富液精馏柱→重沸器提浓成贫甘醇→缓冲罐换冷→板式换热器（水冷系统备用）→TEG 缓冲罐→计量→干气贫液换热器→进吸收塔脱除湿天然气中的水分，工艺流程如图 5-3 所示。

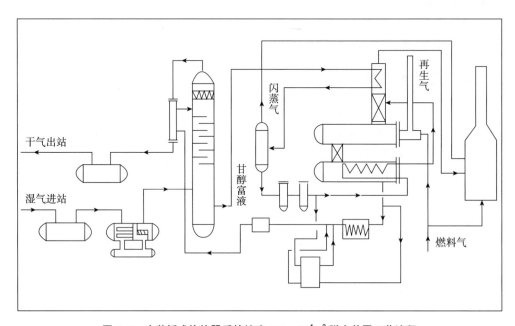

图 5-3　安装板式换热器后的扩建 $100 \times 10^4 m^3$ 脱水装置工艺流程

5.1.4.4　实例分析（扩建 $100 \times 10^4 m^3$ 脱水装置能耗分析）

（1）板式换热器投用前后重沸器燃料气耗量对比分析。

从表 5-1 可以看出，重沸器温度设定在 198℃时，富液出机械过滤器在 43℃左右的情况下，板式换热器投用前后燃料气耗量对比：

①板式换热器投用前每处理 $1m^3$ 甘醇耗燃料气量为 $18.2m^3$，板式换热器投用后每处理 $1m^3$ 甘醇耗燃料气量为 $14.1m^3$；

②板式换热器投用前装置日耗燃料气量（给定循环量为 600L/h）为 $261.2m^3$，板式换热器投用后装置日耗燃料气量（给定循环量为 600L/h）为 $206.1m^3$；

③板式换热器投用后重沸器处理 $1m^3$ 甘醇可节约燃料气 $4m^3$ 左右，若装置平均循环量按照 600L/h 计算，重沸器全年共计处理甘醇为 $5256m^3$，全年可节约燃料气 $21024m^3$。

表 5-1　板式换热器投用前后重沸器燃料气耗量对比

日期	处理气量（m³）	重沸器日耗燃料气量（m³）	甘醇循环量（L/h）	重沸器日处理甘醇量（m³）	每处理1m³甘醇耗燃料气量（m³）	装置日耗燃料气量（m³）	重沸器设定温度（℃）	备注
2009.4.4	1.32	282	664.0	15.9	17.7	254.9	198	
2009.4.5	1.33	301	686.0	16.5	18.3	263.5	198	
2009.4.6	1.33	308	699.0	16.8	18.4	265.0	198	
2009.4.7	1.31	305	714.0	17.1	17.8	256.3	198	
2009.4.8	1.28	331	741.0	17.8	18.6	267.8	198	板式换热器使用前
2009.4.9	1.31	330	734.0	17.6	18.7	269.3	198	
2009.4.10	1.32	320	736.0	17.7	18.1	260.6	198	
2009.4.11	1.29	313	739.0	17.7	17.6	253.4	198	
平均	1.31	311	714.1	17.1	18.2	261.2	198	
2009.4.12	1.08	287	741.0	17.8	16.1	231.8	198	板式换热器使用中
2009.4.13	1.04	251	741.0	17.1	14.6	210.2	198	
2009.4.14	1.03	256	716.0	17.2	14.9	214.6	198	
2009.4.15	1.11	243	700.0	16.8	14.5	208.8	198	
2009.4.16	1.05	244	714.0	17.1	14.2	204.5	198	
2009.4.17	1.17	220	721.0	17.3	12.7	182.9	198	板式换热器使用后
2009.4.18	1.17	225	726.0	17.4	12.9	185.8	198	
2009.4.19	1.04	264	733.0	17.6	15.0	216.0	198	
2009.4.20	1.03	249	728.0	17.5	14.3	205.9	198	
2009.4.21	1.06	243	727.0	17.4	13.9	200.2	198	
平均	1.08	243.89	719.89	17.28	14.1	206.1	198	

（2）板式换热器投用后与去年同期重沸器燃料气耗量对比分析。

从表 5-2 可以看出，重沸器温度设定在 198℃时，富液出机械过滤器在 43℃左右的情况下，板式换热器投用前后燃料气耗量对比：

①去年同期脱水装置每处理 1m³ 甘醇耗燃料气量为 17.4m³，板式换热器投用后每处理 1m³ 甘醇耗燃料气量为 14.1m³；

②去年同期脱水装置日耗燃料气量（给定循环量为 600L/h）为 250.6m³，板式换热器投用后装置日耗燃料气量（给定循环量为 600L/h）为 206.1m³；

③相比去年同期板式换热器投用后重沸器处理 1m³ 甘醇可节约燃料气 3m³ 左右，若装置平均循环量按照 600L/h 计算，重沸器全年共计处理甘醇为 5256m³，全年可节约燃料气 15768m³。

表 5-2　板式换热器投用后与同期重沸器燃料气耗量对比

日期	处理气量（m³）	重沸器日耗燃料气量（m³）	甘醇循环量（L/h）	重沸器日处理甘醇量（m³）	每处理1m³甘醇耗燃料气量（m³）	装置日耗燃料气量（m³）	重沸器设定温度（℃）	备注
2008.4.12	0.98	233	565	13.5	17.3	249.1	198	
2008.4.13	0.98	240	574	13.8	17.4	250.6	198	
2008.4.14	0.98	242	579	13.9	17.7	250.6	198	
2008.4.15	0.98	225	531	12.7	17.7	254.9	198	
2008.4.16	0.98	222	526	12.6	17.6	253.4	198	板式换热器使用前
2008.4.17	0.99	214	524	12.6	17.0	244.8	198	
2008.4.18	0.99	218	527	12.6	17.3	249.1	198	
2008.4.19	1.00	230	531	12.7	18.1	260.6	198	
2008.4.20	1.00	222	535	12.8	17.3	249.1	198	
2008.4.21	0.92	216	537	12.8	16.9	243.4	198	
平均	0.98	226	543	13.0	17.4	250.6	198	
2009.4.12	1.08	287	741	17.8	16.1	231.8	198	板式换热器使用中
2009.4.13	1.04	251	714	17.1	14.6	210.2	198	
2009.4.14	1.03	256	716	17.2	14.9	214.6	198	
2009.4.15	1.11	243	700	16.8	14.5	208.8	198	
2009.4.16	1.05	244	714	17.1	14.2	204.5	198	
2009.4.17	1.17	220	721	17.3	12.7	182.9	198	板式换热器使用后
2009.4.18	1.17	225	726	17.4	12.9	185.8	198	
2009.4.19	1.04	264	733	17.6	15.0	215	198	
2009.4.20	1.03	249	728	17.5	14.3	205.9	198	
2009.4.21	1.06	243	727	17.4	18.9	200.2	198	
平均	1.08	243.89	719.89	17.28	14.1	206.1	198	

板式换热器换热效果基本能达到设计要求，但是当大气温度高于17℃时，当富液先到精馏柱第一次换热后进入板式换热器时，冷侧进入温度将达到43℃以上，此时冷侧入口温度超过了设计温度（30℃），从而导致热侧出口温度超过65℃，因此建议根据大气温度、冷侧进口温度、热侧出口温度及时调整富液进精馏柱的流程，即当热侧出口温度超高时可将富液进精馏柱倒为旁通，以此降低冷侧入口温度来满足热侧出口温度的要求。

5.1.5　井下节流技术

井下节流技术是通过利用井下节流装置置于井下油管某个位置，实现井下节流降压，节流器节流降压，并充分利用地热加温，改善水合物形成条件，防止水合物生成，使其不在外输压力下产生水合物，大幅降低天然气的消耗，同时降低地面管线压力，控制气井产量，保护地层，简化地面加热保温装置，最终降低气井开采成本。

重庆气矿于 2008 年 7 月 31 日在 C037–3 井首次采用井下节流工艺开井投产。通过不断对井下节流器材质评价和结构优化，研发出了适用于节流压差不高于 70MPa、H_2S 含量不超过 $225g/m^3$ 的井下节流工具及相关工艺技术，解决了气井地面建设投资大、管线压力高、投产周期长等难题，于 2013 年 7 月 11 日在 YA012–6 井（硫化氢含硫量为 $94.26g/m^3$）下入节流器（下入深度 2503.84m）开井生产。

截至 2020 年 3 月，通过井下节流工艺在重庆气矿大猫坪 YA012–6 井、五百梯 TD007–X3 井等 36 口气井应用，累计发挥产能超过 $18.3 \times 10^8 m^3$，节约建设投资超过 1 亿元，为重庆气矿气井的安全高效开发提供了技术支撑。

5.1.6　压差发电技术

天然气由于埋藏较深，常常是高温、高压状态，通常井口压力在 5 ~ 25MPa 之间，甚至更高，而地面集输压力在 4 ~ 6MPa 之间，往往采用调压生产，在调压过程中释放出大量的压力能，目前国内外回收利用天然气管网压力能的方式主要有发电和制冷两大类。天然气井因产量波动大、压力下降快导致透平膨胀发电装置不稳定，长庆气田根据气井生产特点，研制了直驱压差发电装置。

5.1.6.1　装置结构

压差发电装置由发电机组、智能控制单元两部分组成。发电机组由发电机和驱动器组成。驱动器利用高压天然气膨胀做功产生旋转动力输出，后端接上发电机，即可实现高压天然气降压发电。高压天然气驱动器是井口天然气压能发电系统核心设备，如图 5–4、图 5–5 所示。

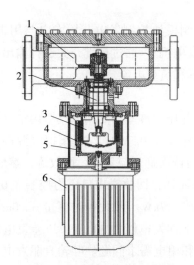

图 5–4　发电机组结构示意图

1—叶轮；2—叶轮轴；3—内磁力联轴器；
4—隔离套；5—内磁力联轴器；
6—防爆发电机

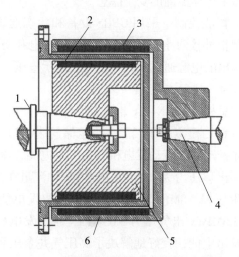

图 5–5　压差发电装置密封连轴结构示意图

1—叶轮；2—叶轮轴；3—内磁力联轴器；
4—隔离套；5—内磁力联轴器；
6—防爆发电机

5.1.6.2　工作原理

（1）发电原理。

驱动器内装设的喷嘴将节流时的余压转化为高速射流射向驱动器转轮，利用气流与转轮叶片的作用力和反作用力，将气流能量传给转轮，推动驱动器旋转，由旋转轴带动发电机发电。

（2）密封原理。

磁力联轴器其内磁钢上固定的是 A 根 S 极内磁条，内磁钢在驱动轴的带动下旋转，带动外磁钢上固定的 A 根 N 极外磁条旋转；内外磁钢之间是静止不动的高强度隔离套，隔离套把介质及内转子全部密封在阀体内部，隔绝了管输介质与大气的通路，有效地避免了传统联轴器的密封件机械磨损，提高压力驱动器的可靠性及使用寿命，同时提升装置密封性能，消除了由密封件磨损带来气体泄漏的安全隐患。

（3）整流原理。

通过三相 PFC 整流成为稳定直流电压，将两路电压并联，对并联后的电压进行采样反馈回控制中心，通过 CPU 的控制稳定直流电压。

5.1.6.3　工作特点

（1）结构简单，安装方便。

采用橇装设计，将压力驱动器直接安装在气井集气管线上，采用高压法兰连接，现场安装不需要动火。

（2）采用静密封，消除密封件机械磨损，提高安全性能。压力驱动器与防爆发电机的驱动连接，采用磁力联轴器非接触式的静密封。利用磁力传递旋转动能的结构，将传统旋转动密封变成了非接触式的静密封，有效地避免了密封件机械磨损，提高密封性能，消除现场使用中气体泄漏的安全隐患。

（3）智能控制。采用 GPRS 设备和状态通讯控制模块控制发电装置发电与用电状态。电源控制柜外接两路三相交流电输入（市电和防爆发电机），通过按键开关选择输出某一路电源，输出的电源通过参数显示模块显示电压、频率和负载电流。

5.1.6.4　实际应用

在苏里格气田 SX–4A 井开展现场试验，由于气井压力波动，利用储气罐内空气压缩机压缩空气作为模拟高压气源，设定储气罐出口压力（高于 0.5MPa），将模拟气源接入差发电橇气体推动叶轮带动发电机转换产生电能，流出后依次通过流量计、回收罐，然后放空。在储气罐出口压力为 1.0MPa，气体瞬时流量在 3500m³/h，回收罐出口压力控制在 0.2MPa，气体产生压损 0.8MPa 时，压差发电机组发电能力 6～7kW。最大瞬时流量 6200m³/h，进气压力 3.6MPa，出气压力 3.05MPa，压差发电机组平均发电能力 8.8kW，压差发电装置能够有效发出电能，较好地解决了高压气井余压利用和用电需求问题。叶轮直驱发电是一种新的压能发电利用方法，为各油气田企业和管道企业实施余压利用提供了示范和借鉴作用，具有良好的推广应用前景。

5.2 天然气开发中的降噪技术

在天然气生产过程中，各个环节都有可能产生噪声，噪声会严重影响听觉器官，甚至使人丧失听力。然而，耳朵与眼睛之间有着微妙的内在"联系"，当噪声作用于听觉器官时，也会通过神经系统的作用而"波及"视觉器官，使人的视力减弱；噪声对人的心血管系统有害。我国对城市噪声与居民健康的调查表明：地区的噪声每上升 1dB，高血压发病率就增加 3%，噪声影响人的神经系统，使人急躁、易怒。

噪声是声源以弹性波的形式向空气中辐射出来的一种压力脉冲。只有声源、声音传播和接受者同时存在，才形成干扰。因此，就噪声的控制措施而言，降低噪声源、减少噪声的传播和加强人群防护是控制噪声污染的有效措施。

（1）控制声源的发生。噪声大体上可分为机械噪声、气流噪声两大类。机械噪声主要是高速旋转的机械往复运动、振动而引起的，这类影响可以从设备材料、设计、制造、管理等方面采取相应措施以减轻噪声污染。气流噪声主要是从各种风机、空压机进排气口、高压变速风管、风动工具等造成的空气力性噪声。应从改善结构形式、选择最佳外形与转速、提高加工精度和装配质量等方面来降低声源的强度。采用设备基础的减振、隔振措施，也是减少声源噪声的有效方法。一般在工程设计时，为减少设备因振动而发生的噪声，常设计钢弹簧、橡胶类隔振装置，或树脂胶合玻璃纤维纸、软木、毡板类隔振材料或阻尼减振器等。

（2）阻挡声音的传播。如普通门窗的隔声量为 15 ~ 20dB（A），采用多孔的吸声材料（如玻璃纤维、石棉板、木屑板、泡沫塑料、多孔陶瓷等材料）设计隔音墙或隔音门，可使噪声降低 30 ~ 40dB（A）。同时，可以利用天然地理（如山坡、山岗、树木等屏障，也可以有计划地进行绿化、造林、种花种草）来阻止或减少噪声的传播。

5.2.1 石油变频钻机电动机降噪方法

石油钻井现场变频电动机机械零部件和电气元件的不间断运行会产生强烈的噪声，如空气动力噪声、机械噪声和电磁噪声等，给周围居民和钻井工人带来很严重的噪声伤害，因此，开展石油钻机配套电动机的噪声原因分析和采取措施降低噪声污染显得尤为重要。张鹏飞等对油田 70DB 型钻机配套电动机开展了现场噪声测试，结果表明，对变频电动机重新辨识优化降噪效果不明显，通过改变电动机配套变频器的开关频率降噪效果明显，电动机啸叫声消失，但是变频器的总体输出功率有所降低。因此，要从降低空气动力噪声和机械噪声两个方面来抑制变频电动机的噪声。

5.2.1.1 变频电动机噪声原因分析

（1）空气动力噪声。

空气动力噪声由变频电动机风扇或辅助风机散热引起，与风扇的大小及辅助风机的功率有关。变频电动机转动时，气流通过其内部某些凸起部位使气流压力局部迅速变化并随时间急剧脉动，再加上通风气流与电动机风路管道的摩擦，便形成了空气动力噪声。其主要包括三个方面：①旋转噪声。风扇高速旋转时，空气分子受到风叶周期性力的作用，产生压力脉动，从而产生旋转噪声。②涡流噪声。在变频电动机旋转过程中，转子表面上的突出部分会阻挡气流通过。由于黏滞力的作用，气流分裂成一系列的小涡流，这种涡流之间的分裂使空气发生扰动，形成稀疏与压缩过程，从而产生噪声。③笛声。气流遇障碍物发生干扰时会产生单一频率的笛声，变频电动机内的笛声主要由径向风道引起，随转动部件和固定部件之间气隙的减小而增强。

（2）机械噪声。

机械噪声由变频电动机运转部分的摩擦、撞击不平衡及结构共振形成。在变频电动机的总体噪声中，机械噪声约占5%，主要原因有加工精度、加工工艺和装配质量等，主要来源如下：①轴承润滑不够，转动摩擦会产生机械噪声；②转轴弯曲或转子不平稳引起转子振动，同时带动机座振动产生机械噪声；③定子、转子铁芯松动，定子、转子间气隙不均匀导致相互摩擦而产生机械噪声；④相间绝缘纸或槽楔突出于槽口外，与转子相互摩擦也会产生机械噪声；⑤变频电动机各个相关部件固定不牢，运转过程中发生振动也会产生机械噪声。另外，电动机缺相、绕组绝缘老化及电动机安装不牢固等也是机械噪声产生的原因。

（3）电磁噪声。

电磁噪声是变频电动机空隙中的磁场脉动引起定子、转子和变频电动机结构的振动所产生的一种低频噪声，其数值大小取决于电磁负荷与变频电动机设计参数。其中中速电动机和低速电动机的噪声尤为突出，电磁噪声约占电动机噪声总量的20%，主要来源有：变频电动机定子、转子槽的配合不当，机定子、转子长度不一致，定子、转子偏心或气隙过小及变频器频率设置过低。

5.2.1.2　降低空气动力学噪声的措施

降低电动机空气动力学噪声主要从抑制声源及消声两方面采取以下措施：

（1）合理计算确定通风量。风量对电动机空气动力学噪声影响较大，过度地放大通风量比例必然带来更大的噪声。

（2）确定合适的风扇类型及尺寸。从降低噪声的角度出发，轴流式优于离心式；离心式中又以后倾式最优，在可逆转的离心式风扇中，选用盆式风扇更有利，并且风扇要用圆角过渡。

（3）根据空气动力学原理合理设计风路。电动机的进（出）风口、风罩、散热片、基座、接线盒座及风扇叶片等都要严格地按照空气动力学原理设计，并确保风路通畅；障碍物表面尽量设计成流线型；避免在风路中出现容易产生振动的零件。

（4）在电动机内部加装消声器或隔声装置。将噪声通过消声器或隔声罩进行降噪处理，并且增大转子与定子之间的气隙。另外，减小电动机表面积、降低转子表面圆周速度和减小电动机转子表面粗糙度，也可以降低空气动力噪声。

5.2.1.3　降低机械噪声的措施

（1）降低转子机械不平衡引起的噪声。

电动机转子的不平衡量应尽可能减到最小，否则平衡精度就低。可以从以下方面开展工作：

①转子各个部位引起的不平衡量不同，旋转时，为了减小离心力，需选择两个校正面，

针对不平衡增加适当的配重，以获得较好的平衡效果；

②转子的结构设计必须保证满足合理的对称性和同轴度，同时还应确保绕组支撑部分的同轴度及非加工面光滑平整；

③每个绕组的质量应相同，浸漆均匀；

④尽可能减少硅钢片不均匀引起的不平衡，组装时严格遵守工艺规程。

另外，调整轴料本身的平直度，提高轴、集电环、绕组和转子等的同轴度也可以有效降低转子机械不平衡引起的噪声。

（2）降低轴承引起的噪声。

电动机轴承随电动机转子旋转，滚珠、内外圈表面不光滑、间隙，或润滑较差均会产生噪声，可以采取以下措施降噪：

①选用密封轴承，防止杂物进入；

②对轴承施加适当的压力；

③尽可能选用低噪声轴承。

（3）降低共振引起的噪声。

因加工工艺和安装不良等因素，定子、转子部件固有频率和转速频率接近或一致时也会因共振产生机械噪声，所以在设计、加工和制造时要熟悉各个构件的固有频率，尽量不要与转速频率一致，对振动噪声会有很好的削弱效果。另外，通过一些措施减小振动幅值也是有效的办法。

5.2.1.4　降低电磁噪声的措施

（1）对绞车电动机和钻井泵电动机重新辨识优化。

①绞车噪声测试及电动机优化处理后的测试。

70DB 变频钻机绞车设备一般由两台 800kW 交流变频异步电动机驱动控制，对辨识前的绞车电动机进行噪声测试。然后对绞车 A 电动机和绞车 B 电动机分别进行单独测试，对上提和下放工况分别进行启停（即启动→加速→匀速→减速→停机）噪声测试；分别对绞车 A 及绞车 B 进行了两次静态辨识和两次动态辨识，重复上述工况进行测试。测试分析表明，优化前数据与优化后数据基本一致，因此通过对绞车电动机进行重新辨识优化不能降低电动机噪声。

②钻井泵噪声测试及电动机优化处理后的测试。

70DB 变频钻机钻井泵设备一般由一台 1200kW 交流变频异步电动机驱动控制，对辨识前的钻井泵电动机进行噪声测试；然后分别对钻井泵 1 及钻井泵 2 进行两次静态辨识和两次动态辨识。测试分析表明，优化前数据与优化后数据基本一致，因此对钻井泵电动机进行重新辨识优化不能降低电动机噪声。

（2）改变开关频率等优化措施降低噪声。

①优化绞车参数并现场测试。

通过更改变频器参数和修改开关频率，重新对绞车电动机进行噪声测试。将绞车 A 载波频率由 1.25kHz 改为 2.50kHz，噪声下降了 9 ~ 12dB，降噪效果较为明显，电动机啸叫声基本消除。

②优化钻井泵参数并现场测试。

将钻井泵 1 电动机载波频率由 1.25kHz 改为 2.50kHz。单独启动钻井泵 1 电动机，进行噪声测试；单独启动钻井泵 2 电动机，进行噪声测试。噪声下降了 12dB 以上，电动机降噪效果较为明显，钻井泵电动机啸叫声消除。

（3）提高开关频率带来的问题和安全隐患。

①载波频率升高会增大开关损耗，使变频器允许的输出电流减小，变频器的总体输出功率降低，绞车钩载的最大处理能力降低，钻井泵的最大泵冲下降。

②载波频率越高，高频电压通过静电感应和电磁辐射等对电子设备的干扰也越严重。尤其是当前采用 PLC 通信方式，容易造成通信故障和中断，带来安全隐患。

③载波频率越大，变频器的损耗越大，会产生更多的热量，造成变频器发热，温度得不到很好的控制，从而使变频器的总体输出功率降低。

5.2.2　电动压裂系统

传统压裂装备系统由柴油机提供动力，通过液力机械传动驱动高压流体对地层进行压裂。不仅存在大量的能源转换损失，还存在噪声大、污染物排放量大和连续工作能力差等问题。

电动压裂系统完全取消了柴油机和变速箱，取而代之以电动机直接驱动泵组，电力的来源可以是当地电网供电或是页岩区块产出天然气就地发电，这就保证了大功率、持续不断的动力供给。页岩气压裂的井场上再没有惊天动地的噪声，也没有柴油机产生的相关污染物排放，整个压裂作业过程焕然一新。如宏华集团的数控变频电驱动 6000hp 压裂泵，全电动压裂装备实现井场内噪音 85dB 以下，井场边缘区域在 60dB 以下，完全可以在不扰民的情况下昼夜连续作业。同时，电动压裂泵采用电动机直驱技术，省去了常规压裂车的柴油机和传动系统的维护费用。

2020 年 11 月 16 日，华东石油工程公司工程技术公司酸化压裂队首次使用纯电动压裂系统完成了重庆 LY1-2HF 井第 6 段压裂施工，实现了在页岩气井压裂施工低噪声、零排放、低能耗、昼夜持续作业等绿色环保要求。

5.2.3　天然气压缩机降噪技术

天然气压缩机作为一种往复活塞式机械设备，主要包括运动机构、工作机构、机体三大部分。天然气压缩机在天然气的开采、运输及应用中都起着非常重要的作用，但在使用过程中会产生较大的噪声，这不仅不符合国家节能减排的重要战略目标，同时还会对周边环境造成污染，影响人们的身心健康。因此，分析天然气压缩机产生噪声的原因及采取有效的措施降低天然气压缩机的噪声，使其达到国家相关规定的标准具有非常重要的意义。

5.2.3.1　天然气压缩机噪声分析

压缩机在四种方案下的噪声频谱如图 5-6 所示。

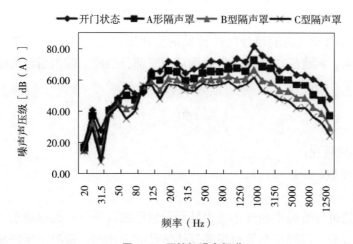

图 5-6 压缩机噪声频谱

由图 5-6 可见，该机组噪声频谱是宽频噪声，噪声的主要频率分量在 125 ~ 250Hz 及 200 ~ 2500Hz 两个频段，一部分是驱动电动机噪声，另一部分是天然气压缩机本体噪声。

（1）电动机噪声。

电动机产生噪声的主要来源有三个方面：电磁噪声、机械噪声和通风噪声，其中，通风噪声是电动机噪声的主要部分，它主要是由风扇的冷却气流噪声及风扇高速旋转的叶片噪声构成，这是一个宽频带的连续噪声，占电动机总噪声的 75% 左右。

（2）压缩机噪声。

天然气压缩机其噪声主要有进气噪声、排气噪声及机械噪声等。根据测试的频谱图可知该型天然气压缩机的噪声频率范围较宽，可能是以下几种噪声的混合或叠加。

①气缸内气体压力波动引起的噪声。

这是天然气压缩机产生噪声的重要来源。主要是由于气缸内气体压力的周期变化产生气体声，同时激发起活塞、气缸、缸盖、连杆和机体等零部件的振动、冲击而发出固体声。气体压力频谱是一种离散谐波谱，一般分为三个频段：300Hz 以下为低频段，1500Hz 以上为高频段，两者之间为中频段。在低频段，虽然气体压力级达到相当大的量级，能引起气缸等零部件低频强迫振动，但由于气缸等零部件固有频率较高，所以，气缸等零部件所辐射出的噪声较低。在中频段，由于工作过程的周期性变化特性逐渐消失，所以噪声频谱由离散谱变为连续谱，其压力级随频率增加呈下降趋势，所以，中频区的频谱曲线越平稳，能量越大，故引起的噪声也越大。在高频段，压力级的幅值主要取决于气体压力升高的加速度的最大值，它具有冲击的性质，会引起缸内气柱共振，该频率与压缩机工作转速无关，仅和气缸直径、工质有关。其共振频率可按式（5-2）计算：

$$f = a_{ch}/2D \qquad (5-2)$$

式中　a_{ch}——冲击波在工质中的传播速度，$a_{ch} = 1.10 ~ 1.15a$，a 为工质中的声速；

　　　D——气缸直径。

②气阀噪声。

随着气阀的启闭及气阀通道处气体流动的变化所引起气阀处的气体声和固体声，主要由阀片的敲击声、涡流噪声及阀片自激振动声三部分组成。敲击引起的噪声频率可由式（5-3）计算：

$$f=ni/60 \tag{5-3}$$

式中　n——压缩机转速；

　　　i——谐波序数，$i=1$，2，3，…。

③进气噪声。

进气噪声是指进气管道中的气体压力脉动导致压缩机进气口的声辐射。它是压缩机总噪声中的最主要部分，其频率与管道里的气体波动频率相同，取决于压缩机的转速，可按式（5-4）计算：

$$f=zni/60 \tag{5-4}$$

式中　z——常数，单作用时 $z=1$，双作用时 $z=2$；

　　　n——压缩机的转速；

　　　i——谐波序数，$i=1$，2，3，…。

5.2.3.2　降噪工艺技术

（1）选择合适的消声器。

①工业型消声器。

工业型消声器的设计原理是声波在截面突变位置发生反射，从而使得声波衰减。工业型消声器主要是利用转移声能的方法来降低天然气压缩机噪声。工业型消声器是一种多节扩张式抗性消声器，主要由声波管道和四个腔室组成，其工作原理是利用截面积突变来反射声波，从而降低声波在管道中传播时的声能。天然气压缩机类型和降低噪声要求不同，其腔室尺寸也会发生变化。工业型消声器对于宽频消声降噪能起到较好的效果，但是低频消声降噪效果则不太理想，若是频段低于 25Hz，则基本起不到消声降噪效果。

②降噪型消声器。

降噪型消声器是基于工业型消声器改良而成，其原理与工业型消声器相同。降噪型消声器与工业型消声器两者在质量、外形、尺寸方面有所不同，降噪型消声器是针对天然气压缩机不断提高的降噪要求应运而生，在根本上没有太大的改变，所起到的降噪效果也没有根本性的突破。

③宽频型消声器。

宽频型消声器与工业型消声器的原理大致相同，但是在设计时参考了阻性因素。宽频型消声器将声能转换为热能，是一种阻性与扩张室复合的消声器。宽频型消声器作为复合型的消声器，包含了高、低两种频段，具有两种不同的降噪手段，其中阻性主要针对高频降噪，扩张室主要针对低频降噪。宽频型消声器采用内筒套外筒形式的结构，采用这样的结构能够有效地降低噪声声波。相较于上述两种类型的消声器，宽频型消声器在体积、结构方面都有较大的变化，消声降噪的效果也更好。

④阻抗复合新型消声器。

阻抗复合新型消声器是一种具有针对性设计的新型消声器，其原理就是对排气管和消声器进行消声降噪处理，从而进一步达到衰减噪声的目的。

a. 排气管汇消声。考虑排气管汇结构及特点，用阻性消声的措施对排气管汇进行消声，采用这种方式不仅能起到较好的消声效果，还能起到良好的隔声、隔热效果。阻性消声的原理是声波在吸声材料中传播时会产生摩擦，通过不断地摩擦能够将声能转换为热能，从而促使声能逐渐衰减，最终实现消声降噪的目的。

b. 消声器消声。在进行消声器消声时，重点是降低中频噪声、低频噪声，其次是降低高频噪声。设计消声器时充分考虑抗性、阻性相复合所起到的消声降噪效果。抗性消声设计为不同的扩张室，压缩机在运行过程中，其发动机会产生大量的高温废气，这些高温废气通过排气管进入到消声器中，大量的高温废气会使消声器的容积增大，而消声器气孔较小，这些废气大量聚集在一起就会膨胀，使得气流排出速度降低，从而使得噪声逐渐衰减。由于在各扩张室中设置了隔板，当这些气流流经扩张室后，气流就只能从隔板上的导流管通过，导致气流被压缩，致使声能衰减，从而达到消声降噪的目的。所以设计阻性消声器时，应考虑多种因素，如吸声材料消声系数、截面周长、有效长度、通道面积等因素。

（2）修建降噪厂房。

天然气压缩机是一个综合噪声源，不仅影响周边人民群众的身心健康，还会污染周边环境，因此，修建专门的降噪厂房十分有必要。天然气压缩机降噪厂房主要由三个方面组成，分别是轻钢结构、消声结构和夹心彩钢板。修建降噪厂房，将天然气压缩机放置在其中，能够有效降低压缩机产生的噪声。

（3）合理选择压缩机安装位置。

在安装压缩机时，为了确保安全，应将压缩机组安装在距离井口装置20m以外的位置，距离仪控值班室25m以外，距离辅助生产厂房15m外，由于井场大小有规定限制，通常压缩机安装在井场边缘处。此外，应合理地选择增压场站，并对增压规模和增压形式进行预测，以便合理地选择压缩机安装位置。

（4）其他方面。

天然气压缩机由众多活动部件组成，其基础装配质量直接影响着压缩机低频振动，所以，提高压缩机基础装配质量也是降低压缩机噪声的重要手段之一。另外，结合天然气压缩机作业现场实际情况，如果有必要或条件允许的话，还应该在压缩机周围修筑隔声墙，并设置振动缓冲带，通过这些措施能够有效降低压缩机噪声。

5.2.4 天然气集输站场降噪技术

天然气生产过程中，气井依靠气藏的能量，开采出天然气，经过输送管道系统输送至天然气处理站，对天然气中的杂质进行分离处理，主要除去天然气中的水、碳元素等物质，提高天然气的质量标准，满足商品天然气的质量要求，通过增压站，应用天然气压缩机加压处理，使其进入输送管网，输送给用户，完成天然气集输处理的任务。在天然气的集输过程中，各个设备都有可能产生噪声。

5.2.4.1 天然气集输站场噪声来源

天然气集输站场在调压计量、分输时，由于管内介质流动状态产生变化，涡流扰动随之形成，伴随着与管道壁面之间的摩擦，最终产生流体动力性噪声，即流噪声。天然气集输站场的噪声主要来源于钢质弯管、三通等部件，以及汇管、调压阀、过滤分离器等设备。站场流噪声声源多位于管道内部，受其刚性封闭空间的限制，声波主要沿钢质管壁辐射，最终借由空气的振动作用向四周进行传播。虽然在传播过程中，由于传播距离的增加、介质材料的吸收、障碍物的屏蔽等使得噪声强度有所降低，但最终结果仍较为严重。

（1）弯头管段流噪声。

弯头作为管路系统的重要管件之一，通过改变管内介质的流动方向，从而克服了地形及运行工况等条件对管路的影响作用，同时还能提高管路的柔性，进而缓解管道振动和约束力。然而由于湍流及涡流的作用，当流体流经弯头时，所产生的流噪声对站场工作人员的身心健康及工作效率造成了严重的影响。因此，弯头管段流噪声问题成为站场亟待解决的流噪声问题之一。

①弯头流噪声影响因素。

受地形等条件的影响，管道在连接的时候常采用不同角度的弯头，当介质在弯头管段内产生流动时，弯头外壁面附近流动压力逐渐上升，而内壁面附近的流动压力逐渐下降；同时，外壁面附近介质的流动速度相对较缓，内壁面附近介质的流速则较大（图5-7）。因此，管内流体在靠近外壁面的地方产生扩散效应，而在靠近内壁面处则产生收敛效应。又由于离心惯性力的作用，介质在弯头中向外使得主流的有效断面减小。此外，由于离心惯性力和边界层吸附作用，介质在弯头中流动时亦会产生二次流，而螺旋流则随着二次流与主流相叠加而形成。因此，二次流成为弯头处流噪声的主要形成因素。

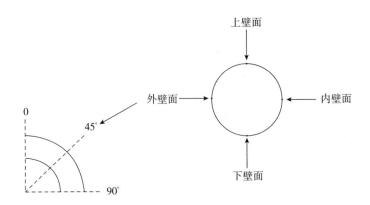

图 5-7 弯头壁面位置示意图

②弯曲半径。

弯曲半径，又称为弯头的曲率半径。通常情况下，当弯曲半径 R 小于等于两倍的管道内径 D 时，称为弯头；当弯曲半径大于两倍的管道内径 D 时，称为弯管。两者在制作工艺、防噪保护等方面都存在一定的差异性。因此，集输站场弯头选型的过程中，对弯曲半径的选择也需重视。

如图 5-8 所示，当介质从左侧入口流入，在进入弯曲管段之前，直管段内的截面压强较为稳定。介质流经弯曲管段时，内侧压力逐渐下降，当达到最低点后，压力开始升高；而外侧压力则是先增大，当达到最高值后开始缓慢下降。在弯曲管段后的直管段内，截面压强亦逐渐趋于稳定。

图 5-8　弯头管段内压力云图示意图

在弯曲管段的内侧、外侧两处增压的过程中，边界层能量被黏滞力所消耗，出现边界层分离，进而形成漩涡流动。流体在弯管中流动时，流速越高其离心惯性力越大，而在巨大的压强差的作用下，使得二次流在径向平面内发生，进而产生流体动力性噪声，且弯头流噪声声压级所对应的频率分布范围较宽，各个频率都存在一定的声波能量，是一种宽频噪声。

监测表明，当速度边界为 10m/s，管段内的平均声压级在频段附近，随着频率的增加，各声压监测点所测声压级呈对数上升趋势，当声压级达到最大值后，随着频率的增加声压级不再增加，而是趋于稳定。流速升高至 12m/s，平均声压等级为 75.1dB，而声压等级最大值仍为 107.6dB，但是其整体的声压级曲线产生了一定的变化。当速度边界为 14m/s 时，平均声压等级为 75.3dB；在 867.5Hz 频段时，声压等级最大达到了 107.6dB。因此，随着流速的继续增大，轴线方向上流噪声声压级最大值保持 107.6dB 不变，声压级均值在 75.5dB 附近波动。

通过对不同流速条件下的管道声压等级分析可知，当压力一定时，在不同流速条件下，各模型的声压级最大值变化幅度细微；沿管段轴线方向，尽管介质流速发生了改变，但是声压级的变化幅值较小，几乎可以忽略。因此，弯头管段轴线上的流噪声等级受管内介质流速的影响较小，部分频率段内可以忽略其影响；当压力条件一定，随着流速的改变，管段轴线方向上的流噪声所处频段较宽，不存在主频率，因此，此工况条件下的流噪声仍为宽频噪声。

（2）汇管流噪声。

汇管是天然气集输和分配中必不可少的重要设备之一，具有压力高、输量大的特点。气流扰动、气流喷注及调压装置所产生的噪声在所相连的管道内会形成一个声场，进入汇管后会被放大。在配气站现场，受场地的限制，一级调压及旁通进气管线与汇管的距离较近，调压阀或弯头处产生的噪声传递至汇管，与进入汇管时因空间突然增大形成的喷注噪声、汇管内气流扰动噪声，同时通过远大于调压单元的表面积向外辐射，综合形成了更为强烈的噪声。在设备多、进气及分配管线多的大型配气站，汇管噪声尤为严重。

①汇管流噪声影响因素。

a. 进出气管错开连接。

介质由进气管末端喷射进入汇管，对汇管壁形成巨大冲击，极易产生较大的冲击噪声；介质进入汇管的流速过大，直接冲击到汇管管壁上，汇管几乎没有起到缓冲作用，汇管处冲击压力较大，引起噪声的分贝增大；同时，由于出气管对汇管内介质的引导作用，进气管喷射而出的介质在接近管壁时产生向出口方向的偏移，又汇管壁面附近边界层的作用，涡流在汇管内形成，进而由涡流为噪声源的汇管内由此产生流噪声；汇管两端处亦是涡流形成的主要位置，但是考虑到两端流动状态较为稳定、流速较低，因此，汇管两端流噪声必然较低；在汇管出气管起始段，由于边界层和涡流的作用，流噪声严重程度应和进气管末端相仿。然后通过改变汇管进气管管径来改善内部流场，随着进气管管径逐渐减小，进气管末端的流噪声声压级别随之增大。

b. 进出气管相对连接。

经由进气管末端的喷射作用，介质进入出气管后，流速比进气管高了约10%；介质由进气管末端喷射进入出气管，由于射流的扩散作用，部分介质对出气管附近汇管壁面造成冲击，易伴随一定的冲击噪声产生；在汇管壁面附近，由于边界层的作用，分别形成两处流速较高的涡流，由之前的分析可知，涡流是流噪声的主要声源，因而，可以预见在汇管壁面处存在较高的流噪声；而汇管两端处虽是涡流形成的主要位置，但是考虑到两端流动状态较为稳定、流速较低，因此，汇管两端流噪声相较其他位置较低。然后通过改变汇管进气管管径来改善内部流场，随着进气管管径逐渐减小，进气管末端的流噪声声压级别随之增大。

5.2.4.2 降噪措施

在介绍天然气集输站场噪声来源时主要分析了弯头管段流噪声和汇管流噪声，下面主要根据这两种噪声产生的原因来提出降低噪声的方法。

（1）基于弯头流噪声的研究分析结果，天然气集输站场弯头部位的流噪声实为站场流噪声问题的重要组成，亟需采取切实有效的措施进行弯头流噪声的防控：

①相较于急弯处，平稳、圆滑地通过弯管能极大减小弯头处流体速度、压力的变化，从而起到减弱噪声源的作用。因此，在站场条件允许的情况下，可以将90°弯头替换成单一的45°弯头或者60°弯头，甚至替换为多个小角度弯头的组合；若不能改变弯头角度时，可以考虑扩大弯头的弯曲半径，进而实现介质平稳、圆滑地通过弯头。

②考虑到声压级受压力变化的直接影响，因此，如何通过有效地降低管道内的运行压力来实现流噪声的防控，成为首要的研究方向。首先，于弯头上游直管段安置节流调压装置，若已装有调压装置，可进一步考虑二级甚至多级调压；其次在条件允许的情况下，将直管段替换为变径管段，通过减小管径，从而实现压力的降低，进而控制流噪声的等级；另外，可以在弯头管段外侧，包裹一定厚度的吸声材料，在噪声的传播过程中，实现噪声

的衰减；最后，可以在管道内安置消声装置，以此达到降噪的目的。

（2）基于不同进气管连接形式汇管流噪声的研究分析结果，天然气集输站场汇管部分的流噪声是站场流噪声问题的重要组成，亟需采取切实有效的措施进行汇管流噪声的控制与降低：

①由于汇管进出气管错开的管路结构的介质扰动情况强于汇管进出口相对管路，相应的流噪声等级最高可相差约20%。在满足现场各工况条件的情况下，可以尽量采用进气管相对的连接形式，从而实现流噪声的有效控制。

②伴随着进气管管径的减小，汇管流噪声大幅度增加。因此，在汇管设计阶段，在满足输量的前提下，应多采用管径较大的进气管，也可将进气管设计为变径管道。

③考虑到站场汇管流噪声严重超标的问题，在现场条件允许的情况下，可将部分汇管工艺流程埋入地下，进而减小运行过程中的流噪声。

④对于汇管入口处的高流速气体，到达汇管壁面后速度迅速降至零，由动量守恒定理可知，在壁面处产生的冲力场对汇管内壁面造成冲蚀破坏，影响其强度和使用寿命，是汇管的薄弱环节，应当引起输气管道设计及运行管理者的重视。

5.2.5　天然气高压、中压调压站降噪技术

天然气进入到输送的管道之前会先经过杂质去除装置，通过装置的过滤，天然气中的杂质等混合物会被直接去除，为了方便继续输送，此时可以采取的步骤是将管道上的压力进行调节至合适的刻度，调节的过程中还应对输出气流量进行计算，一般情况下会使用二级调压上的处理技术对控制上的系统进行调节，这样可以使系统运行的稳定性得到很大限度的提升，在这一过程中，就产生的噪声进行分析。

5.2.5.1　噪声源的分析

高压、中压调压站内的主要设备结构包括了汇管、调压器、管道和阀门等，而产生噪声的主要设备结构也就是汇管、调压器和管道。根据高压、中压调压站的基本情况将噪声的来源分为以下三个部分：

（1）汇管产生的噪声。汇管通常设置在高压、中压调压站的进口和出口处，与阀门和管道相连接，具有分配气流和多路汇气的作用，因此，汇管内的气流方向非常复杂，会产生剧烈的湍动，同时气体从支管进入汇管会对管壁产生剧烈的冲刷作用，因此汇管是调压站内的主要噪声源之一。

（2）调压器产生的噪声。调压器是高压、中压调压站最主要的部件之一，具有节流降压的作用，由于其主要是依靠节流来实现降压的，因此调压器会产生非常大的噪声，该噪声主要由流体动力学噪声、空气动力学噪声和机械振动噪声组成。

（3）管道产生的噪声。管道为调压站内最常见的设备，调压站内管道的噪声主要来自管道内高速流动的气体与管道内壁的碰撞和摩擦，气体的流速越快，产生的噪声也越大。

5.2.5.2　降噪措施

针对高压、中压调压站的噪声问题，可采取的降噪措施从两方面入手，一方面是减少噪声源的噪声产生，包括增大管道口径、增加管道内涂层和更换调压器尺寸等；另一方面

从切断传播途径入手，包括加装消音设备、包覆消音材料等。综上考虑，将采取包覆消音材料达到降噪的效果，并针对产生噪声的主要结构如汇管、调压器后管道等部分进行包覆。

对于管道、阀门等直接声源来说，根据 ISO 15665《声学—管道、阀门、法兰的降噪》中的等级划分（表 5-3），结合此高压、中压调压站的实际噪声问题，将使用 Class B 级降噪方案。经了解 Class B 降噪系统，性能上更优于国际标准，相比传统材料，包裹厚度大幅减小，对管线的负荷重量也大大减轻，施工也更为方便。

表 5-3 ISO15665 降噪要求及分级

噪声控制保温系统	降低每个频段的噪声水平（dB）					
	250Hz	500 Hz	1000 Hz	2000 Hz	4000 Hz	8000 Hz
Class A	0	2	9	16	22	29
Class B	0	3	11	19	27	35
Class C	0	11	23	34	38	42
Class D	4	15	36	45	40	40

考虑到管道微振产生的高频噪声在这次测量中占据较高比例，管道表面时常有冷凝水产生，因此将采用厚 25mm 的 Armaflex 保温隔音材料配合三层厚 25mm 的 Arma Sound240 材料。将该系统包裹在管道、阀门及法兰等直接的声源上，相比普通传统吸声材料，使用厚度下降一半以上，且安装时无需龙骨和外护层，无纤维和粉尘污染。

参考文献

[1] 陈小飞，华忠志，梁宁涛，等 . 某集气站天然气压缩机噪声治理 [J]. 天然气工业，2011, 31（3）：89–91.

[2] 唐仙，谢零，罗兰婷 . 天然气增压站噪声和震动治理效果分析 [J]. 油气田环境保护，2013, 23（5）：29–31.

[3] 熊鸿斌，陈新燕，姜海 . 城市天然气加气站噪声影响分析及噪声控制技术 [J]. 环境工程学报 . 2014, 8（1）：353–359.

[4] 安慧斌 . 喇嘛甸油田注水泵房噪声污染的综合治理 [J]. 油气田地面工程，2015, 34（5）：59–60.

[5] 张祎达，袁国清，李金林，等 . 海外气田增压站噪声控制设计 [J]. 油气田地面工程，2016, 35（1）：59–60.

[6] 张鹏飞，常飞，程一峰，等 . 石油变频钻机电动机噪声分析及降噪方法探讨 . 石油机械，2017, 45（4）：40–43

[7] 吴科 . 天然气长输管道节能降耗探讨 [J]. 石油和化工设备，2016, 19（3）：76–78.

[8] 刘银春，杨光，常志波 . 天然气长输管道的节能降耗 [J]. 天然气技术，2014（6）：57–60.

[9] 周平，程浩然，喻体卫，等 . 天然气生产过程中的节能降耗措施分析 [J]. 化学工程与装备，

2019，18（8）：56–57.

[10] 刘世民，李鹏，杨晓东，SMR 工艺液化天然气工厂运行节能降耗浅析 [J]. 能源与环境，2020，31（1）：44–45，47.

[11] 孙加波，刘江涛，张英. 浅谈涂装车间节能降耗—精细化管理生产方式降低水电气能耗 [J]. 汽车实用技术，2019（24）：179–183.

6 环境风险管控技术

6.1 突发环境事件风险评估

天然气田突发环境事件风险评估对象主要包括含硫化氢场站、含硫化氢管线、含油水场站、含油水管线、回注井（站）、固废堆存站、观察井站、输气场站、输气管线等。突发环境事件风险评估内容主要包括场站突发环境事件风险评估、管线突发环境事件风险评估和涉及环境敏感区和生态"红线"评估单元的风险等级划分。

6.1.1 突发环境事件风险评估单元及判别原则

天然气田可能涉及的环境风险单元，考虑到生产工艺特性及污染特性，可将污染源划分为点状和线状。点状污染源可能造成污染的位置相对固定，线状污染源可能造成污染的位置相对不固定，整个线路路由都可能成为污染源点。

就点状风险源点而言，污染要素多、污染范围大的风险源点为净化厂，污染要素单一、污染范围大的风险源点为轻烃厂，污染机理复杂、污染隐蔽性强的风险源点为回注井（站）、固体废弃物堆存站；其余点状污染源点污染要素单一、污染范围相对不大、污染机理简单，各类场站均属于上述情况。从介质的角度考虑，含硫化氢时，对大气环境造成污染；含油（水）时，对土壤、地表水、地下水造成污染；介质不含硫化氢及油（水）时，事故情况下不会对环境造成明显不利影响。遵照上述思路，其点状风险源分为含硫场站、含油（水）场站及输气场站、观察井站，除净化厂、轻烃厂、回注井（站）、固废堆存站之外。

线状风险源点，从介质的角度考虑，含硫化氢时，对大气环境造成污染；含油（水）时，对土壤、地表水、地下水造成污染；介质不含硫化氢及油（水）时，事故情况下不会对环境造成明显不利影响，遵照上述思路，线状风险源分为含硫管线、含油（水）管线及输气管线。

综上所述，在对评估单元进行划分时，考虑了三个要素，第一个要素考虑涉及输送或处理的介质的环境危害性，对大气环境、地表水环境或地下水环境具有危害性；第二个要素考虑设施的功能，即分为输送、处理、生产、贮存设施；第三个要素考虑设施属于"点"型，还是"线"型。考虑上述因素，将所有可能涉及的生产设施、污染物处置设施分为十一类，主要包括：轻烃厂、净化厂、固体废弃物堆存站、回注井（站）、含硫化氢场站、含油（水）场站、输气场站、观察井站、含油（水）管线、含硫化氢管线、输气管线。

环境风险源分类是后续工作的基础，后续将按不同种类建立风险识别清单，按不同种类制订等级划分方法，按不同种类确定风险控制措施，以便各项工作都有较强的针对性。

当开展具体环境风险单元的风险评估时，首先应按下列顺序确定其类别：

（1）根据环境风险单元的名字，判断其是否属于净化厂、轻烃厂、回注井（站）及固体废弃物堆存场四者中的某一类；若均不是，进行下一步。

（2）若介质中硫化氢含量不小于20mg/m³，则为含硫化氢场站（管线）；若介质中硫化氢含量小于20mg/m³，而介质中含油，则为含油水场站（管线）；而介质中不含油，需要核定介质是否已经过分离器分离（即为干气），若否，则为含油水场站（管线），若是，则为输气场站（管线）。

具体分类方法如图6-1所示。

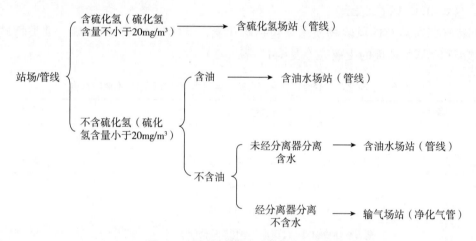

图6-1 场站（管线）分类方法示意图

6.1.2 环境风险单元的风险识别

环境风险单元的风险识别内容包括基本信息、风险物质和数量、环境风险受体、安全环保管理、生产工艺、风险防范及应急措施、后果模拟参数、抢险救援物资。环境风险单元的风险识别可根据环境风险单元的类别选择不同的风险识别表。

（1）基本信息包括调查环境风险单元的名称、所在地、所属单位、所属作业区、建成年月、改扩建年月、环评开展情况、采气（输气、处理）规模、硫化氢含量、填表人员及联系电话等。

（2）风险物质和数量：确定环境风险单元涉及的所有原辅材料是否为风险物质及对应的在线量。

突发环境事件风险物质（简称风险物质）指具有有毒、有害、易燃、易爆、易扩散等特性，在意外释放条件下可能对企业外部人群和环境造成伤害、污染的化学物质。针对天然气气田开发生产过程涉及生产原料、燃料、产品、中间产品、副产品、催化剂、辅助生产原料、"三废"污染物等开展风险物质识别；计算涉气风险物质在厂界内的存在量（如存在量呈动态变化，则按年度内最大存在量计算）与其在《企业突发环境事件风险分级方法》附录A中临界量的比值Q。天然气开发企业存在多种风险物质，风险物质当量Q的计算公式如下：

$$Q = \frac{w_1}{W_1} + \frac{w_2}{W_2} + \cdots + \frac{w_n}{W_n}$$ （6-1）

式中　w_1，w_2，$\cdots$，w_n——每种风险物质的存在量，t；

　　　W_1，W_2，$\cdots$，W_n——每种风险物质的临界量，t。

按照数值大小，将 Q 划分为 4 个水平：

①$Q < 1$，以 Q_0 表示，企业直接评为一般环境风险等级；

②$1 \leqslant Q < 10$，以 Q_1 表示；

③$10 \leqslant Q < 100$，以 Q_2 表示；

④$Q \geqslant 100$，以 Q_3 表示。

天然气田所涉及的风险物质主要包括硫化氢、天然气、石油气、硫、油类物质、高COD 浓度和高氨氮浓度的废液等（表 6-1、表 6-2）。

表 6-1　净化厂、轻烃厂、含硫场站、含油水场站涉及水环境风险物质

序号	物质名称		临界量（t）
1	硫		10
2	油类（石油、汽油、柴油、生物柴油、轻质油）		2500
3	$NH_3-N \geqslant 2000mg/L$ 的溶液		5
4	$COD_{Cr} \geqslant 1000mg/L$ 的有机溶液		10
5	危害水环境物质（气田水、净化厂检修废水）		100
6	有机溶液	三甘醇（TEG）	10
		乙二醇（EG）	10
		甲基二乙醇胺（MDEA）	10
		环丁砜	10
		其他	10

表 6-2　净化厂、轻烃厂、含硫场站、含油水场站涉及大气环境风险物质

序号	物质名称	临界量（t）
1	天然气（甲烷）	10
2	硫化氢	2.5
3	石油气（液化气）	10

风险物质的计算，应分别按照大气环境风险物质和水环境风险物质进行计算。环境风险评估过程中，应对场站、厂区或管线内涉及的环境风险物质的类别及在线量进行统计。常用的环境风险物质在线量计算方法有五种。

①容器 / 管线内天然气 / 硫化氢在线量 m 计算方法。

$$m = nvM$$ （6-2）

$$n=\frac{pV}{RT} \tag{6-3}$$

$$V=\frac{\pi}{4}D^2H \tag{6-4}$$

式中　m——容器／管线内天然气／硫化氢在线量，g；

　　　n——天然气／硫化氢的物质的量；

　　　p——容器／管线内的压力，Pa；

　　　V——容器／管线的体积，m^3；

　　　D——容器／管线直径，m；

　　　H——容器高度／管线长度，m；

　　　R——气体常数，8.314J／（kg·K）；

　　　T——温度，K；

　　　v——甲烷／硫化氢体积分数；

　　　M——甲烷／硫化氢的摩尔质量。

②有机溶剂在线量 m' 计算方法。

$$m'=\rho V'm'' \tag{6-5}$$

式中　m'——有机溶剂在线量，kg；

　　　ρ——溶剂的密度，kg/m^3；

　　　V'——溶剂的体积，m^3；

　　　m''——有机溶剂质量分数。

（3）环境风险受体：根据环境风险评估单元的存在形态，环境风险受体识别内容可分为点型和线型工程，点型工程主要包括硫化氢场站、含油（水）场站、固体废弃物堆存站、回注井、观察井共五类，线型主要包括含硫化氢管线、含油（水）管线两类。根据《企业突发环境事件风险分级方法》，点型工程和线型工程需识别的环境风险受体应包括：

①大气环境风险受体：如居住、医疗卫生、文化教育、科研、行政办公、重要基础设施、企业等主要功能区域内的人群、保护单位等，并记录相对位置关系等信息；

②水环境风险受体：河流、水库等水体，并重点关注地表及地下饮用水源的分布，并记录相对位置关系；

③环境敏感区：如自然保护区、森林公园、风景名胜区、地质公园、湿地公园、水产种质资源保护区、饮用水源保护区等各类依法保护的环境敏感区；

④与环评文件及批复相关的内容，如卫生防护距离或大气防护距离及其范围内的人居情况；

⑤地质敏感区域：明确场站（厂区）是否位于岩溶区、泄洪区、泥石流多发区内。

调查环境风险单元周边 5km 范围内的学校、医院、乡镇、村（屯）等人口集中区；河流、水库、饮用水水源地、自来水厂取水口，自然保护区、风景名胜区、世界文化和自然遗产地、森林公园、地质公园、重要湿地（天然林）、重要水生生物的自然产卵场、索饵场、越冬场和洄游通道、天然渔场、水产种质资源保护区、珍稀濒危野生动植物天然集中分布区，500m范围内分散人居，生产废水排污口下游10km河段以内的集中式饮用水源取水口、水生生态敏感区域，国界（省界）判定，地质敏感区域，卫生防护距离或大气防护距离等。

企业应对风险评估各风险单元调查范围内的生态红线区域进行识别。生态保护"红线"是依法在重点生态功能区、生态环境敏感区和脆弱区等区域划定的严格管控边界，是国家和区域生态安全的底线，对于维护生态安全格局、保障生态服务功能、支撑经济社会可持续发展具体要求有重要作用。生态"红线"主要包括重点生态功能区、生态环境敏感脆弱区、禁止开发区。

①重点生态功能区：水源涵养区、水土保持区、防风固沙区和生物多样性维护区。

②生态环境敏感脆弱包：如水土流失、土地沙化、石漠化、盐渍化等区域。

③禁止开发区：依法设立的各类自然文化资源保护区。如国家公园、自然保护区、森林公园的生态保育区和核心景观区、风景名胜区的核心景区、地质公园的地质遗迹保护区、世界自然遗产的核心区和缓冲区、湿地公园的湿地保育和恢复重建区、饮用水水源的一级保护区、水产种质资源保护区的核心区。

（4）生产工艺：对照《企业突发环境事件风险分级方法》（HJ 941—2018）中对生产工艺的分类，识别评估单元的生产工艺，并为其打分。结合等级划分方法，线型评估单元（油管线、水管线、气管线）不做生产工艺评估。《企业突发环境事件风险分级方法》将工艺分为三类：是否属于高温、高压、易燃、易爆之一的生产工艺，是否属于《重点监管危险化工工艺目录》之一的生产工艺，是否属于国家规定有淘汰期限的淘汰类落后生产工艺装备。

对企业生产工艺过程含有风险工艺和设备情况的评估按照工艺单元进行，具有多套工艺单元的企业，对每套工艺单元分别评分并求和，该指标分值最高为30分（表6-3）。

表6-3 企业生产工艺过程评估

评估依据	分值	备注
涉及光气及光气化工艺、电解工艺（氯碱）、氯化工艺、硝化工艺、合成氨工艺、裂解（裂化）工艺、氟化工艺、加氢工艺、重氮化工艺、氧化工艺、过氧化工艺、胺基化工艺、磺化工艺、聚合工艺、烷基化工艺、新型煤化工工艺、电石生产工艺、偶氮化工艺	10/套	天然气田企业主要考虑氧化工艺如净化厂克劳斯工艺；加氢工艺如SCOT工艺
其他高温或高压、涉及易燃易爆等物质的工艺过程①	5/套	—
具有国家规定限期淘汰的工艺名录和设备②	5/套	—
不涉及以上危险工艺过程或国家规定的禁用工艺/设备	0	—

①高温指工艺温度不低于300℃，高压指压力容器的设计压力 $p \geqslant 10MPa$，易燃易爆等物质是指按照《化学品分类和标签安全规范》（GB 30000—2013）的第2部分爆炸物和第13部分遇水放出易燃气体的物质和混合物所确定的化学物质。

②指《产业结构调整指导目录》中有淘汰期限的淘汰类落后生产工艺装备。

（5）风险防范及应急措施：企业大气环境风险防控措施及突发大气环境事件发生情况评估指标见表6-4，对各项评估指标分别评分、计算总和，各项指标分值合计最高为70分；

企业水环境风险防控措施及突发水环境事件发生情况评估指标见表6-5，对各项评估指标分别评分、计算总和，各项指标分值合计最高为70分；核实风险防控措施及突发环境事件发生情况。

掌握企业现有应急物资与装备、救援队伍情况，包括应急物资储备库分布情况；生产作业场所如净化厂、轻烃厂、采气场站、回注井站等（主要列入重大风险单元、较大风险单元）的应急物资如空气呼吸器、对讲机、硫化氢气体检测仪、便携式可燃气体报警仪等配备情况；应急队伍中专职消防队、环境监测机构、抢维修队、应急医疗机构等是否满足应急需要；根据生态环境部发布的《企业事业单位突发环境事件应急预案备案管理办法（试行）》（环发〔2015〕4号），核对应急预案备案、实施及管理情况。

表6-4　企业大气环境风险防控措施与突发大气环境事件发生情况评估

评估指标	评估依据	分值
毒性气体泄漏监控预警措施	①不涉及《企业突发环境事件风险分级方法》（HJ 941—2018）附录A中有毒有害气体的； ②根据实际情况，具备有毒有害气体（如硫化氢、氰化氢、氯化氢、光气、氯气、氨气、苯等）厂界泄漏监控预警系统的	0
	不具备厂界有毒、有害气体泄漏监控预警系统的	25
符合防护距离情况	符合环评及批复文件防护距离要求的	0
	不符合环评及批复文件防护距离要求的	25
近3年内突发大气环境事件发生情况	发生过特别重大或重大等级突发大气环境事件的	20
	发生过较大等级突发大气环境事件的	15
	发生过一般等级突发大气环境事件的	10
	未发生突发大气环境事件的	0

表6-5　企业水环境风险防控措施及突发水环境事件发生情况评估

评估指标	评估依据	分值
截流措施	①环境风险单元设防渗漏、防腐蚀、防淋溶、防流失措施； ②装置围堰与罐区防火堤（围堰）外设排水切换阀，正常情况下通向雨水系统的阀门关闭，通向事故存液池、应急事故水池、清净废水排放缓冲池或污水处理系统的阀门打开； ③前述措施日常管理及维护良好，有专人负责阀门切换或设置自动切换设施，保证初期雨水、泄漏物和受污染的消防水排入污水系统	0
	有任意一个环境风险单元（包括可能发生液体泄漏或产生液体泄漏物的危险废物贮存场所）的截流措施不符合上述任意一条要求的	8
事故废水收集措施	①按相关设计规范设置应急事故水池、事故存液池或清净废水排放缓冲池等事故排水收集设施，并根据相关设计规范、下游环境风险受体敏感程度和易发生极端天气情况，设计事故排水收集设施的容量； ②确保事故排水收集设施在事故状态下能顺利收集泄漏物和消防水，日常保持足够的事故排水缓冲容量； ③通过协议单位或自建管线，能将所收集废水送至厂区内污水处理设施处理	0
	有任意一个环境风险单元（包括可能发生液体泄漏或产生液体泄漏物的危险废物贮存场所）的事故排水收集措施不符合上述任意一条要求的	8

评估指标	评估依据	分值
清净废水系统风险防控措施	①不涉及清净废水； ②厂区内清净废水均可排入废水处理系统；或清污分流，且清净废水系统具有下述所有措施： a.具有收集受污染的清净废水的缓冲池（或收集池），池内日常保持足够的事故排水缓冲容量；池内设有提升设施或通过自流，能将所收集物送至厂区内污水处理设施处理； b.具有清净废水系统的总排口监视及关闭设施，有专人负责在紧急情况下关闭清净废水总排口，防止受污染的清净废水和泄漏物进入外环境	0
	涉及清净废水，有任意一个环境风险单元的清净废水系统风险防控措施不符合上述②要求的	8
雨水排水系统风险防控措施	①厂区内雨水均进入废水处理系统；或雨污分流，且雨水排水系统具有下述所有措施： a.具有收集初期雨水的收集池或雨水监控池；池出水管上设置切断阀，正常情况下阀门关闭，防止受污染的雨水外排；池内设有提升设施或通过自流，能将所收集物送至厂区内污水处理设施处理； b.具有雨水系统总排口（含泄洪渠）监视及关闭设施，在紧急情况下有专人负责关闭雨水系统总排口（含与清净废水共用一套排水系统情况），防止雨水、消防水和泄漏物进入外环境 ②如果有排洪沟，排洪沟不得通过生产区和罐区，或具有防止泄漏物和受污染的消防水等流入区域排洪沟的措施	0
	不符合上述要求的	8
生产废水处理系统风险防控措施	①无生产废水产生或外排； ②有废水外排时： a.受污染的循环冷却水、雨水、消防水等排入生产废水系统或独立处理系统； b.生产废水排放前设监控池，能够将不合格废水送废水处理设施处理； c.如企业受污染的清净废水或雨水进入废水处理系统处理，则废水处理系统应设置事故水缓冲设施； d.具有生产废水总排口监视及关闭设施，有专人负责启闭，确保泄漏物、受污染的消防水、不合格废水不排出厂外	0
	涉及废水外排，且不符合上述②中任意一条要求的	8
废水排放去向	无生产废水产生或外排	0
	①依法获取污水排入排水管网许可，进入城镇污水处理厂； ②进入工业废水集中处理厂； ③进入其他单位	6
	①直接进入海域或进入江、河、湖、库等水环境； ②进入城市下水道再入江、河、湖、库或再进入海域； ③未依法取得污水排入排水管网许可，进入城镇污水处理厂； ④直接进入污灌农田或蒸发地	12
厂内危险废物环境管理	①不涉及危险废物的； ②针对危险废物分区贮存、运输、利用、处置具有完善的专业设施和风险防控措施	0
	不具备完善的危险废物贮存、运输、利用、处置设施和风险防控措施	10
近3年内突发水环境事件发生情况	发生过特别重大及重大等级突发水环境事件的	8
	发生过较大等级突发水环境事件的	6
	发生过一般等级突发水环境事件的	4
	未发生突发水环境事件的	0

注：本表中相关规范具体指《化工建设项目环境保护工程设计标准》（GB/T 50483—2019）、《石油化工企业设计防火标准》（GB 50160—2008）、《储罐区防火堤设计规范》（GB 50351—2014）、《石油化工污水处理设计规范》（GB 50747—2012）、《石油化工给水排水系统设计规范》（SH/T 3015—2019）。

（6）后果模拟参数：收集污染物意外泄放事故模拟所需的参数。结合《企业突发环境事件风险评估指南》和《油气田企业环境风险评估指导意见（试行）》，突发环境事件一般有以下几类：

①火灾、爆炸等生产安全事故及可能引起的次生和衍生厂外环境污染及人员伤亡事故（例如，因生产安全事故导致有毒有害气体扩散出厂界；消防水、物料泄漏物及反应生成物，从雨水排口、清净废水排口、厂门或围墙排出厂界，污染环境等）；

②环境风险防控设施失灵或非常操作（如雨水阀门不能正常关闭，火炬意外灭火）；

③非正常工况（如开车、停车等）；

④污染治理设施非正常运行；

⑤违法排污；

⑥停电、断水、停气等；

⑦通信系统或运输系统故障；

⑧自然灾害、极端天气条件；

⑨其他可能的情景。

结合天然气田的生产实践，一般仅考虑前述九类突发环境事件中的前四类，后续五类较为极端，一般在生产实际中难以出现，因此源强的确定困难，不做定量的后果分析。火灾、爆炸等生产安全事故及可能引起的次生和衍生厂外环境污染及人员伤亡事故可能发生的突发环境事件情景如介质中的硫化氢泄漏、介质中的油（水）泄漏、消防废水（事故废液）泄漏，环境风险防控设施失灵或非正常操作可能发生的突发环境事件情景如污水池防渗问题、回注井井筒泄漏，非正常工况（如开车、停车等）可能发生的突发环境事件情景有原料气、酸气放空，污染治理设施非正常运行可能发生的突发环境事件情景有污水处理装置异常等。部分评估单元可能出现不止出现前四类突发环境事件中的1类，而是多类。

根据天然气开发生产过程可能涉及的突发环境事件的四大类7种情景，考虑采用不同的方法进行后果预测，详细内容见表6-6。

对于含硫化氢场站和含硫管线而言，最大的风险就是硫化氢泄漏，场站一般泄漏出现在分离器的连接管道处，泄漏量考虑管线的响应时间内的输气量和管线的在线量，泄漏面积考虑管道截面积的20%，根据含硫场站源强和含硫管线源强进行事故后果分析，划分安全区域与应急疏散范围，含硫管线泄漏后硫化氢浓度达100mg/L的范围均较大，一般均有几百米，部分管线甚至一千米。

（7）应急抢险救援物资：梳理环境风险单元配置的抢险救援物资名称、数量及种类等。依据《危险化学品单位应急救援物资配备要求》（GB 30077—2013）附录A危险化学品单位类别划分方法（表6-7），判断天然气气田各单位环境风险单元为第几类危险化学品单位，确定各重大及较大环境风险评估（管线除外）的应急救援物资执行作业场所救援物资配备要求，与实际情况进行差距分析。

表 6-6 突发环境事件后果预测方法

事故类型	突发环境事件情景	后果预测方法	方法特点
火灾、爆炸等生产安全事故及可能引起的次生和衍生的厂外环境污染及人员伤亡事故	介质中的硫化氢泄漏	SLAB	SLAB模型主要基于随时间变化的三维质量、动量、能量和组分守恒方程组,结合理想状态方程和烟云形状方程(如半宽、半长等),并采用一定下风距离或时间的一维线层模型。最终简化为仅关于下风距离的一维气烟云扩散模型,但也能模拟中性烟云变轻后的特升。SLAB模型能够处理4种不同的泄放源:地面池蒸发,高于地面的水平喷射和向上喷射,瞬时泄放或短时地面池蒸发。其中地面池必须为纯态蒸汽蒸发,而其他泄放源为纯态气液混合物。该模型可以看成由稳态烟羽模式和瞬时烟团模式两部分构成,在泄漏时间内采用稳态烟羽模式,泄漏结束后形成相应的烟团模式(或烟云上升区),若稳态区存在则采用稳态烟羽,采用稳态烟羽模式;近场区,它能够处理烟羽模式,持续有限时间的和瞬时的泄放。相应地,前3种能否形成烟团模式,首先就采用瞬时烟云扩散模式,作为一种应急响应大气扩散模型,具有使用简单、计算快速的优点。SLAB已被国外广泛应用于EIAProA目前仍被广泛应用,特别适用于瞬态源且恒定或恒定的排放速度以恒定排放的同段
	介质中的油/水泄漏	油品泄漏采用费伊(Fay)油膜扩延公式;水池漏采用宁波六五工作室EIA的河流之基本模式解析式或二维解析式或二维解析式的瞬时式排放模式	费伊油膜扩散公式将油品泄漏后的扩散视为惯性扩展,表面张力扩展,黏性扩展,扩展至结束之后油膜自保持不变这四个原则,编制Excel计算小工具,输入参数少,计算方便快捷。宁波六五工作室是国内最早开发环境预测软件的专业机构之一,其开发的各类地表大气预测软件EIAW、噪声预测软件EIAN及大气预测软件EIAProA目前仍被广泛应用。基本模式的解析解适用于污染源适用于源强是瞬态或以恒定以恒定的排放的同段
	消防废水/事故废液泄漏	水泄漏采用宁波六五工作室EIA的河流之基本模式解析解中一维解析式或二维解析式的瞬时式的瞬时式排放模式	
环境风险防控设施失灵或非正常操作	污水池防渗同题	《环境影响评价技术导则地下水环境》(HJ 610—2016)附录D之D.2公式	根据公式,编制Excel计算小工具,输入参数少,计算方便快捷
	回注井井筒泄漏		
非正常工况(如开车、停车、事故放空等)	原料气、酸气放空	AERSCREEN	大气估算模式AERSCREEN为美国环保署(U.S.EPA,下同)开发的基于AERMOD估算模式的单源估算模型,可计算污染源包括点源、带盖点源、水平点源、矩形面源、圆形面源、体源和火炬源,能够考虑地形、熏烟和建筑物下洗的影响,可以输出1h、8h、24h的平均地面浓度最大值,评价源对周边空气环境的影响程度和范围。AERSCREEN是《环境影响评价技术导则 大气环境》(HJ 2.2—2018)推荐的估算模式
污染治理设施非正常运行	污水处理装置异常	水泄漏采用宁波六五工作室EIA的河流之导则模式,其中充分混合段选用河流模式1、5;混合过程段选用河流模式2、3、6、7	导则模式适用于污染源的排放是相对稳定的,污水处理装置异常时污染源的排放是相对稳定的,是年组织排放的,只是这种排放可能是超标的

表 6-7 危险化学品单位类别划分依据

企业规模	危险化学品重大危险源级别			
	一级危险化学品重大危险源	二级危险化学品重大危险源	三级危险化学品重大危险源	四级危险化学品重大危险源
从业人数300人以下或营业收入2000万元以下	第二类危险化学品单位	第三类危险化学品单位	第三类危险化学品单位	第三类危险化学品单位
从业人数300人以上、1000人以下或营业收入2000万元以上、40000万元以下	第二类危险化学品单位	第二类危险化学品单位	第二类危险化学品单位	第三类危险化学品单位
从业人数1000人以上或营业收入40000万元以上	第一类危险化学品单位	第二类危险化学品单位	第二类危险化学品单位	第二类危险化学品单位

注：（1）表中所称的"以上"包括本数，所称的"以下"不包括本数；
（2）没有危险化学品重大危险源的危险化学品单位可作为第三类危险化学品单位。

6.1.3 环境风险单元的风险等级划分

根据企业生产、使用、存储和释放的突发环境事件风险物质数量与其临界量的比值（Q），评估生产工艺过程与环境风险控制水平（M）及环境风险受体敏感程度（E）的评估分析结果，分别评估企业突发大气或水环境事件风险和突发水环境事件风险，将企业突发大气或水环境事件风险等级划分为一般环境风险、较大环境风险和重大环境风险三级，分别用蓝色、黄色和红色标识。

企业下设位置毗邻的多个独立厂区，可按厂区分别评估风险等级，以等级高者确定企业突发环境事件风险等级并进行表征，也可分别表征为企业（厂区）突发环境事件风险等级。企业下设位置距离较远的多个独立厂区，分别评估确定各厂区风险等级，表征为企业（厂区）突发环境事件风险等级。

企业突发环境事件风险分级程序如图 6-2 所示。

采用评分法对企业生产工艺过程、大气环境风险防控措施及突发大气环境事件发生情况进行评估，将各项指标分值累加，可确定企业生产工艺过程与大气环境风险控制水平 M；采用评分法对企业生产工艺过程、水环境风险防控措施及突发水环境事件发生情况进行评估，将各项分值累加，可确定企业生产工艺过程与水环境风险控制水平 M。生产工艺过程与环境风险控制水平值，可按照表 6-8 划分为 4 个类型。

表 6-8 企业生产工艺过程与环境风险控制水平类型划分

生产工艺过程与环境风险控制水平值	生产工艺过程与环境风险控制水平类型
$M<25$	M1
$25 \leqslant M<45$	M2
$45 \leqslant M<65$	M3
$M \geqslant 65$	M4

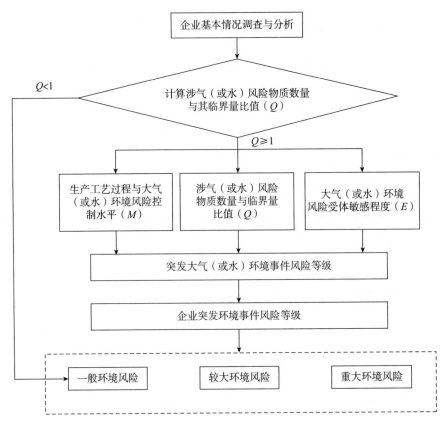

图 6-2　企业突发环境事件风险分级流程示意图

大气环境风险受体敏感程度类型按照企业周边人口数进行划分。按照企业周边 5km 或 500m 范围内人口数将大气环境风险受体敏感程度划分为类型 1、类型 2 和类型 3 三种类型，分别以 E1、E2 和 E3 表示（表 6-9）。大气环境风险受体敏感程度按类型 1、类型 2 和类型 3 的顺序依次降低。若企业周边存在多种敏感程度类型的大气环境风险受体，则按敏感程度高者确定企业大气环境风险受体敏感程度类型。

表 6-9　大气环境风险受体敏感程度类型划分

敏感程度类型	大气环境风险受体
类型1 （E1）	企业周边5km范围内居住区、医疗卫生机构、文化教育机构、科研单位、行政机关、企事业单位、商场、公园等人口总数在5万人以上，或企业周边500m范围内人口总数1000人以上，或企业周边5km涉及军事禁区、军事管理区、国家相关保密区域
类型2 （E2）	企业周边5km范围内居住区、医疗卫生机构、文化教育机构、科研单位、行政机关、企事业单位、商场、公园等人口总数在1万人以上、5万人以下，或企业周边500m范围内人口总数在500人以上、1000人以下
类型3 （E3）	企业周边5km范围内居住区、医疗卫生机构、文化教育机构、科研单位、行政机关、企事业单位、商场、公园等人口总数在1万人以下，且企业周边500m范围内人口总数在500人以下

按照水环境风险受体敏感程度，同时考虑河流跨界的情况和可能造成土壤污染的情况，将水环境风险受体敏感程度类型划分为类型 1、类型 2 和类型 3，分别以 E1、E2 和 E3 表

示（表6-10）。水环境风险受体敏感程度按类型1、类型2和类型3顺序依次降低。若企业周边存在多种敏感程度类型的水环境风险受体，则按敏感程度高者确定企业水环境风险受体敏感程度类型。

表6-10 水环境风险受体敏感程度类型划分

敏感程度类型	水环境风险受体
类型1 （E1）	①企业雨水排口、清净废水排口、污水排口下游10km流经范围内有以下一类或多类环境风险受体：集中式地表水、地下水饮用水水源保护区（包括一级保护区、二级保护区及准保护区）；农村及分散式饮用水水源保护区； ②废水排入受纳水体后24小时流经范围（按受纳河流最大日均流速计算）内涉及跨国界的
类型2 （E2）	①企业雨水排口、清净废水排口、污水排口下游10km流经范围内有生态保护"红线"划定的或具有水生态服务功能的其他水生态环境敏感区和脆弱区，如国家公园、国家级、省级水产种质资源保护区，水产养殖区、天然渔场、海水浴场、盐场保护区、国家级重要湿地，国家级、地方级海洋特别保护区、国家级、地方级海洋自然保护区，生物多样性保护优先区域，国家级、地方级自然保护区，国家级、省级风景名胜区，世界文化和自然遗产地，国家级、省级森林公园，世界级、国家级和省级地质公园，基本农田保护区，基本草原； ②企业雨水排口、清净废水排口、污水排口下游10km流经范围内涉及跨省界的； ③企业位于熔岩地貌、泄洪区、泥石流多发等地区
类型3 （E3）	不涉及类型1和类型2情况的

注：本表中规定的距离范围以到各类水环境保护目标或保护区域的边界为准。

同时涉及突发大气和水环境事件风险的企业，以等级高者确定企业突发环境事件风险等级。企业突发环境事件风险分级矩阵见表6-11。

表6-11 企业突发环境事件风险分级矩阵表

环境风险受体敏感性（E）	风险物质数量与临界量比值（Q）	生产工艺过程与环境风险控制水平（M）			
		M1类水平	M2类水平	M3类水平	M4类水平
类型1（E1）	$1 \leqslant Q < 10$（Q1）	较大	较大	重大	重大
	$10 \leqslant Q < 100$（Q2）	较大	重大	重大	重大
	$Q \geqslant 100$（Q3）	重大	重大	重大	重大
类型2（E2）	$1 \leqslant Q < 10$（Q1）	一般	较大	较大	重大
	$10 \leqslant Q < 100$（Q2）	较大	较大	重大	重大
	$Q \geqslant 100$（Q3）	较大	重大	重大	重大
类型3（E3）	$1 \leqslant Q < 10$（Q1）	一般	一般	较大	较大
	$10 \leqslant Q < 100$（Q2）	一般	较大	较大	重大
	$Q \geqslant 100$（Q3）	较大	较大	重大	重大

净化厂、轻烃厂、含硫化氢场站、含油（水）场站、固体废弃物堆存站的等级划分流程与《企业突发环境事件风险分级方法》的规定一致。

回注井的环境风险等级划分方法，分别针对大气环境和水环境，通过确定地质及井筒风险水平（L）、评估工艺过程与环境风险控制水平（M）及环境风险受体敏感性（E），按照矩阵法对突发环境事件风险等级进行划分。

含硫化氢管线、含油水管线的风险等级划分方法通过定量分析管线控制措施可靠性（P）及管线失效后果（C）后，按照矩阵法对突发环境事件风险等级进行划分。

若场站在生态"红线"和环境敏感点内，则对该评估单元进行风险升级管理。涉及饮用水源一级保护区、二级保护区，自然保护区核心区、缓冲区的生产设施，其风险管控统一升级为"重大风险源"进行管理，对涉及其他类生态"红线"的生产单元进行风险升级管理。

回注井（站）的风险等级划分和含硫化氢管线、含油（水）管线的风险等级划分流程如图6-3、图6-4所示。

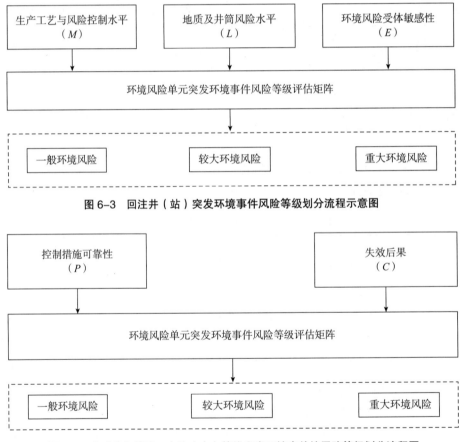

图 6-3　回注井（站）突发环境事件风险等级划分流程示意图

图 6-4　含硫化氢管线、含油（水）管线突发环境事件按风险等级划分流程图

6.2　生态环境隐患排查治理

生态环境隐患是指可能导致或引发突发环境事件和生态环境违法违规事件的不合规的行为、管理上的缺陷以及污染防治和风险防范措施、设施设备的缺失、不完善或危险状态。

生态环境隐患一般包括突发环境事件隐患和生态环境违法违规隐患。

突发环境事件是指由于污染物排放或者自然灾害、生产安全事故等因素，导致污染物或者放射性物质等有毒有害物质进入大气、水体、土壤等环境介质，突然造成或者可能造成环境质量下降，危及公众身体健康和财产安全，或者造成生态环境破坏，或者造成重大社会影响，需要采取紧急措施予以应对的事件。生态环境违法违规事件是指在生产经营活动中，因违反国家和地方生态环境保护政策、法律法规、规划计划、标准规范等的有关规定和要求，受到刑事责任追究、行政处罚，或者受到中央和国家各级督查、巡视、审计、专项检查通报，或者造成社会影响的事件。气田企业生态环境隐患排查治理范围包括其权属所有的场站和管线。

6.2.1　环保隐患评估分级方法

环保隐患是指不符合法律、法规、标准、规程和环境管理制度的规定，或者在生产经营活动中存在的影响到个人或集体利益、已经或可能导致环境发生危害的因素。环保隐患评估应在环保隐患调查和历年环保事件、事故调查统计的基础上开展。企业的隐患排查一年不少于一次，排查后应及时开展评估定级。当环保隐患现状、生产情况、周边环境等发生变化时，应及时对环保隐患重新评估。环保隐患评估由业务部门牵头组织，可委托环保技术咨询公司等专业机构开展，也可组织单位专业技术人员自行开展。

环保隐患评估准备包含以下内容：

（1）明确评估对象：评估对象的确定应遵循相对独立、相对完整的原则，以对环境造成影响或可能生成影响的生产系统或单元为对象进行评估；

（2）隐患排查：隐患排查包括隐患名称、隐患类型、隐患现状、地理位置及周边环境状况、现有措施、防控效果、投资估算、隐患照片、隐患引起的纠纷情况，环境危害程度和社会影响程度，政府管控要求、隐患级别和治理时间，其中隐患级别待评估后填写；

（3）评估流程：环保隐患评估流程主要为隐患调查准备→隐患排查→隐患评估→确定隐患级别→隐患分级管理。

环保隐患评估分级方法采用矩阵法。统计历年该环保隐患引发的环保事件（事故）发生频次，以及分析和预测隐患引发（或导致）的环保事件（事故）对自然环境、人群及企业声誉的影响后果和程度，对照矩阵表，进行评估分级。西南油气田公司将环保隐患分为Ⅰ～Ⅳ级，矩阵表详见表6-12。

表6-12　西南油气田公司环保隐患评估分级矩阵表

环保隐患后果		后果发生的可能性			
环境危害后果	社会影响后果	1	2	3	4
		公司1年内不曾发生（很少可能）	公司1年内曾发生（有可能）	气矿（厂、处）1年内曾发生（1~2次）（很有可能）	气矿（厂、处）1年内曾多次发生（3次及以上）（随时有可能）
轻微	没有	Ⅳ级	Ⅳ级	Ⅳ级	Ⅲ级
较小	较小	Ⅳ级	Ⅳ级	Ⅲ级	Ⅱ级

环保隐患后果		后果发生的可能性			
较严重	较大	IV级	III级	II级	I级
严重	重大	III级	II级	I级	I级

注：I 级隐患应监控运行、限期治理；II 级隐患应监控运行、计划治理；III 级隐患应动态跟踪、加强管理；IV 级隐患应观察使用。

环保隐患危害后果分为环境危害后果、社会影响后果两种情况，通常同时具有，评估时取值危害后果更严重的情况。危害或影响持续的情况分为连续、间歇、偶然三种，当环保隐患的危害或影响是间歇或偶然出现时，宜将危害程度取值降低 1 ~ 2 个等级。不符合法律、法规的隐患为 I 级。环保隐患后果评估表详见表 6-13、表 6-14。

表 6-13 环境危害后果

环境危害后果	经济损失（万元）	污染面积（m²）	影响人群（人）
轻微	≤2	≤100	≤10
较小	2 ~ 5	100 ~ 200	10 ~ 30
较严重	5 ~ 10	200 ~ 400	30 ~ 100
严重	>10	>400	>100

表 6-14 社会影响后果

社会影响后果	影响表现
没有	有抱怨无投诉
较小	有投诉、政府部门介入调查
较大	因影响环境导致生产受阻
重大	环保处罚、限期整改、责令停产

各单位在完成环保隐患评估后，应汇集环保隐患调查信息，形成隐患调查评估报告，其内容应纳入各单位的环保隐患治理滚动规划报告中。内容应包括生产现场的基本情况（建成投产时间、地理位置、产量、管线长度、气质、管理运行方式等）、环保隐患情况（附照片）、周边的环境情况描述（附照片）、监测数据、面临的各类问题（如已发生纠纷或赔款也需描述）、隐患等级、治理方案、费用估算，隐患调查信息应随时收集和补充。

6.2.2 生态环境隐患排查治理主要内容

生态环境隐患排查治理内容主要包括以下 14 个方面：习近平生态文明思想是否贯彻落实到位，"三同时"制度❶是否落实，环保设施运行管理是否规范，排污许可制度是否执行

---

❶ "三同时"制度是指一切新建、改建、扩建的基本建设项目、技术改造项目、自然开发项目，以及可能对环境造成污染和破坏的其他工程项目，其中防治污染和其他公害的设施和其他环境保护设施，必须与主体工程同时设计、同时施工、同时投产使用的制度。

到位，是否存在规避监管偷排漏排，是否存在无组织排放污染物，是否存在土壤及地下水污染，是否存在固体废物、危险废物污染，是否存在噪声污染，放射源是否得到有效管控，重点区域及环境敏感区是否存在生态环境违法违规行为，重点污染源是否按要求实施监控，国家污染防治各项任务部署是否落实到位，环境应急体系是否健全。

6.2.2.1 生态环境隐患排查治理工作原则

开展生态环境隐患排查治理工作应遵循如下原则：

（1）生态环境隐患排查治理应坚持全员参与、分级负责、跟踪问效、治理销号的原则；

（2）建立生态环境隐患排查治理责任制，逐级落实从主要负责人到岗位员工的环境隐患排查治理责任体系，强化属地管理责任；

（3）建立生态环境隐患排查治理制度，明确环境隐患排查治理管理流程、管理职责、工作内容、实施程序及登记建档和信息上报等要求。

生态环境隐患排查治理一般包括排查登记、评估分级、治理监控、验收销号等主要工作程序，如图6-5所示。

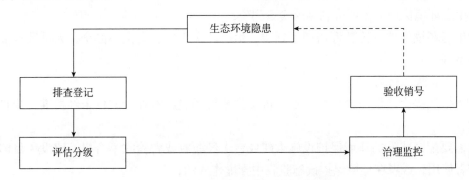

图6-5 生态环境隐患排查治理实施程序

6.2.2.2 生态环境隐患排查登记

企业应做好生态环境隐患排查登记工作，制订年度生态环境隐患排查工作方案，根据国家、地方和集团公司的生态环境保护要求，结合上一年度突发环境事件风险评估和生态环境隐患排查治理工作情况，明确本年度生态环境隐患排查的主要内容及安排。生态环境隐患包括但不限于以下主要方面：

（1）管理上的缺陷。

①学习、贯彻生态文明思想不到位、不深入；

②各级党组织、HSE委员会未执行生态环境保护重大事项议事制度，党政同责落实不到位；

③生态环境保护一岗双责责任体系、监管体系不完善，或者职责不明确、履责不到位；

④生态环境保护管理制度缺失，或者有关内容不符合国家、地方的现行政策法规要求；

⑤国家、地方和集团公司的生态环境保护规划计划、重大决策部署、重点任务未部署落实或未按期完成；

⑥生态环境保护规划、年度工作计划规定的目标和指标未分解落实、未完成；清洁生产制度执行不到位；

⑦建设项目环境保护管理制度执行不到位；

⑧排污许可制度执行不到位，未按期取证或未按要求完成执行报告；

⑨污染防治设施运行管理不到位；

⑩突发环境事件风险评估和生态环境隐患排查治理制度执行不到位；

⑪突发环境事件风险防控措施、设施建设与运行管理不到位；

⑫突发环境事件应急准备管理不到位；

⑬环境监测管理与自动在线监控设备安装与运行管理不到位；

⑭环境信息统计、环境保护档案与信息公开管理不到位；

⑮重大环境隐患治理项目（措施）实施进度与效果跟踪督办不到位；

⑯国家、地方和集团公司组织的各类督查（检查）、审计（审核）发现问题未按期整改，或者整改不到位；

⑰历史遗留生态环境问题排查治理不到位；

⑱生态环境保护资金、费用落实与执行不到位；

⑲生态环境保护考核评价制度落实不到位；

⑳生态环境保护宣传教育培训不到位，生态环保机构、岗位不健全，人员数量或专业能力不足等。

（2）不合规的行为。

①未依法提交建设项目环境影响评价文件或者环境影响评价文件未经批准，擅自开工建设的；

②需要配套建设的环境保护设施未建成、未经验收或者验收不合格，建设项目即投入生产或者使用，或者在环境保护设施验收中弄虚作假的；

③在法律法规禁止开发建设区域内违法违规从事开发建设活动的；

④强制性清洁生产审核单位未实施清洁生产审核或在审核中弄虚作假的，或者未报告或者未如实报告审核结果的；

⑤未按要求取得排污许可或违反排污许可证规定排放污染物的；

⑥未按规定编制、提交排污许可执行报告，或者未如实报告排污许可证执行情况的；

⑦违法或超标排放污染物的；

⑧将危险废物交由无经营资质或者不具备利用、处置能力单位利用、处置的，或者危险废物转移未依法取得转移批准的；

⑨未按规定制定重污染天气应急预案，或者在重污染天气预警期间未按要求控制污染物排放的；

⑩未按要求建立污染源档案，或者未开展排污口规范化管理的；

⑪未按要求安装环境保护设施，或者擅自拆除、闲置、不正常运行环境保护设施的；

⑫排污单位未按要求开展自行监测或者委托监测的；

⑬重点监控单位未按规定安装自动监测设备，并与环境保护主管部门的监控设备联网的；

⑭篡改、伪造监测数据的，或者擅自修改自动监测设备参数、干扰自动监测设备采样

和正常运行的；

⑮土壤污染重点监管单位未按规定开展土壤和地下水污染状况调查监测、风险评估、风险管控和修复的；

⑯关停、搬迁和退役生产设施未采取防止土壤和地下水污染措施的；

⑰未按要求编制突发环境事件应急预案、组织演练，或者突发环境事件应急预案未按要求备案的；

⑱重点排污单位不公开或者未如实公开环境信息的。

（3）污染防治和风险防范措施、设施设备的缺失、不完善或危险状态。

①污水处理设施/设备因本身故障或老化、入水水质水量异常、药剂投加不当、微生物活性降低等因素导致处理效果不佳；

②废气治理设施（设备）因生产加工原料变化、催化剂失活、药剂投加不当等因素导致处理效果不佳；

③挥发性有机物处理设施（设备）因进气量及组分异常、吸附或吸收材料效能降低、微生物活性降低等因素导致处理效率降低；

④厂区异味较大，员工或周边群众意见集中；

⑤火炬排放管控设施运行异常；

⑥危险化学品、固体废物生产、储存区域、场所未按要求采取防渗措施，或者防渗措施老化、开裂、脱落；

⑦输油气管线占压、河流穿越管段失稳、埋地管段裸露、泄漏监控等运行参数异常；

⑧污染源自动监控数据异常；

⑨水环境风险防控措施围堰缺失或破损、阀门安装位置不当或失灵、管线破损、雨污系统串漏、事故缓冲池容量不足等；

⑩厂区、站场、装置、化学品管线卫生防护距离不足；

⑪采油气集输管线超期服役、腐蚀老化；

⑫环境敏感区域采油井场、集输管线未采取必要的泄漏围挡、导流、拦截措施；

⑬环境应急设施配备、物资储备缺失或不足等。

（4）隐患排查。

生态环境隐患排查方式一般包括日常排查、综合排查、专项排查、重点时段排查、事故事件类比排查、外聘专家诊断式排查和抽查等，应建立以日常排查和专项排查为主的环境隐患排查工作机制。环境隐患排查可与企业已有的日常管理、专项检查、监督检查、体系审核等工作相结合。

日常排查包括岗位（班组）的班中巡回检查和交接班检查，车间（站队）管理人员、专业技术人员的日常性检查，以及二级单位的监督检查。现场操作人员应按照规定的时间间隔进行巡检，及时发现并报告环境隐患；基层班组应结合班组安全活动，至少每周组织一次环境隐患排查。车间（站队）至少每月组织一次环境隐患排查，可与岗位责任制检查相结合。二级单位至少每季度组织一次环境隐患排查。

综合排查是指企业组织开展的环境隐患全面排查，每年应不少于一次。专项排查是对涉及生态环境安全的特定区域、设施设备和措施，或者对周边环境风险受体及环境敏感目标，或者对某一方面环境隐患进行的专门性排查。专项排查一般由企业或二级单位组织，其频次根据实际需要确定。

重点时段排查是指在重大活动、节假日前，以及季节轮换、重污染天气时开展的有针对性的排查。事故事件类比排查是指对同类企业发生生态环境事件后举一反三的排查。外聘专家诊断式排查是指聘请外部专家对企业进行的综合性或专项性生态环境诊断评估。

企业可根据自身管理流程，采取抽查的方式排查隐患。出现下列情况时，应及时组织环境隐患排查：

①国家和地方颁布新的生态环境保护法律法规、标准规范，或原有适用法律法规、标准规范重新修订的；

②国家和地方出台新的生态环境保护重大决策、重点任务及工作要求的；

③有新建项目、改建项目、扩建项目的；

④排污许可证证载内容发生变更的；

⑤突发环境事件风险物质发生重大变化导致突发环境事件风险等级发生变化的；

⑥生产废水系统、雨水系统、清净下水系统、事故排水系统发生变化的；

⑦废水总排口、雨水排口、清净下水排口与水环境风险受体连接通道发生变化的；

⑧周边大气和水环境风险受体发生变化的；

⑨发布气象灾害预警、地质地震灾害预报的；

⑩生态环境事件发生后；

⑪发生火灾爆炸或危险化学品泄漏生产安全事故，或者发生自然灾害的；

⑫复工复产前。

对排查出的生态环境隐患，分为突发环境事件隐患和生态环境违法违规隐患两大类。突发环境事件隐患分为大气环境事件隐患、水环境事件隐患和综合环境事件隐患。对生态环境违法违规隐患，根据管理需要，可细分为以下几类：

①环保管理缺陷：生态环保责任落实、资金保障、规章制度、标准规范、程序或预案、规划计划部署、重点工作开展、学习培训、机构人员配置等管理体制机制、制度文件方面存在顶层缺陷，未造成实际后果。

②生态环境破坏：未按要求采取生态环境保护或恢复措施，可能导致局部或区域生态环境破坏、生态环境质量下降。

③建设项目违规：在法律法规禁止开发区域新建、改建、扩建的建设项目或产能，未经环评审批、未按审批要求开展的建设项目或产能，或建设项目未落实环境保护"三同时"要求。

④违法违规排放：违反法律法规、污染物排放标准或排污许可证要求排放、处置污染物。

⑤清洁生产不力：未按要求采取清洁生产措施，污染物排放明显高于同类企业；或生产现场源头管控措施执行不到位，虽未构成违法违规排放，但仍可能导致环境污染、扰民。

⑥重点任务未落实：国家、地方政府或重大生态环境保护行动计划部署的重点任务、

要求未执行或未按期完成；中央环保督察、国家专项检查等发现问题及被地方政府、集团公司督办的问题未按期落实整改。

⑦环境信息不健全：未按照有关法律法规、规划计划、标准要求开展环境监测（含污染源在线监测），或监测数据不合格；未按要求开展环境统计、环境信息公开。

⑧历史遗留问题：历史突发环境事件遗留或渗泄漏累积造成的土壤污染和地下水污染问题，历史形成但不符合现行法律、法规或标准要求的土油池、污油坑、渣场等。

⑨其他违法违规隐患：无法归入以上情形的隐患。

对排查出的生态环境隐患，应及时登记并逐级汇总上报、逐级复核，完成隐患排查登记工作。生态隐患排查等级表可参见表6-15；情况紧急时应立即上报，并先行采取应急措施进行处置。

表6-15 生态环境隐患排查登记表

单位：

序号	隐患描述	隐患类别	判定依据	可能导致的环境危害或其他后果	隐患排查								
					企业自查		外部检查问题			排查日期	复核人		
					排查方式	组织单位	国家	地方	集团公司		基层单位	二级单位	企业部门

登记人：   主管领导：

6.2.2.3 生态环境隐患评估分级及整改跟踪

环境隐患排查组织单位完成隐患排查登记后，负责开展环境隐患评估分级，环境隐患按照可能导致的环境危害或负面社会影响的严重性、治理难易程度等，分为重大环境隐患和一般环境隐患。重大环境隐患是指危害较大，可能引发一般A级及以上突发环境事件或生态环境违法违规事件的隐患或长期未得到整改的一般环境隐患。一般环境隐患是指危害较小，不足以构成一般A级以上环境事件的隐患或发现后能够立即整改排除的环境隐患。

环境隐患评估结果应及时通报隐患责任单位。生态环境隐患评估登记表可参见表6-16。企业环保管理部门应定期对下属单位环境隐患排查工作进行监督、检查。

表6-16 生态环境隐患评估登记表

单位：

序号	隐患属地单位	隐患描述	隐患级别	参加人员

负责人：   主管领导：   评估日期：

对排查出的环境隐患，各责任单位应及时组织治理整改。重大环境隐患应制订明确的整改方案，并提交HSE委员会审议。企业应对环境隐患整改情况进行跟踪调度。其中，重大环境隐患治理情况应由企业进行督办，并定期向企业HSE委员会和集团公司报告；一般环境隐患治理情况可由二级单位进行督办。生态环境隐患治理项目完成或管控措施落实后，组织实施的责任单位或部门应及时组织核查、验收，并报督办单位对治理效果进行复核。经复核，治理项目或管控措施达到预期效果要求的，由主管领导签字确认予以销号。生态环境隐患治理整改登记表可参见表6-17。

表6-17　生态环境隐患治理整改登记表

单位（部门）：

序号	隐患描述	隐患类别	隐患级别	治理整改							验收				复核销号		
				是否立项治理	目标	预期效果	计划完成期限	责任人	责任单位	实际进度	验收情况	责任人	单位/部门	日期	负责人	单位/部门	日期

登记人：　　　　　　　　　　　　　　主管领导：

企业应建立生态环境隐患排查治理管理档案，留存必要的过程资料，以备溯源查询。可参照表6-18建立环境隐患排查治理日常管理台账。

表6-18　生态环境隐患排查治理日常管理台账

序号	排查组织单位	隐患所在单位	隐患描述	隐患类别	判定依据	可能导致的环境危害或其他后果	排查登记							评估分级			治理监控						验收			复核销号		
							企业自查				外部检查		排查日期	复核人														
							排查方式	组织单位	国家	地方	集团公司	基层单位	二级单位	企业部门	隐患级别	负责人	评估日期	是否立项治理	治理目标	预期效果	计划完成期限	责任单位/部门	实际进度	完成情况	责任人	组织单位/部门	日期	负责人	单位/部门	日期

填表说明：

（1）隐患描述：参照生态环境隐患包括的三个主要方面内容进行简明描述；

（2）判定依据：国家和地方政府相关政策、法规、规划计划、工作部署、标准、技术规范等，以及集团公司和企业相关规章制度、规划计划、标准、技术规范、操作规程等，简明描述具体要求；

（3）"可能导致的危害"包括大气、水、土壤和地下水、噪声、放射性污染，生态破坏等；"可能导致的后果"包括导致突发环境事件，造成违法违规，引发群体事件或纠纷等；

（4）排查方式包括岗位巡查、班组检查、车间（站队）检查、二级单位检查、企业综合排查、专项排查、重点时段排查、事故事件类比排查、外聘专家诊断式排查和抽查等，其中专项排查、重点时段排查、事故事件类比排查、外聘专家诊断式排查和抽查应注明排查组织单位。

对于重大环境隐患，应在排查治理工作实施的不同阶段，及时将有关信息录入集团公司环境隐患信息管理系统；实施中的项目，应定期更新治理整改进度。

　　企业应对生态环境隐患排查治理情况进行总结分析，编制年度工作报告。主要包括以下内容：

　　（1）上一年度生态环境隐患治理工作回顾；

　　（2）本年度主要生态环境风险及管控情况概述；

　　（3）生态环境隐患排查治理工作组织开展情况；

　　（4）生态环境隐患分级分类清单；

　　（5）环境隐患治理整改计划、责任单位及责任人；

　　（6）存在的问题；

　　（7）有关建议和下一步工作安排。

6.2.3　生态环境隐患排查治理重要举措

　　（1）制订安全环保措施。

　　目前，我国政府为了对各石油天然气企业的油气田生产情况进行监督，使油气田开采和生产的规范性得到提高，制订出了一系列的管理措施。因此，气田开发企业应当以此为基础，积极响应政府的号召，将企业自身的具体情况与政府所制订的相关管理措施和制度相结合，制订出完善的安全环保工作制度，并做好制度的落实工作，使企业员工在进行作业的时候能够自觉遵守相关规定，保证安全环保工作顺利进行。

　　安全环保管理制度是提高相关工作效果的基础支持，需要进行重点制订与完善。依托安全环保生产管理制度，可以实现对气田开发过程中不良生产行为的约束，降低安全环保事故的发生概率，确保气田生产顺利展开。通过完善安全环保生产管理制度，还可以达到提高相关工作人员安全环保管理意识的效果。在此过程中，应当对本企业及其他油气田企业的安全环保生产历史事故进行分析，总结其中的经验教训，实现安全环保生产管理制度的完善，能够有效地避免相同（类似）的事故发生，更好地维护生产现场安全性及环保性。

　　在具体的实施措施上可以采取以下方案：

　　①天然气田开发企业根据自身的实际情况，通过编订《气田安全生产准则》并不断地对其进行改进和完善，然后将其印刷成小册子，发放到每一位员工的手中，并定期组织员工对准则进行学习，从而使企业员工能够将准则的内容落实到实际的工作当中；

　　②制订相应的环保管理制度，对于气田开采和生产中对附近土壤造成的污染进行监测，并及时采取措施进行处理，从而保证企业的环保工作取得良好的成效；

　　③落实 HSE 管理体系，促进员工身心健康程度的提高，避免严重的气田安全环保事故的发生，使企业生产达到环保标准。对于 HSE 管理来说，其是一种集健康（Health）、安全（Safety）和环境（Environment）于一体的管理体系，在企业安全环境管理中发挥出了重要作用。在 HSE 管理体系的具体使用中，必须要坚持以下九项原则，即任何决策必须优先考虑健康安全环境。安全是聘用的必要条件。企业必须对员工进行健康安全环境培训。各级管理者对业务范围内的健康安全环境工作负责。各级管理者必须亲自参加健康安全环境审核。员工必须参与岗位危害识别及风险控制。事故隐患必须及时整改。所有事故事件必须及时报告、分析和处理。承包商管理执行统一的健康安全环境标准。

（2）加大资金投入。

在实际气田生产中，由于其具有一定的特殊性，且安全隐患相对较多，因此需要在隐患排查及治理中投入更多的资金与力量。特别是对于生产中存在的重大环境风险隐患，应投入更多的资金与人力实现集中治理，从源头上彻底排除该隐患，更好地维护作业环境的安全性，促使安全环保管理工作升级，使得相关工作人员形成良好的安全环保生产理念。因此，天然气田开发企业要以自身的实际情况为依据，加强对安全环保工作的资金投入，从而为安全环保工作的开展奠定基础。在具体的实施上可以从以下方面进行：

①根据当前的发展形势，对老旧、容易发生故障或者技术落后的设备进行淘汰，引进更加先进、安全、环保的新工艺技术和节能降耗技术；

②加强对设备的日常维护及检修力度，对于发生故障或者存在安全隐患的设备要及时修理，从而使设备正常运行及保障生产的安全性；

③加大投入积极引进污染监测设备，根据国家要求的环保标准对气田开采和生产现场进行实时监测，对于即将出现的严重污染要能够及时进行预警，以便环境管理人员能够及时对现场的污染进行预防和治理，进而使气田开采和生产所造成的污染能够保持在国家相关规定所要求的标准范围内；

④加强在安全环保工作人员培训方面的投入，保证其拥有较高的专业素质和技能水平，从而为石油天然气企业安全环保工作的成效提供保障。

（3）加大安全环保隐患排查力度。

为了使气田安全环保隐患得到良好的解决，就必须要加大对安全环保隐患的排查力度。根据有关安全环保生产的法律、法规、设计规范、标准等，对各站场的天然气输（配）站、计量站、调压站、储气站、阀室的设备运行状况进行检查。对天然气长输管道、城市供气主管道及支线、民用气入户管道及计量器具的完好状况进行检查；同时还要对安全生产管理制度的制订和落实情况、安全管理人员配置和教育培训情况以及规划设计总图布置等进行检查。

在排查工作中，要做到对检查发现的问题立即整改，暂时不具备整改条件的，要做到资金、责任、时限、措施、预案"五落实"，限期整改。将安全环保隐患排查工作与治理工作相结合，与日常的安全监督管理相结合，建立应急管理制度，落实安全生产责任制，建立健全隐患排查治理及重大危险源监控的长效机制，使石油天然气企业的安全环保管理水平提高。

（4）提高安全环保宣传教育。

安全生产是石油天然气企业实现可持续发展的重要基础和要求。因此，石油天然气企业需要对安全生产工作提高重视，并贯彻以人为本的思想理念，将可持续发展观在企业的各个环节中进行运用，通过对政府的号召进行积极响应，大力开展安全环保宣传教育工作，使企业所有的员工对于安全环保工作的相关知识水平得到提高，树立和提高安全意识和环保意识，并熟练掌握和提高安全环保工作操作能力水平。在此过程中，要向相关管理人员传输先进气田生产安全环保管理手段，组织其分析本企业或其他同质企业的历史事故发生原因、解决对策，以此促进其工作能力的提升，最大程度地减少油气田开采和生产中的安全环保隐患及安全环保问题的发生。

在安全环保宣传教育中,应中重点完成以下工作:(1)定期培训:为了保证管理人员的工作方法的先进性,需要落实定期培训,并结合考核,确保培训的实效性;(2)引入奖惩制度:在气田企业内部形成并落实合理的奖惩制度,实现对整个气田生产过程的规范性约束,降低安全环保事故的发生概率。

在开展安全环保宣传工作时,石油天然气企业的领导要充分发挥模范带头作用,积极学习先进的管理思想,对于党的十九大精神等先进理论进行学习,以自身的责任感和使命感感染企业员工,使其能够自觉遵守相关的安全环保制度,提高安全环保工作的工作质量和工作效率,使气田安全环保工作能够取得良好的效果。

6.3 环境风险管控

环境风险管控以各管理层级为主体,包括规划计划、人事培训、生产组织、工艺技术、设备设施、物资采购、工程建设、安全管理等职能部门。管理活动的风险管控按照生产管理活动梳理、分析与评估风险,制订风险管控流程,落实分级防控责任的程序。内容包括:进行生产管理活动梳理、危害因素辨识、风险分析和风险评估;依据风险评估结果,制订风险管控流程,确定各管理层级重点防控风险;完善企业安全生产管理规章制度;健全企业应急预案体系,完善应急预案;完善各管理层级培训矩阵的培训内容;制订和落实各管理层级安全生产责任等。环境风险管控按照"风险识别—风险评级—分级管控"的流程开展。

为对评估出的环境风险实施有效的管控,确保制订的各类管控措施有效、适用并得到落实,企业应针对环境风险管控过程,建立合理的环境风险管控机制。

(1)建立环境风险评估结果的两级审核机制。

企业应建立环境风险防控规章制度和标准规范,执行和落实国家法律法规、标准规范规定;在相关法律法规、标准规范要求发生变化时,应重新进行风险分析、评估及防控,更新管理层级和重点防控内容。

风险管控措施制订和落实得好坏与否,是风险是否受控的重要保障。对于各类环境风险,企业要始终坚持两级审核制度。即矿(处)级单位负责组织对本单位内部的环境风险评估结果进行审核,公司负责组织对较大及以上的环境风险评估结果进行审核;通过审核,一是判定各评估结果的合理性,二是对制订的各类管控措施的有效性、可实施性进行审核,以及时纠正评估过程的失误和补充完善有缺陷的管控措施;最终将经评审后的管控措施返回至基层单位,由其负责落实和实施。

(2)建立环境风险分级管控机制。

建立重大环境风险分级管控工作机制,分别明确不同层级重大风险分级管控要求。企业是环境风险管控的责任主体,对企业环境风险源清单中所有重大风险、较大风险和一般风险负总责,制订环境风险管控方案,加强环境应急能力建设。

在企业内部,按照属地管理的原则,落实二级单位及基层单位环境风险管控责任人及管控职责，加强日常巡检，保障风险防控设施有效。企业存在上级公司的，可在综合考虑重大环境风险类型、环境风险受体敏感性、环境风险物质水平及环境风险控制水平等因素基础上，筛查各企业典型环境风险源作为上级公司重大环境风险进行管控，应明确上级公司管控责任人，制订专项监管方案，协调各类管控资，公布管控过程信息。针对重大环境风险，制订并发布环境风险管控方案。方案应包括以下内容：

①环境风险源描述：说明重大环境风险成因，可能发生的突发环境事件情景，包括事件类型、事故演化过程、污染物可能的迁移扩散途径、事故影响范围和程度、可能受影响的周边环境风险受体等。

②日常防控措施：明确环境风险源的日常巡查内容，将清污分流、监测预警、事故水收集、事故水封堵、事故水转输等环境风险及应急设施纳入巡查重点，确保环境风险防控措施有效性；加强对各类异常情况的监测和报告，针对存在的环境风险隐患，制订环境风险防控措施，落实隐患治理项目，并加强专项检查和挂牌督办。

③紧急情况下应采取的应急措施：针对可能发生的突发环境事件情景，明确对应的应急处置措施和需要的各类应急装备物资；落实"一源一案"要求，并加强应急培训和演练；加强应急装备物资检查和维护，确保事故状况下可以使用。

④考核与责任追究：明确重大环境风险源管理责任单位及责任人。

针对评估出的重大环境风险，采取措施推动环境风险降级，包括如下内容：

①在环境风险控制水平层面：采取针对性措施消除环境风险控制水平指标中存在的不合理扣分项。如针对清污分流设施、事故水收集转输设备、监测预警设施、环境应急物资装备等不符合相关技术标准和规范的情况，通过落实隐患项目进行整改；针对环境应急预案编制及演练等环境应急管理方面存在的不足，及时落实并进行整改。

②在环境风险物质量方面：在满足生产要求前提下，可以降低生产负荷，减少环境风险源涉及的最大环境风险物质量。如对于天然气输送管道，可以通过增设截断阀，减少事故状况下可能泄漏的气体量；对于涉及保护区、水源地等生态"红线"的环境风险源，对于存在重大隐患且难以整改消除的重大环境风险源，可以通过生产调整进行设施的停用或淘汰。

③环境风险受体方面：如重大环境风险源周边人口分布情况不符合环评及批复文件防护距离要求的，可以通过协调推进相关居民搬迁，降低环境风险受体敏感性，从而实现重大环境风险源降级。

（3）建立落实管控措施的分级监督管理机制。

企业各管理层级负责人应按照确定的重点环境风险防控内容，结合职责规定和调配资源，理清风险管控流程，绘制风险管控流程图。管理流程主要内容有：

①组织开展环境风险防控工作现状调查，分析存在问题，进行风险防控能力评估，提出风险防控措施改进与完善的建议；

②组织生产安全环境风险防控措施的论证与评审，确保防控措施的有效性；

③制定和规范生产活动的审核审批程序和职责，落实审核审批职责；

④动火、受限空间、挖掘、高处、临时用电、移动吊装、管线打开等危险作业，严格

实施作业许可管理，按照申请、批准、实施、延期、关闭等流程，落实作业过程中各项风险控制措施；

⑤按照《安全监督管理办法》的要求，对建设（工程）项目、生产经营关键环节实施安全监督，严格监督检查生产安全风险防控措施的落实等。

加强对环境风险管控措施落实情况的监督管理，企业可建立基层单位、矿（处）级单位和公司三级监督的管理机制。即基层单位的 QHSE 管理部门负责对本单位所有环境风险进行监督，矿（处）级单位的 QHSE 监督部门负责对本单位较大及以上环境风险的监督，公司 QHSE 监督部门负责对公司范围内重大环境风险的监督。监督的重点内容就是风险管控措施是否得到了有效落实，并将监督要求落实到各级 QHSE 监督站的工作职责之中，使其成为一个常态化的工作。

（4）建立动态化的环境风险评估机制。

企业应对环境风险开展动态评估，涉及突发环境事件隐患完成整改的，及时进行评估，对企业环境风险清单进行更新。

为确保环境风险在发生较大变化时能得到及时有效的再评估，按照相关法律法规的要求，企业应以制度的形式明确较大及以上环境风险至少每年应动态评估一次，一般环境风险至少每三年应动态评估一次的要求，并明确各评估单元在生产工艺、外部环境、原材料等发生重大变化或发生环境污染事件时，无论原评估等级如何，都需重新开展环境风险再评估的要求。

6.4 应急管理体系建设

完善应急管理体系，加强应急能力建设，全面提高公共安全保障水平是我国"十四五"期间的重要任务之一。进入新发展阶段，在全社会共同努力持续改善生态环境质量、建设美丽中国的背景下，突发环境事件尤其是重大敏感事件的防控已成为检验绿色发展、高质量发展成效的一项重要标尺，应全过程、多层级地应对，不能有丝毫放松。同时，随着新媒体的快速发展和后新冠肺炎疫情时期公众对突发事件信息的感知更加灵敏，突发环境事件的曝光度、关注度越来越高，各界监督意愿越来越强，参与途径越来越多，对事件的容忍度也越来越低。环境风险防控与应急工作面临较大的公众监督压力。

应急管理作为一项重要工作，必须将其摆在十分突出的位置。企业要提速应急管理体系建设步伐，推进常态（应急管理体制、机制、制度和预案建设）与非常态（突发事件处置）的应急管理，提高应对各类突发事件的总体能力。完善的应急管理体系可有效预防突发事件发生，并在突发事件发生后科学决策指挥，及时控制事态，努力将损失降到最小范围。加强环境应急管理，削减突发环境事件数量、控制事件影响，是坚持国家总体安全观、维护生态环境安全的必然要求。

6.4.1 应急预案体系建设

应急预案是为了有效控制可能发生的事故，最大程度地减少事故及其造成的损害而预先制订的工作方案。它是在辨识和评估潜在危害因素、事故类型、事故发生可能性、事故后果及影响严重程度的基础上，对应急机构职责、人员、装备、设施、技术、物资、救援行动和指挥协调等方面预先做出的具体安排。应急预案能够明确在事件发生之前、发生过程中及发生后的人员职责、处置策略和资源配置等内容。科学、有效的应急预案体系既是提速应急管理体系建设步伐的基础条件，也是合理处置各类突发事件的根本保障，更是应急管理走向规范化、程序化的必然要求。

为了总体把握风险因素及其后果，提供切实可行的应急响应系统及措施，应编制对风险因素的总体应急预案，此外还需对每一个风险因素制订专项应急预案、现场处置方案等。这些预案通过构成一个体系，将尽可能多的风险因素考虑在内，从而在风险事件发生时，气田开发企业能根据预案内容，迅速有效地采取响应措施。

气田开发企业的应急预案体系应由突发事件总体应急预案、生产安全综合预案、专项预案构成。按照国家、集团公司和西南油气田分公司应急管理相关要求，重庆气矿建立了"1+1+16"的突发事件应急体系，即1个突发事件总体应急预案，1个生产安全综合预案，16个专项预案。重庆气矿应急预案名录详见表6-19，其中包括《重庆气矿环境突发事件专

表6-19 重庆气矿应急预案名录表

序号	应急预案
1	中国石油天然气股份有限公司西南油气田分公司重庆气矿突发事件总体应急预案（CK-ZT-2020版本号：A）
2	中国石油天然气股份有限公司西南油气田分公司重庆气矿生产安全事故综合预案（CK-ZH-2020版本号：A）
3	重庆气矿天然管道及场站突发事件专项应急预案（CK-ZX-GDCZ-2020A版）
4	重庆气矿天然气调度突发事件专项应急预案（CK-ZX-DD-2020版本号：0）
5	重庆气矿钻井试修井喷突发事件专项应急预案（CK-ZX-ZJ-2020版本号：A）
6	重庆气矿地面建设突发事件专项应急预案（CK-ZX-DM-2020版本号：0）
7	重庆气矿重大自然灾害突发事件应急预案（CK-ZX-ZRZH-2020版本号：A）
8	重庆气矿环境突发事件专项应急预案（CK-ZX-HJ-2020版本号：A）
9	重庆气矿交通突发事件专项应急预案（CE-ZX-JT-2020版本号：A）
10	重庆气矿新闻媒体突发事件专项应急预案（CE-ZX-XWMT-2020版本号：A）
11	重庆气矿群体性突发事件专项应急预案（CK-ZX-QT-2020版本号：A）
12	重庆气矿网络与信息安全突发事件专项应急预案（CK-2X-ML-2020版本号：A）
13	重庆气矿重大公共卫生突发事件专项应急预案（CK-ZX-GGWS-2020版本号：A）
14	重庆气矿石油社区公共安全等突发事件专项应急预案（CK-ZX-SYSQGGAQ-2020版本号：A）
15	重庆气矿公共文化场所和文化活动突发事件专项应急预案（CK-ZX-KB-2020版本号：A）
16	重庆气矿恐怖袭击特大刑事治安突发事件专项应急预案（CK-ZX-KB-2020版本号：A）
17	重庆气矿涉外突发事件专项应急预案（CK-ZX-SW-2020版本号：A）
18	重庆气矿天然气销售突发事件专项应急预案（CX-ZX-XS-2020版本号：A）

项应急预案》。环境突发事件专项预案中对环境应急监测的组织机构和响应程序做出了明确要求。

作业区在应急预案发布后应及时向公司安全环保部门提交应急预案备案申请。申报资料包括应急预案备案申报表、应急预案纸质电子资料各一套、评审会议纪要纸质电子各一套、风险评估结果和应急资源调查清单纸质电子资料各一套。按照分级属地管理原则，作业区向所在行政区域的安全生产监督管理部门和有关部门进行告知性备案。相关应急预案申报材料，按照各级地方要求执行。现场应急处置方案应包括应急组织机构关系框图，且应制定逃生撤离路线（标识）并作图。培训及应急演练要求如下：

（1）井队安全监督要对井队全体员工进行应急救援培训，提高员工的应急救援能力。

（2）井队加强并组织人员向井场附近村民宣传硫化氢和井喷的危害及相关知识。

（3）井队队长及安全员负责制订应急培训计划，定期对应急组织机构成员和应急保障系统、应急信息的有关人员进行综合性应急培训并做好培训记录。

（4）现场应按应急处置方案所涉及内容和人员组织演练。一是掌握应急人员在应急抢险中对现场处置方案的熟悉程度和能力；二是加强抢险应急设备的维护保养，检查是否备足所需应急材料。

（5）即将进入油气层和在油气层中钻进时，一旦发生井涌、井喷，出现硫化氢溢出井口的危险情况，应立即启动应急救援计划，立即通知硫化氢超标可能危及范围内的人员按计划迅速撤离到安全的地方。

6.4.2　应急组织体系建设

组织体系是开展应急管理活动的载体，它是由决策系统、咨询参谋系统、实施系统及其他辅助系统组成的有机整体，目的是建立统一领导、分工合作、协调运转、反应敏捷的应急管理组织机构，从而可以集中资源，快速有效地应对突发事件。构建应急管理的组织体系，是处理突发事件的关键环节和重要支撑，是实现突发事件应急管理的有力保障。

例如，集团公司按照"总部协调、专业归口、企业负责"的管理模式，形成"总部—企业—企业下属单位—基层站队"四级组织体系。集团公司成立了由各级主要负责人牵头、分管领导及有关部门（单位）负责人等人员组成的应急领导小组，形成了近三千人的应急管理组织队伍。各级应急组织在应急体系规划、预案制修订、应急演练培训、应急处置救援等工作中发挥重要的牵头作用，支撑引领集团公司及下属成员企业应急管理的高效运行。应急组织体系主要由应急领导小组、应急领导小组办公室、应急领导小组办公室日常工作机构、应急工作主要部门、应急工作支持部门、各专业公司、应急信息组、应急专家组、现场应急指挥部等组成。

中国石油西南油气田公司重庆气矿按照《重庆气矿环境突发事件专项应急预案》要求，发生环境突发事件后，随即成立环境应急监测领导小组，下设应急监测办公室和应急监测工作组。具体组织体系如图6-6所示。

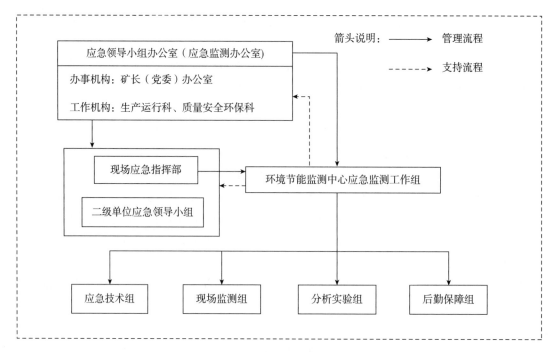

图 6-6 应急组织体系图

应急领导小组是公司突发事件应急工作的最高领导机构。应急领导小组办事机构设在矿长（党委）办公室，工作机构设在质量安全环保科和生产运行科。矿长（党委）办公室侧重应急值班值守、综合信息和应急协调等工作。质量安全环保科侧重预案管理、培训演练、资源配置等经常性应急管理和准备，参与处理重特大事故。生产运行科侧重 24 小时调度值守，负责突发事件发生后天然气调度、应急物资调运等工作。其他职能部门负责业务范围内的应急管理工作。公司二级单位在办公室、安全管理、生产运行部门设置了专（兼）职应急管理人员，自上而下地建立应急组织体系。

气矿应建立环境节能监测中心，承担气田天然气开采和集输过程中环境监测，节能监测（检测），气田水、天然气动态监测与环境保护工作，为天然气的生产、环境保护、节能减排提供科学依据。一般环境监测业务范围包括：

（1）水和废水监测：pH 值、色度、水温、臭味、肉眼可见物、浑浊度、总硬度、电导率、悬浮物、化学需氧量、硫化物、氯化物、粒度、总铜、总锌、总镉、石油类、挥发酚、高锰酸盐指数、总铁、总锰、总砷、总汞、总铅、六价铬等项目。

（2）空气和废气监测：二氧化硫、氮氧化物（以 NO_2 计）、硫化氢等项目；

（3）噪声监测：厂界噪声、设备噪声等。

（4）振动监测：设备振动、环境振动等。

（5）生物监测：细菌总数、大肠菌群等。

气矿应急监测体系是《重庆气矿环境突发事件专项应急预案》的组成部分。在接到气矿应急办公室通知后，即开展应急监测，制订《环境节能监测中心污染事故现场应急监测预案》。具体程序如图 6-7 所示。

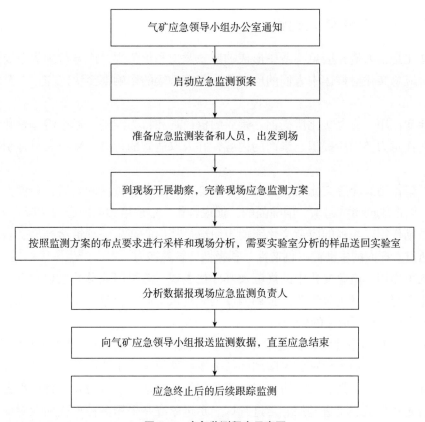

图 6-7　应急监测程序示意图

6.4.3　应急保障体系建设

多渠道提高应急保障能力，尽可能地调动应急资源，是高效应对各类突发事件的重要保证，完善的应急保障体系是有效应对突发事件、快速恢复社会秩序的重要支撑。

在应急抢险专业队伍建设方面，可以建立长输管道抢险维修中心、专职消防队和环境监测站等应急抢险专业队伍。在应急专家队伍建设方面，公司应建立应急专家库，引进各类专家，专家库构成按天然气开发、天然气储运、天然气分析检测、化工、勘探与钻井工程、环境检测、危险化学品管理等专业设置。同时为便于事故状态下的人员调配，公司应根据事故类型，建立各专业的现场指挥部人员调配库，以便现场指挥根据事故情况调派人员，进一步提高应急救援的科学性和针对性。在应急物资管理方面，对应急物资的购置、储备、调拨、使用和监督等各环节提出明确要求，明晰公司机关部门、所属单位在应急物资管理中的职责和工作流程，建立台账，逐步实现应急物资的专业化储备管理，提高处置各类突发事件的能力。

企业应注重对现有信息化资源的整合，注重对国家及信息行业标准的遵循，注重对信息化先进技术的使用，强化科技支撑体系的建设，助推应急工作的信息化管理，以突发事件应急响应全过程为主线，涵盖了各类突发事件的监测监控、预测预警、报警、接警、处置、结束、善后等环节的管理过程。

6.4.4 应急文化体系建设

应急文化是指人们在应急实践中形成的应急意识和价值观、应急行为规范及外化的行为表现等。应急文化对群体中人们的应急行为起着持续的影响甚至决定作用。其主要表现内容如下：

（1）导向作用。应急文化所提倡、崇尚的价值观和行为准则，通过潜移默化作用，使组织成员的注意力转向所提倡、崇尚的内容，并采取适宜的行为，将个人目标引导到群体目标。

（2）凝聚作用。应急文化的价值观和行为准则被组织成员认同之后，会成为一种黏合剂，从各方面把成员团结起来、消除隔阂、促成合作，形成巨大的向心力和凝聚力。

（3）激励作用。积极的应急文化能使组织成员从内心产生一种情绪高昂、奋发进取的效应，并通过发挥人的主动性、创造性、积极性、智慧能力，对人产生激励作用。

（4）约束作用。应急文化中的规范及其外化表现，对组织成员的思想和行为具有约束和规范作用。与传统管理理论单纯强调制度的硬约束不同，应急文化虽也有成文的硬制度约束，但更强调的是不成文的软约束。

开展应急文化体系建设，营造浓厚应急工作氛围，有利于企业员工主动防灾、减灾，积极备灾、救灾，从而减少灾害风险和降低突发事件损失。企业应持续认真地开展应急宣传教育工作，以报纸、期刊、手册、网络等为依托，打造应急救援知识宣传平台，推进应急宣传教育走进机关、走进基层、走进社区、走进家庭。采用多种形式加大对应急法律法规、应急预案、应急常识等知识的宣传力度，普及预防、避险、自救、互救的相关知识，有效提高广大员工和生产现场周边居民的防范意识和避险能力，全力推进公司应急文化体系建设向更高的层次发展。

6.5 突发环境应急监测体系

随着天然气不断开采，天然气开采企业突发环境污染事件发生的可能性也不断增大。为了在发生突发环境污染事件时，能快速地开展应急监测，及时掌握事故现场污染状况，及时测定环境危害的成分和程度，及时准确上报监测结果，为最大限度地控制和减少事故造成的后果和危害，为政府和有关部门有效控制及消除事故污染提供及时、科学的依据，保护国家和人民的生命财产，保护环境，提供有力的技术支持，企业应构建环境监测中心突发事件应急监测体系。

坚持"以人为本、安全第一、预防为主"的方针，规范和强化气矿突发性环境事件应急监测工作，快速、高效、科学、有序和协调一致地处理突发性环境污染事故，最大限度地减少人员、财产损失和对生态环境破坏，保障经济和社会秩序的稳定；做到响应迅速、出动快速、监测及时、数据准确、处置有效、减少危害、控制和消除污染；科学地制订天然气突发事件应急监测预案，优选监测方法及设备，针对气矿生产经营过程中突发的水质、大气、噪声、土壤及固体废弃物等突发环境事件开展监测工作。

6.5.1　突发事件应急监测预案

环境监测中心突发事件应急监测预案一般包括总则、编制依据、适用范围、工作原则、事件分级分类、组织机构与职责、应急监测程序、应急监测的培训和演练、应急相应系统运行的保障措施等内容。

其中，总则要说明应急监测方案的编制目的；编制依据要列出预案编制结合的相关国家和行业的法律法规、标准和规范；说明该预案的适用范围，天然气企业环境监测中心突发事件应急监测预案一般适用于气矿生产经营过程中突发的水质、大气、噪声、土壤及固体废弃物等突发环境事件的监测工作；工作原则强调坚持"以人为本、安全第一、预防为主"的方针。

应急监测预案要写明事件分级分类，根据《国家突发环境事件应急预案》等有关规定，按照突发环境事件的严重性、危害程度、涉及范围，突发环境事件分为特别重大（Ⅰ级）、重大（Ⅱ级）、较大（Ⅲ级）、和一般（Ⅳ级）四级。一般（Ⅳ级）四级又分为 A 级、B 级、C 级三类，环境事件分级分类可参见表 6-20。根据天然气开发过程污染物的性质，突发环境污染事件可以分为以下几种：

（1）气田水非正常排放、处置不当、管道泄漏等引起的突发环境事件；

（2）天然气泄漏、井站排污等产生的恶臭气味引起的突发环境事件；

（3）钻井岩屑、废脱硫剂、废机油等在生产、运输、储存、使用过程中意外造成泄漏所引发的突发环境事件；

（4）生产作业过程中其他的突发环境事件。

表 6-20　环境事件分级分类表

事故级别	判定依据	备注
特大	凡符合下列情形之一的，为特别重大突发环境事件： ① 因环境污染直接导致30人以上死亡或100人以上中毒或重伤的； ② 因环境污染疏散、转移人员5万人以上的； ③ 因环境污染造成直接经济损失1亿元以上的； ④ 因环境污染造成区域生态功能丧失或该区域国家重点保护物种灭绝的； ⑤ 因环境污染造成设区的市级以上城市集中式饮用水水源地取水中断的； ⑥ 造成重大跨国境影响的境内突发环境事件	
重大	凡符合下列情形之一的，为重大突发环境事件： ① 因环境污染直接导致10人以上、30人以下死亡，或50人以上、100人以下中毒或重伤的； ② 因环境污染疏散、转移人员1万人以上、5万人以下的； ③ 因环境污染造成直接经济损失2000万元以上、1亿元以下的； ④ 因环境污染造成区域生态功能部分丧失或该区域国家重点保护野生动植物种群大批死亡的； ⑤ 因环境污染造成县级城市集中式饮用水水源地取水中断的； ⑥ 造成跨省级行政区域影响的突发环境事件	
较大	凡符合下列情形之一的，为较大突发环境事件： ① 因环境污染直接导致3人以上、10人以下死亡，或10人以上、50人以下中毒或重伤的； ② 因环境污染疏散、转移人员5000人以上、1万人以下的； ③ 因环境污染造成直接经济损失500万元以上、2000万元以下的； ④ 因环境污染造成国家重点保护的动植物物种受到破坏的； ⑤ 因环境污染造成乡镇集中式饮用水水源地取水中断的； ⑥ 造成跨设区的市级行政区域影响的突发环境事件	

续表

事故级别		判定依据	备注
一般	A级	凡符合下列情形之一的： ① 因环境污染直接导致3人以下死亡或10人以下中毒或重伤的； ② 因环境污染疏散、转移人员5000人以下的； ③ 因环境污染造成直接经济损失500万元以下的； ④ 因环境污染造成跨县级行政区域纠纷，引起一般性群体影响的	此为参考依据，实践中应视情况具体确定
	B级	凡符合下列情形之一的： ① 因环境污染直接导致1人（含）以下死亡或5人以下中毒或重伤的； ② 因环境污染疏散、转移人员1000人以下的； ③ 因环境污染造成直接经济损失100万元以下的； ④ 因环境污染造成跨村级行政区域纠纷，引起一般性群体影响的	
	C级	凡符合下列情形之一的： ① 因环境污染直接导致3人（含）以下中毒或重伤的； ② 因环境污染疏散、转移人员500人以下的； ③ 因环境污染造成直接经济损失20万元以下的； ④ 因环境污染造成村级行政区域内纠纷，引起一般性群体影响的； ⑤ 对环境造成一定影响，尚未达到较大突发环境事件级别的	

应急监测预案要明确应急组织机构及职责。企业环境节能监测中心应成立突发性环境事件应急监测工作组，下设应急监测指挥组、技术管理小组、现场监测小组、分析实验小组和安全及后勤保障小组（图6-8）共同开展应急监测工作。

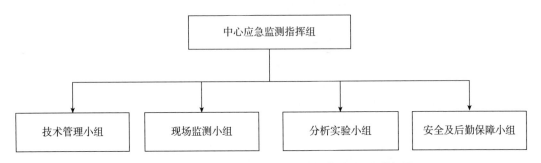

图6-8　重庆气矿环境节能监测中心应急监测组织机构框图

（1）应急监测指挥组职责。

应急监测指挥组负责中心应急监测工作技术指导；事件发生时第一时间启动应急监测预案，立即组织监测人员、设备到达事件现场，确认突发环境事件情况，初步判断污染物的种类、浓度、范围及可能产生的危害，确认现场应急监测技术方案是否可行；指挥应急监测工作，协调上级主管部门、其他单位的工作关系，快速向上级主管部门报告污染事件的信息与应急监测状况；审批应急监测报告，统一上报突发性环境污染事故的污染情况等。

（2）现场采样监测组职责。

现场采样监测组应组织搜集突发环境事件有关监测资料和信息，对应急监测初步方案进行调整，落实安全防护措施；组织编制应急监测快报、最终报告；组织监测人员按相关方法标准、技术规范进行样品采集、保存、运输，及时将样品送到实验室；开展监测人员按相关方法、标准、技术规范进行现场测量、样品测试，及时提交监测结果等。

（3）实验室分析组职责。

实验室分析组应根据应急监测工作的要求，及时接收、分析突发环境事件样品；根据要求出具监测数据或编写分析结果报告；完成领导、部门交办的其他应急工作等。

（4）安全及后勤保障组职责。

安全及后勤保障组应负责应急监测车辆协调，确保应急监测期间交通及时和便利；负责应急监测的药品试剂、耗材及办公用品的保障工作；负责应急监测车、应急防护装备及发电机的维护保养管理工作；负责气瓶充装、发电机操作人员资质管理及现场安全保障工作；负责应急监测仪器设备现场维护保养管理工作；负责应急监测人员通信、生活、医疗等后勤保障工作；负责应急监测新闻、表现突出人员的报道工作；负责编制、修订中心环境突发事件应急监测预案，并定期组织监测人员开展应急监测能力培训和应急监测的演习。

应急监测预案要详述应急监测程序。环境监测中心电话应确保24小时畅通。各组应根据各自职责，制订严格的管理规章制度和应急工作程序，做好突发性环境事件应急监测的前期基础保障工作，发生事故时应确保能及时派出监测人员和监测用车。在接到突发污染事故等应急监测任务时，中心应急监测指挥小组收到气矿应急监测指令后，通过"环境应急监测系统"下达应急监测任务，通知时必须通报清楚事故发生的时间、地点、事故性质及发生的原因；污染源的种类、性质、数量、泄漏规模、污染范围及其染毒征候，或污染区及其周围人员、动植物等中毒症状；应急准备的内容及要求等。

根据突发环境事件的严重程度和发展态势，应急响应可设定为Ⅰ级、Ⅱ级、Ⅲ级和Ⅳ级四个等级。Ⅰ级响应、Ⅱ级响应对应特别重大突发环境事件、重大突发环境事件，Ⅲ级响应对应较大突发环境事件，Ⅳ级响应对应一般突发环境事件。应急监测流程如图6-9所示。

应急监测预案要写明应急监测的培训与演练要求。企业安全及后勤保障小组每年至少组织一次应急监测的培训工作，培训内容包括对中心全体应急监测人员进行应急监测的基础理论和方法的系统培训，污染事件的应急处理处置措施；我国现行环境保护有关的方针政策、技术规范、质量保证、标准分析方法及其他相关内容的培训；国内外有关应急监测的新方法与技术、新仪器设备的掌握及应用推广；应急监测数字系统APP的操作使用等；应急监测人员防护知识培训等。应急监测能力训练一般包含仪器设备的操作使用、个人防护、应急处置技术及有关法规、政策学习及人员收拢集结、监测快报的编制等，环境监测中心应积极参加由分公司、气矿、作业区（运销部）组织的综合演练。

应急监测预案要明确应急响应系统运行的保障措施。包括应急监测质量保证、应急监测器材、药品保障及管理、应急防护用品、通信器材保障及管理、通信保障及管理、医疗保障、生活保障等。

企业结合突发事件应急监测预案实施情况，至少每三年对其进行一次回顾性评估。有下列情形之一的，应及时修订：

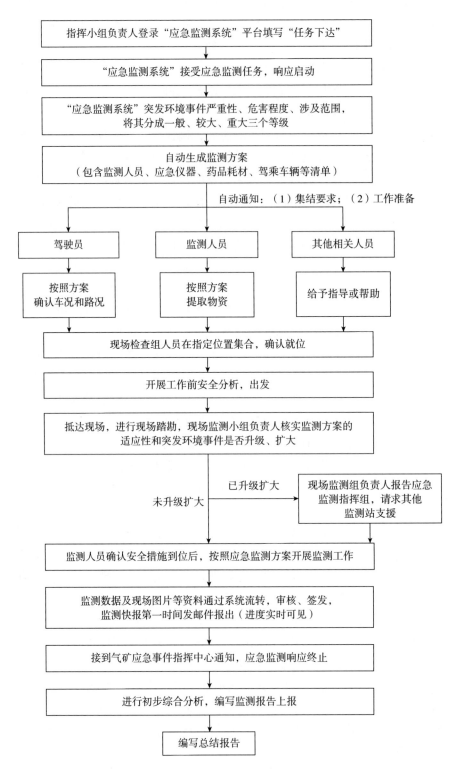

指挥小组负责人登录"应急监测系统"平台填写"任务下达"

"应急监测系统"接受应急监测任务，响应启动

"应急监测系统"突发环境事件严重性、危害程度、涉及范围，将其分成一般、较大、重大三个等级

自动生成监测方案
（包含监测人员、应急仪器、药品耗材、驾乘车辆等清单）

自动通知：（1）集结要求；（2）工作准备

| 驾驶员 | 监测人员 | 其他相关人员 |

| 按照方案确认车况和路况 | 按照方案提取物资 | 给予指导或帮助 |

现场检查组人员在指定位置集合，确认就位

开展工作前安全分析，出发

抵达现场，进行现场踏勘，现场监测小组负责人核实监测方案的适应性和突发环境事件是否升级、扩大

已升级扩大 —— 现场监测组负责人报告应急监测指挥组，请求其他监测站支援

未升级扩大

监测人员确认安全措施到位后，按照应急监测方案开展监测工作

监测数据及现场图片等资料通过系统流转、审核、签发，监测快报第一时间发邮件报出（进度实时可见）

接到气矿应急事件指挥中心通知，应急监测响应终止

进行初步综合分析，编写监测报告上报

编写总结报告

图6-9 应急监测流程图

（1）面临的环境风险发生重大变化，需要重新进行环境风险评估的。

（2）应急管理组织指挥体系与职责发生重大变化的。

（3）环境应急监测预警及报告机制、应对流程和措施、应急保障措施发生重大变化的。

（4）重要应急资源发生重大变化的。

（5）在突发事件实际应对和应急演练中发现问题，需要对环境应急预案做出重大调整的。

（6）其他需要修订的情况。对环境应急预案进行重大修订的，修订工作参照环境应急预案制订步骤进行。对环境应急预案个别内容进行调整的，修订工作可适当简化。

6.5.2　突发事件应急监测方法及设备优选

通过对近年来天然气行业重大环境因素和主要污染物排放量的分析，预先设定主要的突发环境应急监测项目。围绕设定的突发环境应急监测项目，通过确定优选指标对国内外相关的突发环境应急监测方法进行优选。按照突发环境应急监测方法选择原则，将仪器的优选重要性权重分为：安全性＞监测速度＞便携性＞准确度＞操作难度。通过对五个方面权重综合评价优选出适合天然气行业环境突发环境应急监测仪器。

通过建立应急监测准备、应急响应（应急监测指挥）、应急监测组织机构、人员仪器物资的储备与运输、监测方法、监测数据发布等应急监测数字化系统，实现天然气应急环境监测的监测数据第一时间报送和审核、应急监测简报第一时间公布，参与应急监测的人员和车辆调度、物资及设备动态更新，监测升级管理，现场监测通信联络，数据和音频资料的同步传输及处理等工作网络化管理。天然气环境应急监测数字化系统不仅提高了对突发环境事件应急监测的响应速度和应对能力，同时还促进了应急监测管理全过程的规范化、信息化、透明化，以便快速、科学地管理天然气环境应急监测各环节。

应急监测仪器设备的储备、所能涵盖的监测领域和所能达到的技术水平是否能有效处置突发环境事故的关键。为提升响应速度，达成来之能战、战之能胜的目标，可以从以下方面增加应急监测设备的投入：

（1）大气类监测方面诸如增加甲烷、硫化氢、二氧化硫等特征污染物的传感器式便携设备，要保障数量和检测精度。

（2）水质监测方面要增加挥发酚、六价铬等常规项目、重金属、挥发性有机物的便携式仪器配置。

（3）配置突发环境应急监测车、便携式手持终端等现代化的突发环境应急监测装备，并结合突发环境应急监测数字化模块，打造机动灵活、反应迅速、应急能力强、实验速度快、数据准确的现代化移动实验室，为突发环境应急监测野外实验分析、数据准确有效提供一个可靠的平台。

参考文献

[1]　HJ 941—2018　企业突发环境事件风险分级方法 [S].

[2]　Q/SY XN 0510—2018　环保隐患评估分级方法 [S].

[3]　徐海狮 . 论如何提高油田安全环保管理的意识与应用 [J]. 化工管理，2020（14）：58-59.

[4]　陈琳 . 油气田安全环保隐患成因分析及治理技术研究 [J]. 中国石油和化工标准与质量，2018，38（21）：73-74.

[5]　朱洁，向阳，王磊，等 . 油气田风险防控和隐患排查探索 [J]. 安全，2018，39（S1）：22-25.

[6]　张军 . 西南油气田分公司落实环境风险管控实践 [J]. 油气田环境保护，2018，28（6）：51-54，57.

[7]　孙文跃 . 企业建立生产安全风险防控机制的探讨 [J]. 油气田环境保护，2018，28（3）：38-43，62.

[8]　曹国志，徐泽升 . 加强"十四五"环境应急管理体系和能力建设 [N]. 中国环境报，2021-04-22（003）.

[9]　李程 . 西南油气田应急管理体系建设的实践与探索 [J]. 天然气技术与经济，2012，6（3）：73-76，80.

[10]　吕春阳 . 中国石油应急管理体系与应急平台融合研究 [D]. 长春：吉林大学，2013.

[11]　李湖生 . 应急文化建设怎么想，怎么干 [N]. 中国应急管理报，2018-10-05.